蚂蚁之美

进化的奇景

冉浩 编著

FANTASTIC
ANTS
Wonder of Evolution

清华大学出版社
北京

图书在版编目（CIP）数据

蚂蚁之美：进化的奇景/冉浩编著. —北京：清华大学出版社，2014（2024.6重印）
ISBN 978-7-302-33920-5

I.①蚂… II.①冉… III.①蚁科－普及读物 IV.①Q969.554.2-49

中国版本图书馆CIP数据核字（2013）第220369号

组稿编辑：胡洪涛　王　华
封面设计：蔡小波
责任校对：赵丽敏
责任印制：丛怀宇

出版发行：清华大学出版社
　　　　　网　　　址：https://www.tup.com.cn，https://www.wqxuetang.com
　　　　　地　　　址：北京清华大学学研大厦A座　　邮　　编：100084
　　　　　社 总 机：010-83470000　　　　邮　　购：010-62786544
　　　　　投稿与读者服务：010-62776969，c-service@tup.tsinghua.edu.cn
　　　　　质量反馈：010-62772015，zhiliang@tup.tsinghua.edu.cn
印 装 者：小森印刷（北京）有限公司
经　　销：全国新华书店
开　　本：145mm×210mm　　　印　　张：9.75　　　字　　数：216千字
版　　次：2014年5月第1版　　　印　　次：2024年6月第15次印刷
定　　价：49.00元

产品编号：052328-01

第二部分
蚁界百族

第三部分
做个初级蚁学家

序言

很高兴拿到冉浩这本书稿，先睹为快。作者筹划本书已有多年，而且和我念叨了不止一次。他说，写一本关于蚂蚁的书是他长久以来的愿望，并且为此查阅了不少资料。现在这本书终于即将出版，可喜可贺！

蚂蚁，是昆虫中非常突出的一个类群，以其社会性著称，也与我们的日常生活联系非常紧密。但遗憾的是，长久以来一直没有一本深入浅出地介绍蚂蚁的本土普及读物面世。该书的出版在一定程度上弥补了国内的空白，而且知识够新，最新的引用文献是 2013 年出版的。因此，该书不仅适合青年读者和昆虫爱好者阅读，也有一定的学术价值，值得本研究领域的专家和学者关注。

事实上，这本书比我原来期待的走得更远。当我阅读书稿时，发现作者并没有将内容局限于对各种文献资料的引用，而是将他本人的一些观察体悟也融入其中，阐述自己的观点。一次次观察和体会确实让人身临其境，也着实让人感叹：后生可畏。

读着这本书，读者会觉得仿佛进入了微观世界，深入到蚂蚁社会之中。在体会那些小生灵执着和顽强的同时，也感叹自然选择神奇的塑造力，能感受到这群微小生物所组成的世界复杂多变。在蚂蚁这个社会中，有真心的相互扶持，有各怀鬼胎的彼此利用，有声东击西的算计，有不战而屈人之兵的策略，更有权术与谋略的交锋——这远比我们想象的要复杂得多，非专注于此、真心热爱蚂蚁之人，绝无法写出如此深入与生动的东西。

这本书的另一个亮点，是作者在本书的后面专门用了一定的篇幅针对蚂蚁爱好者和愿意亲近蚂蚁的读者撰写了关于蚂蚁饲养方面的知识。这一部分内容充满了实践的气息，不仅有作者的倾囊相授，更有不少蚂蚁爱好者也将其经验贡献出来，充实到本书中。这一切使得本书具有更强的可操作性，甚至对在实验室内从事行为学和生态学的研究者都有一定的指导意义，确实凝聚了作者及合作者的心血。

这本书的配图也可圈可点，其中不少图片确实精美。国内知名蚂蚁摄影师刘彦鸣也为不少章节配图，甚至连国际知名的蚂蚁摄影师Alex Wild 博士也友情赠与了一些图片，为本书增色不少。

最后，愿读者能像我一样喜欢这本不可多得的小册子。

中国昆虫学会理事
广西动物学会理事长
广西师范大学教授

2014 年 1 月于桂林

前言

作为一个蚂蚁爱好者和研究者，我一直期待能有机会写上一本小册子，和读者朋友们一起分享我这些年的体会，终于借助这本书实现了愿望。

我从小与蚂蚁结缘，那时候，我第一次掘开了一窝草地铺道蚁，我看着大批蚂蚁慌张地跑动，里面还掉出了很多白色的小"蛋蛋"——也就是幼虫——充满了新奇。我小心地选了 3 只，把它们装到火柴盒里带回了家。最后的结局是悲惨的，这些没有工蚁照顾的幼虫很快变成了虫干儿。于是，我又去了……我发动了一场又一场劫掠活动，还将远处的草地铺道蚁搬运到其他巢穴附近，观看蚂蚁大战，而这种相对行动不快又有一身"傻力气"的蚂蚁还极度好战，经常形成黑压压的战团，极迎合我在幼年的时代的口味。直到今天，我依然对这种我首次接触的平凡蚂蚁抱有很深的感情，因为它不仅第一次为我打开了蚂蚁世界的大门，而且在以后的很多年中，为我观察和研究蚂蚁做出了巨大的牺牲……

我系统接触蚂蚁理论和知识是在河北大学学习生物专业以后，确切地说，是在入学第二天——在还没有拿到借阅证的时候——我这个内向的家伙就鼓起勇气，若无其事地混进了学校图书馆的阅览室。拿到借阅证以后的第一件事就是把我喜欢的书逐一借出来抄写或复印，特别是那些有关蚂蚁的章节。我也通过各种渠道认识了很多良师益友，比如广东的自然摄影师刘彦鸣，他的蚂蚁知识很渊博，并且能够拍摄出精美的超微距图片，我们保持了长久的友谊，本书很多摄影图片就是由他慷慨提供的。我也认识了第一位蚂蚁老师，《中国蚂蚁》的作者之一，旅美的王常禄教授，之后又有幸结识了广西的周善义教授和云南的徐正会教授，他们给我的帮助都很大。在校期间还有两位本校老师在学业上给我的帮助也很大，一位是知名昆虫学专家任国栋教授，另一位是我的导师张道川教授，后者很热心地支持我所进行的对掘穴蚁行为和生态的研究。

抱着对蚂蚁的热爱，2001年，我在刘彦鸣的支持下创办了第一个中文蚂蚁网站——蚁网（http://www.ants-china.com），虽然几经波折，现在它依然存在，并且具备一个可以检索中国大部分蚂蚁的数据库。从2009年开始，我和周善义教授合作，对中国蚂蚁物种进行了系统整理，共整理出中国蚂蚁物种不少于1005种，是新中国成立以来第一次对蚂蚁进行系统整理，相关成果已从2009年开始分批发表。

这些年一步步走来，我的研究蚂蚁之路得到了其他很多人的认同、鼓励和帮助，其中包括上文以外的其他专家，如湖北的王维教授，广西的黄建华教授，广东的许益镇博士，陕西的钱增强博士，东北的马丽滨博士，台湾的林宗歧博士，美国的James C. Trager博士、Megan E. Frederickson博士、Andrew V. Suarez博士和Alex Wild博士，英国的John Fellows博士，日本的寺山守博士，俄罗斯的Arkadiy S. Lelej博士等；也包括很多热情洋溢的爱好者，如浙江的林祥，广东的林杨和陈宇鹏，湖南的彭刚强，河南的陈明，河北的聂鑫，江苏的沈铭远，黑龙江的张常功和北京的窦占一等。没有他们的支持，我现在可能就无法维系这样一个网站，更无法完成这样一本书。此外，好友画家王亮也为我绘制了一些插图。本书的出版还得到了清华大学出版社胡洪涛编辑和王华编辑的大力支持，在此一并致谢。

关于本书的编排，我将其划分成 3 部分。第一部分着重介绍蚂蚁的成功之处，以及蚂蚁王国的基本情况。在这一部分，每一章之前都有一个简短的小故事，它由我的观察实事改写而成，希望您喜欢。第二部分则着重介绍那些在蚂蚁世界中独具个性或者声名显赫的蚂蚁物种或家族，我希望能够体现出它们新奇、有趣的地方。同时，在这一部分里也出现了一些张牙舞爪的蚂蚁家族，它们攻城略地，名声极坏，但这只是其中一小部分，不能改变大量蚂蚁物种对生态有益的事实，更有许多植物与蚂蚁相伴而生，形成了共生的典范。第三部分则是为那些准备亲自动手观察、饲养或者研究的朋友创作，介绍了蚂蚁标本的采集、饲养和观察的方法，我也希望读者在看过之后很快就行动起来。最后，还有一些我们的资料和小小的叮嘱。

我希望这本书的语言尽量通俗，尽管我在蚂蚁分类学上踩了一脚，但我不希望将过多的分类学术语带入其中，因此，我尽量避免"科"、"亚科"、"属"之类过于专业的说法，代之以"家族"或者其他我觉得合适的说法，在某些问题上忽略了特殊的情况。不过，为了使本书完整、方便对照和进一步学习，我给出了书中出现的大多数物种的拉丁学名和术语的英文名。

最后，希望本书能让您在轻松愉悦的阅读过程中有所收获。

冉浩

2014.1.10

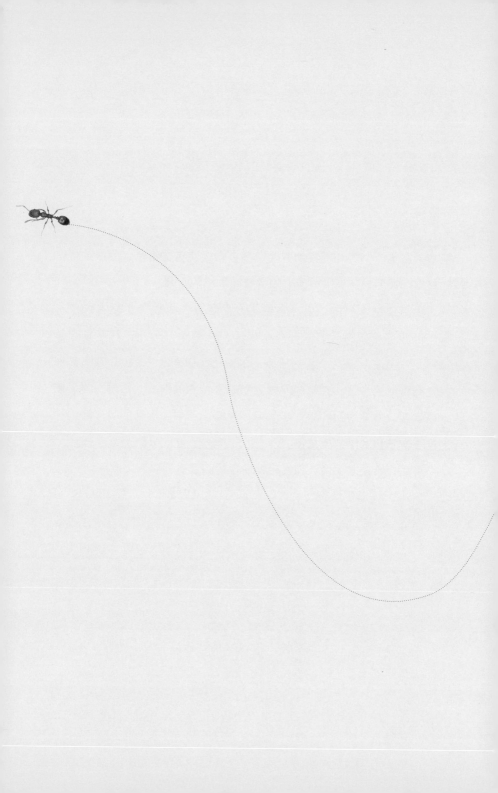

第一部分
荣耀帝国

帝国力量，昆虫强权？

　　它是一只黑褐色的草地铺道蚁（*Tetramorium caespitum*）工蚁，不漂亮，甚至可以说是很丑的，个头很小，只有 3 毫米多一点，在蚂蚁中也是个小个子。它普通得不能再普通，在中国大多数地方，只要你低头看路边草丛，过不了多久便可能会发现一只，不，应该说是一群……但这个家伙却充满自豪感，虽然它上了一些年纪，可作为一个"侦察兵"，它依然很尽职。对蚂蚁来说，只有那些老得脑袋不太灵光了，并且已经时日无多的工蚁才会被分配这种带有危险的工作，那些"青壮年"工蚁是巢穴的未来，只承担巢穴内的哺育、建设等工作。这只老工蚁昂起桀骜不驯的头，举起触角，一丝不苟地审查着周围的气味、盘查着领地中的一切。在这块领地上，它背后的巢穴便是主宰，蚂蚁们猎杀和驱逐那些闯入领地的异类们，维护它当之无愧的昆虫强权……

蚂蚁力量

一般认为，蚂蚁在距今不超过 1.2 亿年前的早白垩世演化成功，其祖先很可能是土栖蜂类。通过化石记录我们已经知道，在 2500 万—4000 万年前，蚂蚁已经扩展成为地球上最大量的昆虫类群之一。今天它们依然兴盛，截至 2005 年，全球共记录现生蚂蚁 11477 种，已灭绝蚂蚁 594 种，共计 12071 种，到 2009 年，这一数字就被刷新至 12516 种，但仍然有大量的蚂蚁物种可能未被发现，仅 2009—2012 年间在我国就新发现蚂蚁物种数十个，估计全球蚂蚁实际可达两万种甚至更多，隐隐有超过现生鸟类和哺乳动物的物种数之和的趋势。

此刻，活跃着的蚂蚁比包括胡蜂、社会性的蜜蜂和白蚁在内的其他真社会性昆虫的总和还要多。它们的总量更是和地球霸主——人类一样重，约占地球动物总重量的 10%。蚂蚁在诸多生态环境中居于关键地位，在热带地区，它们占雨林动物总量的 15%~20%，据估计，每公顷①土地中就含有 800 万只蚂蚁和 100 万只白蚁。

蚂蚁有能力干预植被的分布，甚至改变地表的景观。在拉丁美洲热带地区，吃植物和种蘑菇的切叶蚁（见第二部分"卫星地图上的农业帝国"相关内容）是当地主要的食草动物，其威力不亚于草原上的牛羊。我的朋友，著名的蚂蚁摄影师亚历山大·魏尔德（Alex Wild）博士曾经感叹，"我对于它们（切叶蚁）既爱又恨，它们真的是非常有趣的生物，但是它们也做过诸如在一夜之间搬走我整个菜园的事情。"而切叶蚁改变了地貌，即使在卫星地图上也清晰看到庞大的巢穴和周边荒芜的

---

① 1 公顷=10 000 平方米

景象，以至于很多蚂蚁研究者是看着卫星照片寻找切叶蚁的老巢。

此外，蚂蚁还是陆地无脊椎动物的主要捕食者，不管是蚯蚓还是昆虫，不管它们有尖牙利齿还是巨螯毒针，只要蚂蚁能追得上、够得到，就会倾巢而出，毫不犹豫地发起攻击，将它们杀死肢解，搬回巢穴作为幼虫的口粮。更有一类号称行军蚁的蚂蚁，以游猎为生，数以万计的工蚁们如同一条小溪，缓缓流动，兵蚁在外围警戒，工蚁则在内部行进，"水流"所到之处连鸟兽也要退避三舍（见第二部分"千万大军！超级兵团围猎"相关内容）。而在雨林，一些昆虫物种为了避开蚂蚁，则甘愿选择蚂蚁很少活动的夜间出来活动。

蚂蚁不仅捕食昆虫，也是生态系统的清洁工——它们捡走所有可以吃的东西，比如昆虫的干尸、面包渣、碎肉……甚至是人掉落的头发上的油脂也不放过（见第一部分"我们的土地有土产"相关内容），结果蚂蚁得了一个"昆虫拾荒者"的绰号。不仅如此，它们还是脊椎动物的重要分解者：当一头鹿或者羊被捕猎者杀死、吞吃的时候，在尸体身下的土壤洞穴中，这些包括蚂蚁在内的小昆虫们已经在悄悄地行动了，当最后一批秃鹫毫无留恋地飞走后，这些小家伙们仍然在上面舔舐着，那些大型动物们看不上眼的油脂和肉屑对它们来讲依然是丰盛的大餐！只有当这些小东西散去的时候，才真正剩下被舔舐得干干净净的森森白骨。

而蚂蚁也显著影响着土壤环境，它们将泥土从地下带上地表，所翻动的泥土的总量丝毫不比蚯蚓的工作逊色。它们巢穴不断产生的粪便是植物的肥料，四通八达的巢穴也增强了土壤的透气性，同时也在巢穴中造成了独立的小气候，大量的土壤昆虫附庸其中。

可以说，现在，这些勤劳的小昆虫正以自己的方式潜移默化地影响着整个地表生物圈。

社会之力

群居的蚂蚁、蜜蜂、黄蜂，加上蟑螂出身的白蚁，估计占所有昆虫总重量的75%。"不惜冒过于简化的危险"，著名蚁学家威尔逊和他的同事们设想了地球上昆虫的生态模式——社会性的昆虫居于昆虫生态的中心，而独居性的昆虫则居于生态的边缘，去填补那些被留出的空位。

但是，蚂蚁等社会昆虫的巨大成就与其个体能力形成了巨大的反差——单个蚂蚁即使在昆虫中也显得渺小而无力，以至于大多数昆虫都能轻易将它杀死，但是，在获取生存资源上，特别是获取长期性的领地上，群体具有巨大的优势。昆虫们必须清楚，它们所面对的并非蚂蚁个体，而是一个拥有数以百计、数以万计、甚至百万计成员的群体，它们必须知进退。独居性的昆虫不得不退出最理想的巢址，躲到更偏远、更临时的居住地去。

如同我们，面对自然，每个人都是脆弱的：没有可以飞上蓝天的翅膀，没有足以逃避敌害的速度，更没有食肉动物的尖牙利齿，但是，人类成功地生存了下来，而且相当成功。社会便是我们重要的依仗，群体的力量使我们足以和自然界中哪怕最庞大的生物对抗，甚至将它们肢解、加工成商品。我们的成功之处在于形成了社会，并以此产生了文明。文明是人类社会的标志，我们从古老的石器和火开始，最终跨进了宇宙空间，更成为第一种在更深层次剖析自身本质的生物，开始在跌跌撞撞中尝试改变千百万年来自然所赋予我们的遗传物质。因为文明的力量，人类社会的发展速度超过了以往任何动物社会的前进速度。

但是，蚂蚁却走向了社会生物的另一个极端，一种更无视个体存在的社会化，尽管偶尔会有叛逆出现，其社会化程度远远超过了人，社会成员的个性被压制到极低的水平。当人类通过知识和技能进行职业分工的时候，蚂蚁社会却通过身体的结构和生理特征进行分工——兵蚁具有强悍有力的上颚，成为群体的爪牙；工蚁承担各种工作，是群体的主体和躯干；蚁后则是唯一具有繁育能力的雌性，成了群体的心脏。在这种模式下，当蚂蚁破蛹而出的时候，它们的身体结构就决定了它在社会中将担当什么样的角色，它们所需要的基本知识和能力都被写入了遗传物质之中。这种向遗传物质"刻录"信息的方式相比人类文明的传承太缓慢了，但是却也牢固得多，它无需传授也很少遗失。在这个群体中，个别蚂蚁的死亡根本无足轻重，只要蚁后尚存，群体就能继续发展下去，"知识"就能传承下去。

另一方面，在蚂蚁社会呈现出了一种另类的无政府主义，没有发号施令者，每个个体都拥有自己的职责，一切都井井有条，这在个性极强的人类社会中是不可想象的。整个蚂蚁群体如同一个蛰伏于地下的超级生物——每只蚂蚁都是它的一个组成部分，它伸出其中一小部分去探察世界，而"超个体（*super organism*）"的主体则深藏于巢穴之中，蠢蠢欲动。

合作共赢

蚂蚁的成功离不开与周围生物，特别是与植物的密切关系。美国哈佛大学皮若斯（Naomi Pierce）领导的研究小组通过分子钟（genetic clock）技术对 139 种蚂蚁进行了研究发现，大约从 1 亿年前的白垩纪开始，蚂蚁出现大规模分化，涌现出很多物种，与被子植物出现的时间吻合。

被子植物，也叫有花植物，这类植物开花并产生果实，是最进化的植物，目前常见的植物大都是被子植物。皮若斯等人认为这绝非一种巧合，他们推测这其中存在着某种联系：被子植物的出现促进了蚂蚁的演化。研究小组的成员之一，考瑞尔·毛瑞（Corrie Moreau）指出："大约在一百万年的时间里，蚂蚁像发疯一样快速分化成不同物种，而这个时候正是地球上出现第一片被子植物森林的时间。"

被子植物的落叶形成了森林系统中新的生态层——枯枝落叶层，这对蚂蚁来说不啻于人间天堂，为蚂蚁提供了新的聚居地。更为重要的是，随着开花植物一起进化的食草昆虫也为蚂蚁提供了食物来源。最终，在第三纪，蚂蚁和哺乳动物一样，在陆上攻城略地，辐射性发展，并最终成为陆地上最强大的昆虫族群。蚂蚁开始选择它们所喜好的植物，甚至直接帮助一些植物在这个星球上立足并兴旺起来。2006 年，他们的观点发表在了著名的《科学》（Science）杂志上。

这一理论很大可能上是正确的，即使是现在，蚂蚁仍和各种植物之间存在错综复杂的关系，一方面从植物那里获取栖息地和食物，另一方面有意或无意地为各种植物传粉、播种，与超过 52 科 465 种植物存在更为密切的共生关系。

此外，蚂蚁与数千种动物以及不计其数的真菌、细菌存在着共生关系。比如我们身边的六足动物——跳虫中就有不少与蚂蚁有着共生关系。这些小动物以善跳得名，它们有时候会被误认为是跳蚤，其实它们是完全不同的生物。除少数种类取食活的植物体和发芽的种子，成为农作物和园艺作物的害虫，大多数跳虫对人不构成危害。雨后，在一些小水洼，你时常会见到跳虫。那些灰色的小生命依靠水的张力漂浮在水面上。如果你试图去触碰它们，立即就会被发现，即使在水面上它们也能迅速地跳跃，躲开你的手指。因为跳虫有秘密武器——位于肚子腹面的"弹器"。平时弹器弯向前方，夹在握弹器上，如同一根上紧的发条，当跳跃时，握弹器松开，肌肉伸展，弹器瞬间向下后方冲击地面，使身体反弹入空中，其力度即使在水面上也依然可以把跳虫弹起。跳虫的集居密度十分惊人，据报道，曾有调查结果显示，在 1 英亩①草地的表面至地下 9 英寸②深的范围内生存了两亿三千万个跳虫。这其中相当一部分就在蚁巢中以清洁工的身份出现，帮助蚂蚁们清理巢穴中的粪便和腐败的物质，当然，它们也因此得到了蚂蚁们尖牙利齿的庇护。

同样，蚜虫、灰蝶幼虫等产蜜露的昆虫也和蚂蚁们互相纠缠在一起，这里面还混入了打着各种主意的甲虫、蠕虫、真菌和细菌——整个蚂蚁巢穴就如同一个关系复杂的巨大城市或王国，充满了利用、合作、斗争与狡诈，里面各色"虫"等轮番上台，围绕着生存与进化，上演着一幕幕精彩大戏。

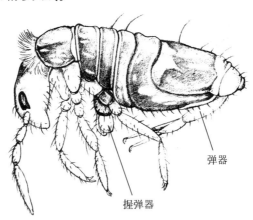

弹器

握弹器

跳虫是土壤中非常丰富的类群，种类繁多，以土壤中的各种有机质为食（王亮绘）

① 1 英亩=4046.86 平方米

② 1 英寸=2.54 厘米

哇！地下城市！

　　这只老工蚁还在继续巡视领地，每一个地方的气味都那么熟悉，它若无其事地爬过一个充满熟悉气味的蚂蚁小尸堆旁。它继续向前，并用自己的腹部轻轻地触及地面，留下点点气味，这是只有它们一族才能明白的特殊路标……不知道今天铺道蚁的"哨兵"已经是第几次路过这里了，它们都没有发现异样。就在这个小尸堆的中央，隐藏着一个极小的小洞，洞口周围蚂蚁尸体的下面还有着矮矮的土堆。此刻，就在地下，贾氏火蚁（*Solenopsis jacoti*）的工蚁们正在忙碌着，这是一个刚刚建造不久的巢穴，它们又一次躲过了灭顶之灾。

小入口大智慧

这土堆也叫"蚁封",是来自蚁巢挖掘过程中的"废弃土",同时也是充满着蚂蚁气味的"领地标识"。尽管弱小的蚂蚁群体会小心翼翼地避免暴露自己的巢口,但这些小颗粒总会或多或少地存在。当然,一些有所依仗的蚂蚁则光明正大地把土堆得高高的,恨不得告诉周围所有路过的动物们:"嘿!这里是我的地盘。都小心点!"

蚁封会因蚂蚁种类不同而有所区别,我们也能因此得到不少信息。比如我们可以通过土粒的大小来判断蚂蚁的体型——搬运细小土粒的绝对不会是大蚂蚁,也可以从蚁封的土壤构成来判断巢穴的深度和地下的土壤情况。箭蚁(*Cataglyphis* spp.)是一类耐旱又疾走如飞的蚂蚁,它们分布在欧亚大陆,过着不起眼的日子。在阿富汗地区,尽管它们做着同样的事情,比如搬运土粒构筑巢穴,但这很可能就是"蚂蚁采金"的故事起源。可事实上,它们不过是在恰当的时间、恰当的地点,把这些闪闪发光的"石头"从这个富含金矿的国家的地下土壤里搬出来,又被恰当的人发现而已。

土堆中间的小洞就是巢穴的入口,它就如同巢穴的大门,兼有交通和防卫的功能。"大门"的宽窄与"交通流量"有关,出入频繁的巢口会宽大一些,但也不会比蚂蚁的体型宽太多,因为宽大的巢口会为天敌入侵提供便利。很多时候如果挖开巢口,你就会发现里面的通道宽大许多,而在那里,还有专门的守卫把守着,检查那些从巢口进入的昆虫,甚至附近有时还会有专门的小室驻扎着一批蚂蚁士兵。即便如此,一些弱小的蚂蚁族群仍然会缺乏安全感,它们会减少巢口的数量,集中兵力进行防守,并设法给巢口做上伪装,如贾氏火蚁

（*Solenopsis jacoti*）这样只有不足 2mm 身材的微小红色蚂蚁，干脆去收集一些周围的草地铺道蚁（*Tetramorium caespitum*）巢穴丢弃的尸体，在巢口堆起一个小尸堆，利用这些尸体的气味来掩盖自身的气味，防止被周围强大的异族发现。毕竟，在严酷的自然环境中，无论如何小心，都不算过分。

而在巢口的安置上，蚂蚁们也俨然一个个小风水师，要认真考察阳光、温度和排水等因素，有些蚂蚁巢只在排水容易且向阳的地方开口。有时蚂蚁甚至改动起了"风水"，在较寒冷的地区尤为如此。它们会在巢口堆上一些小卵石、树枝或者枯叶，这些极为干燥的东西在太阳升起来后会急速升温，起到太阳能收集器的作用。而生活在北半球大陆寒带和亚寒带地区的一些林蚁（*Formica* spp.）为了充分利用太阳能并减少散热，则收集干树枝、树叶或者松针堆起高达半米甚至更高的干柴堆做成的"圆顶屋"，给巢穴盖起了厚被子。除了太阳能，枝叶腐败的热量以及蚂蚁代谢活动所产生的热量叠加起来，使得"室内"的温度要比"室外"高上十来度。里面开通了巢室，正在等待孵化的卵往往被放置在最向阳的表层巢室，而且还会随着温度的变化而被工蚁搬动。这样的建筑能为巢穴提供优越的条件，但建造它的工程却非常庞大，如果换算到人类建筑物的尺寸，半米高的"圆顶屋"就相当于超过 150 米的巨大建筑，比最高的埃及金字塔——胡夫金字塔还要略高。而这样的工程，在林蚁世界中却只能算是最普通的水平，而那些高大的"圆顶屋"甚至可以高出地面 1.5 米，其规模绝对超过任何人类已经完成的单一建筑。

某种大头蚁（*Pheidole* sp.）的巢穴，这个巢穴入口的造型着实让人觉得匪夷所思。实际上相当多数大头蚁的巢口都非常简朴，之所以形成这样的形状也许与该地湿度较大有关。（刘彦鸣摄）

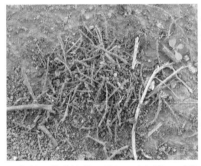

一窝针毛收获蚁巢口堆起了小树枝，对这　林蚁家族蚂蚁在欧洲的蚁丘。（David摄）
种蚂蚁来说，这种情况并不多见。（冉浩摄）

深入地下之城

　　相对于地面"建筑"，大多数蚂蚁巢穴的主体位于地下。一般来讲，温暖和湿润气候带的巢穴更倾向于沿着地表走势呈水平伸展；而寒冷或干旱地带的巢穴则纵深向下发展形成垂直体系，以躲避不良气候对巢穴的影响——很多蚂蚁的巢穴甚至可以延伸到地下达4米，相当于我们建造一座7千米深的地下城市。

巢穴为蚂蚁提供了宜居的环境。在热带沙漠的正午，只要被迫在烈日下待上数个小时，即使一身沙漠装备的专家恐怕也会吃不消，蚂蚁更是会迅速脱水死亡，但这里依然有蚂蚁生存。这时候它们躲藏在洞穴的深处，在那里，依然保持着舒适的（至少对蚂蚁来说）30℃。巢穴也能帮助蚂蚁抵御寒冷，除了极少数耐寒物种外，蚂蚁在20℃以下的活动能力很差，到10℃就基本丧失活动能力而转入麻木状态，更低温下则可能引起冻伤和死亡。在北方的冬季，蚂蚁群体必须迁居到洞穴的深处冻土层之下，依靠土壤的保护熬过严酷的时令。借助巢穴，蚂蚁成了少数能够以成虫形态度过冬季的昆虫之一。

相对温度，最致命的威胁来自干旱。昆虫能在潮湿的环境中很好地生存，即使"旱鸭子"也往往能在水里泡上数十分钟甚至数小时而不死，但干旱能迅速榨干它们体内的水分而引起死亡。巢穴那相对湿润的环境对蚂蚁起到了相当的保护作用，当然，一些必要的维护工作是必须要做的。绒毛厚结猛蚁（*Pachycondyla villosa*）是一种在拉美地区广泛分布的大型肉食蚂蚁，在旱季，它们就经常面临脱水的危险。成群的工蚁不得不像救火一样四处寻找水源，再把这些小水滴衔着跑回巢穴，哺育那些口渴的同伴和幼虫，或者涂抹在巢壁上，以此来调节湿度。而聚纹双刺猛蚁（*Diacamma rugosum*）则更为高明，这是一种分布广泛，但在分类学上被蚁学家弄得一团糟的黑色蚂蚁，由于鉴定混乱，我们完全搞不清历史上出现过的众多相似标本中有多少应该属于这种蚂蚁。在印度干旱的矮小林地里，聚纹双刺猛蚁用善于吸水的鸟毛和蚂蚁尸体装饰巢口，这些材料将在清晨挂满露水，工蚁们会在它们蒸发之前将露水收走。这似乎是这些蚂蚁在旱季唯一的水源。

　　如果说整个蚁群是一个超级生命体，那庞大的巢穴"城市"还是保护它的"外壳"，尤其对那些弱小的族群则更是如此。如果将贾氏火蚁的工蚁挖掘出来，将它们和邻居草地铺道蚁共同置于一个小玻璃瓶中，几乎在一夜之间，这些可怜的小家伙就会被草地铺道蚁扫荡一空。但是在自然环境中，虽然战战兢兢，并且觅食的工蚁时常被半路抢劫，贾氏火蚁却能在草地铺道蚁领地的缝隙处生存下来……贾氏火蚁的依仗就是那针尖般粗细的巢口和通道，让体格相对大得多的铺道蚁实在很难攻入其中。

　　观察一个蚂蚁巢穴，最直接的莫过于碰运气去搬开石块或砖头，看下面那些巢穴和慌乱跑动的蚂蚁。在那里，你会看到纵横交错的通道，在通道的末端会分出小室，放置卵、幼虫、蛹以及蚁粮，还有粪便和垃圾。

　　但是地下蚁巢更多的部分却不是靠这种简单的方法所能看到的，蚁巢的构造对蚁学家是极具吸引力的。最初，人们或将蚂蚁巢穴搬回实验室，或在野外扬起铁锹和镐头，直挖到外面的人看不到头顶……

掘穴蚁的巢穴被掘开，暴露出了地下的工蚁，它们匆匆忙忙将蛹迁移出去（关于"蛹"这个词，请参考后面的章节）。（冉浩摄）

但这些都不能获得完美的自然蚁巢的数据。而让人们更惊讶的是，有一个蚁巢就有一种结构，即使是同一个物种，依然有成千上万种不同形状的蚁巢。那些只有盐粒般大小的大脑是如何设计出这一个个庞大巢穴的呢？

浇筑下的巢穴全貌

1988 年，威廉姆斯（Williams）和洛夫格林（Lofgren）创造性地将浇筑工艺应用在蚁巢结构研究上——他们将牙科石膏浆灌进了蚂蚁巢，石膏浆会吞没工蚁、兵蚁、幼虫，甚至蚁后——整个巢穴被填满。之后，石膏浆慢慢凝固硬化，蚁学家们将巢穴周围的土小心清除，得到石膏巢模型。不过石膏巢比较容易破碎，因此很多时候挖出来都是不完整的，需要带回实验室后用胶水重新粘好，这时候，巢穴的全貌就展现在我们面前了。

2010 年前后，这一技术已经成为蚂蚁研究的主流技术之一。今天，石膏仍然是我们浇筑蚁巢时最佳的选择，它廉价而且无污染，研究完成后蚁学家可以将它们弄成小块并丢弃，6 周之内，这些石膏就会被雨水或流水冲散，重新回到大自然中。而且石膏还可以做一些附加统计，如把石膏块敲碎，计数里面的蚂蚁，就可以知道在自然状态下巢穴中蚂蚁的数量和空间分布。计数效果最好的材料应该是透明的石蜡，熔融状态的石蜡同样可以作为包埋剂来制作巢穴模型。但是在野外需要携带加热石蜡的设备。

如果需要长期保存模型，蚁学家则倾向于使用铝或者锌来进行浇筑。前者价格较为低廉而且易于获得，但是熔点为 659℃，这个温度很难在野外维持，尤其是巢穴下部越深，铝在深入地下的过程可能提前冷却凝固，就越有可能无法完成整体浇筑。同样的问题，当巢穴通道很细小时也很难彻底浇筑。这时候可以用锌，它的熔点为 420℃，更容易操作，只是价格要高出不少。至于切叶蚁那些超级巨大的巢穴，直接用汽车拉着水泥罐来填吧！

尽管浇筑出的模型有大有小，形态多样。模型依然展示出的蚁巢具有一些共性，除了垂直向下的通道，蚁巢的其他通道，特别是小室倾向于水平方向延展，而且小室一般位于通道的末端。一个更令人惊奇的发现是，同一个巢穴的巢室之间尽管大小有所区别，但是在形状上往往惊人的相似。看起来，一个巢室连同与之相邻的一小截通道构成了一个结构单元。工蚁们扩展巢穴时所要做的，不过是沿着垂直"走廊"给巢穴在某一个特定的位置再安装一个个水平的"单元房"。整个巢穴庞大的系统就是用这种蕴含着现代组合式建筑的理念完成的。

即使弄清了其中的原理，这个"组装城市"仍因庞大的规模和精巧的设计而让人惊叹。美洲大陆的塞氏切叶蚁（*Atta sexdens*）无疑更是一个传奇，它们的蚁巢中居住着多达 500 万~800 万居民，在巴西的一个蚁巢有多达 1000 个巢室，其大小从一个拳头大到一个足球那么大，

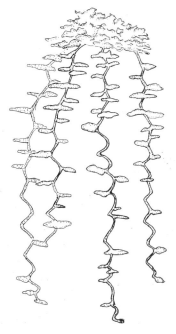

蚂蚁巢穴烧筑模型示意图

在地下覆盖数十平方米，深度更达 8 米，而其挖掘出的土壤更重达 44 吨。它需要蚂蚁搬运约 10 亿次，每次负重为自身体重的 4~5 倍，其工作量不亚于建造万里长城。这个巢穴因为堆土而高出地面，中央开出数百个甚至数千个"天窗"，类似于烟囱，起着通风孔的作用。几百万只蚂蚁在下面生活劳动，难免产生高温、恶臭和缺氧的环境。热气上升，从顶部的天窗逸出，而新鲜的空气则从相对较低的巢口灌入，实现了空气的对流、循环和降温。这原理不仅在切叶蚁的巢穴中得以展现，在另一类和蚂蚁行为极为相似的昆虫——白蚁的巢穴中也得以应用，高度超过 10 米的白蚁山甚至成为热带草原的地标性建筑。而我们则是在近年才逐渐重视这种天然的通风结构，并在一些建筑上开始部分代替空调的作用。

土壤不是唯一的建材

虽然大多温带和更寒冷地区的蚂蚁将巢穴建造在地下泥土中，热带和亚热带地区的蚂蚁却有更多的选择。

鼎突多刺蚁（*Polyrhachis vicina*），也被称为拟黑多刺蚁，就是这样的一个例子。这种米粒大小的黑色蚂蚁在腹部和胸部之间的结节上拥有两根弯弯的长刺，"结节"是蚂蚁结构中被反复提起的词，它是蚂蚁区别于蜂类祖先的标志之一，具体位置就是在蚂蚁的"胸部"和后腹部之间起连接作用的那一个或两个细细的小疙瘩。就在两个长刺之间不显眼的地方有三个针尖大小的突起，如鼎的三足，但如果不用放大镜或者显微镜刻意去找，是极难发现的。但这个特征却匪夷所思地成就了它的名字，并且成了鉴定研究的混乱之源。

因为具有药用价值，鼎突多刺蚁差不多是国内盯住蚂蚁经济的人们关注得最多的蚂蚁，很多人和实验室参与研究，并且总结了大段的资料，尽管在若干年后，蚂蚁分类学家更深入进行了研究，这些人才意识到这种蚂蚁其实应该叫双齿多刺蚁（*Polyrhachis dives*）。在双齿多刺蚁群体中，三个"突起"或者两个"突起"都是常见的，所谓的"鼎突"不应成为鉴定依据。

在草叶上摆出攻击姿态的双齿多刺蚁工蚁。（刘彦鸣摄）

双齿多刺蚁是一种广泛分布于我国南方的蚂蚁，并且在一些野外观察中，它们似乎能够形成包含多个蚁后的联合巢群，并在树上营巢占据树冠层，当然，它们也能在地面做巢。当蚁巢规模持续发展的时候，将有一部分工蚁外出寻找合适的筑巢地点，选好地址以后就会回来搬运那些老熟的幼虫。然后利用幼虫吐的丝将枯枝、落叶、沙土甚至是昆虫的残体黏合起来筑巢。最开始巢穴的体积很小，之后逐渐扩大，在巢穴中形成很多相互连通的小室。最后，还要覆盖上树叶和泥土等，使得巢穴和周围的环境非常相似。然后蚂蚁就可以一部分或者全部转移到新的巢穴里了。这样的巢穴如果出现在地面上，其地上部分由于使用了丝，和普通的土巢比较起来，更坚固，也不用担心雨水造成的损失。和双齿多刺蚁分布有一定重叠的黄猄蚁（*Oecophylla Smaragdina*）则更加纯粹，也是一种利用叶子和丝织做巢穴的蚂蚁，但是它们更加专业，通过一个个悬挂在树上的叶巢，一窝黄猄蚁可以统治一小片树林的树冠层，而整个巢群的蚁后却只有一个。

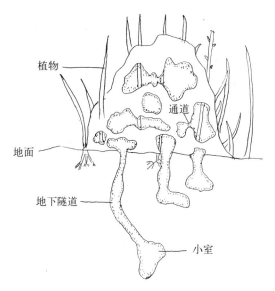

植物

通道

地面

地下隧道

小室

双齿多刺蚁的地面巢穴模式图，巢穴分为地上和地下两部分

举腹蚁（*Crematogaster* spp.）也是一类喜爱在植物上安家，并用各种材料构建巢穴的蚂蚁。它们长相极为特殊，后腹部永远保持着略向上倾斜的姿态，必要的时候可以很轻易地将腹部指向上方，中国台湾的朋友管它们叫"举尾蚁"。它们有一项特长，就是扔"手榴弹"——当遇到敌害的时候，毒液会顺着蜇针流出来形成液滴附着在蜇针上。举腹蚁们晃动腹部，利用腹部前后运动的力量将毒液投掷出去，作为远程武器，尤其是居高临下时，这种攻击更为有效。

通过从树冠上爬下的蚂蚁，我很早就知道河北有举腹蚁生活在高大白杨树的顶端，但是一度对它们的生活知之甚少。1996年前后，情况有了转机，正巧有一颗树冠已经枯萎的将死白杨树被我们砍伐了，其树干被切割成了木板，但意外发现这些木板已经千疮百孔，仿佛是被白蚁蛀过一样。我一眼便认出那些在蛀洞中来回奔跑的正是举腹蚁，我终于有机会能一见它们巢穴的真容了。

在我眼前的绝对是一个巨大的巢穴！而且毫无疑问是白杨树枯萎的主因。巢穴看起来四通八达，而且有很多新修葺的痕迹。蚂蚁就像使用泥土一样使用着树干上的资源，它们在树干上打洞，把木屑咬下来，然后用树汁将木屑黏合起来作为建设的材料填充巢室。但是，这好像是一个特例，我见过很多的白杨树上有举腹蚁生存，但是这些树木依然健康生长。而控制着树冠的举腹蚁还能捕食树上的害虫，抵御甲虫幼虫的蛀食。另一方面，举腹蚁又毫无疑问地寄生在树木上，获取营养，一旦离开树木，日子确实很难过。

我从未见过这种举腹蚁在地面上做巢，它们很难和地面上的蚂蚁竞争，尽管这窝被不幸切割的举腹蚁有一小撮工蚁被迫在几块砖下藏身。当我在砖块附近偶然间落下少量水的时候，那些"侦察兵"便召集工蚁们近乎疯狂地奔出来取水，这在其他土著蚂蚁中是从未见到的。遗憾的是，虽然它们冲出来得很快，但显然水渗入土中的速度会更快一些——看起来，在没有树木寄生的情况下，即使是水，它们也很难获得呢。

举腹蚁对白杨树的作用让人举棋不定，它到底是有害还是有益？真的很难。但是，有时候我们又何必非要这样判断呢？它们只不过是一群为了生存下去而忙忙碌碌的小家伙而已。

如果说蛀食木头还可以理解的话，那石头呢？有朋友曾经跟我提到过，有一种用蚁酸腐蚀石头做巢的蚂蚁。我查阅了一些资料，除了在 1964 年国内的某杂志找到一篇不足 200 字的类似报道外，再没有见到有关资料了。那篇报道说在哈夫曼石岩有蚂蚁可以"吃"石粉，但分泌出的是腐蚀性非常强的"盐类和酸类",而这个"哈夫曼石岩"到底在何处?我也无从查找了。尽管很多小型蚂蚁家族会选择在风化的石缝中做巢以获得庇护,但直接腐蚀石头就如同传说白蚁吞噬白银一样,多少让人觉得有些不可思议。

我的朋友,James C. Trager博士,也是一位蚂蚁专家。他对此提出了个人的看法,他认为,"即使是最强的蚁酸都不能腐蚀所有的石头,而即使是质地很软的岩石也只能被缓慢地腐蚀,而这种腐蚀对于建立巢穴来说是很低效的。"蚁酸能腐蚀的一般为含石灰质的岩石。

在树干中做巢的举腹蚁。(冉浩摄)

在海口,这窝细足捷蚁把被人砍断的竹节咬开,在里面做了巢,左上角就是它们的巢口。(冉浩摄)

快敬礼！女王来啦！

在地下贾氏火蚁的巢室里，为数不多的红色小工蚁们正在来回忙碌，一头小工蚁匆匆爬向一间巢室，这间巢室很宽敞，至少对这只小工蚁是这样。它爬了进去，在这里，它感觉到了不可抗拒的威严，在它面前，有一只比它大上许多的红色蚂蚁静静趴在那里，几只工蚁正在它身上为它舐舐着。这只小工蚁几乎有了一种要为面前的大蚂蚁献身的冲动，它爬向对方的尾部，毕恭毕敬地等待着……一枚晶莹剔透的卵从红色大蚂蚁的尾部排了出来，小工蚁小心翼翼地用嘴将它接住，堆放在一旁的卵堆上……

女王统御各色人等

这些高傲的小生物几乎是狂热地养护着整个集体和核心——蚁后。一般来说，一个巢穴至少会有一只这样的蚂蚁，它是整个巢穴中唯一可生育的雌性，是这个超级生物的生殖器，也是巢穴中所有蚂蚁的母亲。蚁后所具有的生育权是蚂蚁社会中最至高无上的权力。

严格来说，工蚁也算雌性，但是它们的卵巢几乎不发育，实质是"中性"的。换言之，工蚁其实就是"发育不良"的雌蚁。根据"发育不良的情况"，工蚁可以分成多个等级，而有些工蚁据说有几十个类型，每一个类型我们都称之为一个"亚型"，中国台湾地区的蚁学家则干脆拟人化地称之为"亚阶级"。不同的工蚁因身体构造的差异承担不同的工作。在一些蚂蚁物种的工蚁中还有一些强者——处于支配地位的大工蚁（或兵蚁）——它们的体型最接近生殖雌蚁，拥有王国中最强壮的身体和上颚，可以将大块的食物撕碎，也可以在战场上轻易地将敌人的头颅切下来。但是，有些种类的兵蚁在构造上一味追求力量，发达的上颚阻碍了它们进食，这个时候普通工蚁就承担了为兵蚁喂食的角色。

相互喂食在蚂蚁中是很常见的现象，我们称为"反哺"或"交哺"。蚂蚁有一个独特的"社会胃"可以储存食物，可以说，每只工蚁都是一个袋子，里面装满了食物，但是这些食物不是用来独享的，它将被喂给饥饿的同伴或者幼虫。反哺不仅能传递食物，也能传递信息，比如外出的蚂蚁有时会带回一些食物，一边召集同伴一边将食物反哺，起到展示样品的作用。

工蚁是辛勤的劳动者，为巢穴付出，这是一种利他主义。利他主义行为就是个体能甘愿为其他生物付出代价，甚至牺牲自己生命的行为。按照达尔文主义的观点，即使付出的个体没能繁殖后代，但获益的同胞却有更大的机会产生后代，同样能将它们的遗传物质传递给下一代。因此，工蚁才会在进化中甘愿放弃生殖权，转而去支持另一些具有生育功能的姐妹——"公主"雌蚁。同样的原因，具有生育能力的"王子"雄蚁像寄生虫一样的生活方式也被接纳了下来，不过一般雄蚁的体型要比"公主"小上不少，数量也更多。生殖雌蚁和雄蚁拥有珍贵的翅膀，能够飞上蓝天，把群体的基因携带到远方。

　　但在巢穴里，工蚁们对"王子"的态度可远不如对"公主"好。这倒不仅仅因为"王子"数量更多一些，或者说巢穴对单个雄蚁的营养投入少一些，更可能与蚂蚁的特殊的性别决定方式有关。雄蚁由未受精卵，也就是卵子直接发育而来，而受精卵则发育成雌性，不管工蚁还是"公主"都一样，它们是姐妹关系。这样，工蚁和"公主"的遗传关系更近一些，如果以一种简化的模型来计算的话，蚂蚁姐妹的DNA完全相同的概率高达75%，而我们人类的同胞姐妹却只有25%。可以说，蚂蚁姐妹比人类姐妹更"亲"，这也是一些学者认为蚂蚁姐妹之间更易演化出社会性的原因之一。相比之下，雄蚁们和工蚁的关系就疏远一些了，雄蚁只有50%的可能带有某只工蚁一半的基因，平均下来，这个亲缘关系的值只有25%，远远低于蚂蚁姐妹之间的关系。同样的情况也发生在蚂蚁的亲戚蜜蜂和胡蜂当中。

　　那么又是什么原因影响了一枚受精卵的命运，使它变成工蚁、兵蚁或生殖雌蚁呢？这种变化主要是后天诸多因素影响的结果。蚁后，毫无疑问，是整个巢穴的核心，它释放出一些外激素，这种化学物质漂浮在巢穴的空间中，可以阻止幼虫发育形成生殖蚁来挑战它在巢穴中的地位。在一个巢穴中，蚁后越健康，它的控制力就越强，那么就越不容易形成生殖蚁。另外据说在一些种类中，兵蚁也可以释放外激素抑制幼虫发育成兵蚁，只有当兵蚁数量不足，空气中外激素浓度不足时，才会有新的兵蚁产生。这真是一种奇妙的控制方式，不需要作虫口统计，单单根据巢穴中化学物质的浓度，群体就可以决定要产生什么样的蚂蚁。除此以外，近期的研究还表明，在工蚁形成时，它们体内的一些基因可能也发生了一些变化，一些基因不再发挥作用。

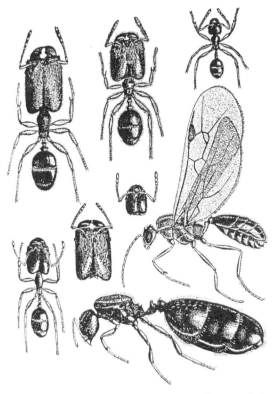

一种大头蚁 *Pheidole tepicana* 巢各种不同的分工。右上为工蚁，左边拥有巨大头部和上颚的是兵蚁，带翅膀的是"王子"生殖雄蚁，右下角为巢穴的核心蚁后。
（Wheeler,1910）

还有一些至关重要的作用。首先就是食物，在食物匮乏的巢穴是养不起生殖蚁的。刚刚建立的巢穴营养状况最差，一般第一批工蚁的体型都要小于正常工蚁，更不会产生大工蚁或者兵蚁。而产生兵蚁、甚至是新的生殖蚁是一个巢穴成熟和壮大的标志。

温度是另一个制约因素。四季气温的变化将影响卵和幼虫的发育，使巢穴周期性地出现生殖蚁。季节特征有利于巢穴之间在固定的时间组织交配活动，交换基因，并使这些基因传递下去。

此外，还有一个极为重要的因素，就是工蚁。工蚁最终决定谁将活下来，其认为不应该出现的幼体，都会被剔除，并将之转化成蛋白质食物。可以说，在巢穴中，工蚁才是最直接、最有效的干预者。

国民的成长史

不管蚂蚁将来是否成为蚁后，都要经历卵、幼虫、蛹和成虫 4 个阶段的发育，称为"完全变态发育"。但蚂蚁主要在地下完成发育过程，我们见到卵、幼虫和蛹的机会不多，我们看到它们满地爬的时候，已经是成虫了。

刚产下的蚁卵很小，一般半毫米大小，椭圆形或者圆形，一些小型种类的卵用肉眼看起来会比较困难。卵的颜色一般接近乳白色或淡黄色，但是也有种类产下金黄色甚至红色的卵。工蚁会服侍在蚁后的周围，接住产下来的卵，并立即搬到孵化房进行孵化。

卵会在几天之内孵化出幼虫，初生的幼虫佝偻着身躯，形同一个问号，运动能力很弱，需要由工蚁来搬动或喂养。一般来说，社会化程度越高的幼虫行动能力就越差，也就是说它们依赖集体或者说是受集体的控制就越强。可以说，幼虫放弃了运动能力，把自己完全托付给了群体。这一特点也省去了工蚁很多麻烦，它们可以把幼虫摆到任意的位置而不用担心它们到处溜达。工蚁也可以很方便地处死那些它们认为不应存在的幼虫，或者在饥荒的时候把它们作为群体的营养，而不用担心它们反抗。

幼虫蜕过几次皮以后，逐渐成熟就可以化蛹了。除了切叶蚁等族群，多数的蚂蚁幼虫会在化蛹的时候吐丝、结茧，然后在茧里面羽化成为成虫。由于运动能力差，幼虫在结茧的时候需要工蚁的协助。根据我们的观察，至少在两个大类的数种蚂蚁中存在着成虫协助幼虫结茧的过程。刘彦鸣曾用相机记录下了在人工巢穴中工蚁协助结茧的整个过程。照片显示，在最初的时候工蚁要用巢土帮助它搭建出一个空间在里面吐丝结茧。等茧子做好后，工蚁还要移去茧子上的附土，将茧子打扫干净。

蛹期是一个长长的休眠，幼虫的身体慢慢发生变化，长出六肢和触角，在茧子中的蛹通体透明而孱弱，不能运动，但是已经有了蚂蚁成虫的形态。蛹期结束后，刚羽化形成的成虫要从茧子里出来时，它依然需要其他蚂蚁的帮助，否则，茧子就成了它的活棺材。外面的工蚁要把茧子给撕破，然后为它清洁身体，这只新的蚂蚁才算是诞生了。这时它的身体依然柔软，甚至无法站立起来，它的外骨骼会逐渐变硬，几天之后便能自由活动了。

从此，新工蚁就开始承担家务活了，与把青壮年送上前线的人类社会不同，蚂蚁世界里在前线冲锋的却是一些老残蚂蚁。它们将那些新生的工蚁小心地保护起来，让它们在巢穴内工作。而那些自知时日不多的蚂蚁则在外面担任觅食和战斗的任务。一些蚂蚁甚至老到很难找到归巢的路了，但它们依然为巢穴战斗着，风烛残年的它们用自己最后的生命实现着对群体的价值。

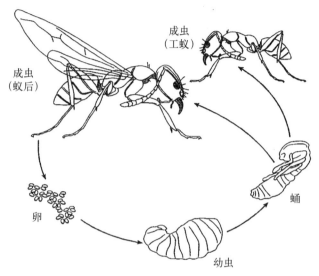

阿根廷蚁的生活史，蚂蚁成熟应该包括卵（eggs）、幼虫（larva）、蛹（pupa）和成虫（adult）四个阶段，在成虫中又有蚁后（queen）、雄蚁（male）和工蚁（worker）之分。

"听话"要靠"鼻子"

在这个女王"统治"下——我们姑且先这样说——充满了各种信息：气味、动作、声音等等，但是其中最重要的信息是气味，有泥土的气味、环境的气味、各种化学物质组成的信息素，都要闻出来。在这里，视觉和听觉只得到了有限的利用，一个灵敏的"鼻子"非常重要。

每个"国民"都要从巢穴获得属于自己家族的气味，并作为相互识别的标志。蚂蚁们挥舞着触角，用上面的嗅器扫过同伴，互相确认身份，一旦气味不符就会大打出手，甚至不死不休。我们可以用随处可见的草地铺道蚁来做实验，这种小蚂蚁因为头脑和行为相对简单，可以排除很多无关因素和变数的干扰。如果铺道蚁装在小瓶子里养上几天，然后再把这些蚂蚁放回原来的巢穴，你能看到什么？——巢穴里的那些蚂蚁开始攻击它们，把它们杀死，丝毫没有任何昔日同伴的友情。原因无它，分离出去的蚂蚁因为无法获得巢穴的气味，慢慢"变了味"，被当成了敌人。

这种独特气味中最重要部分的是从蚁后身上获取的，其次是工蚁自身腺体所产生的气味，最后还有巢穴环境中的气味，这些气味在同伴之间通过传递食物、舔舐和接触巢群之中混合、传播，形成群体独有的气味。但是有些情况下，一些巢穴的标识气味差不多，这时它们彼此之间的敌意就会减弱。在如日本弓背蚁（*Camponotus japonicus*）等蚂蚁中，血缘关系较近的巢穴之间气味可能会比较相似，这样两巢的工蚁相遇后似乎也更为克制。

有些蚂蚁也并不完全依靠气味进行识别，如亚平厚结猛蚁（*Pachycondyla sublaevis*）似乎认识巢穴中的每一个成员，这样它便能避免招惹群体中那些上位个体。你先不要忙着赞美蚂蚁惊人的记忆力，这花不了多少精力，因为它们的群体平均只有 9 只蚂蚁，是最小的蚂蚁群体之一。无独有偶，在蚂蚁的近亲黄蜂身上似乎也有类似的情况，研究人员在研究一种纸巢蜂（*Polistes fuscatus*）的时候发现它们也能够记住同伴的脸孔。但毫无疑问，即使昆虫足够聪明，在大群体中记忆性识别也将大大超出了它们脑的负荷，几乎没有价值，它们需要的是诸如气味这样简单的法子，并且充分信任它。

这同样也给了我们破解它们的机会——当两个巢的蚂蚁气味彼此混合，结果会怎样呢？

掘穴蚁（*Formica cunicularia*）是我喜爱的蚂蚁之一，这些红褐色的小蚂蚁大概有 6 毫米长，几乎遍布我国北方各省，可以说是国内分布最为广泛的蚁属（*Formica* spp.）蚂蚁之一。当来自两个巢穴的蚂蚁相遇时，会毫不客气地大打出手，甚至使用它们尾部的超级化学武器——毒雾。这些毒雾富含甲酸（蚁酸），能够灼伤对手的呼吸道，将其杀死。但是当我做了一些小手脚后，情况有了变化。

乙酸乙酯是昆虫研究最常用的麻醉剂之一。在实验室里，我们将成群的果蝇醉倒，然后把雌蝇和雄蝇挑拣出来，让其成为遗传实验的材料。等上一段时间，这些顽强的小昆虫就会苏醒，然后若无其事地到处游走，丝毫没有受到影响的样子。当然，如果麻醉剂过量，就不要指望它们再醒来了。我决定试着将蚂蚁醉倒。

我把来自两巢、水火不容的工蚁醉倒，然后趁着昏迷将它们混合在一起，静静等待它们醒来。有趣的是，这些蚂蚁醒来后处于了一种中间状态，既没有相互攻击，彼此也不大友善，它们似乎非常迷惑。接下来，出现了一个意外的情况。这些工蚁之间展开了一种不曾在掘穴蚁中发现的行为——拳击（boxing）。所谓"拳击"曾在其他一些蚂蚁中被记载，是一种仪式性的行为，蚂蚁们抬起前肢，如同拳击手般互相蹬踹对方，直到一方体力不支或认输为止，但是不会造成实质性的伤害。而从未发现它们使用过致命性的毒雾，即使威胁要使用毒雾的动作也从未出现。这类似于我们通过掰腕来定胜负，是一种"文明"的比试，其目的可能是为了确定彼此的社会地位，是蚂蚁关系重组的第一步。等拳击结束，这些工蚁们便开始了合作，共同挖掘巢穴，没有了丝毫异样。我试着改变来自不同巢穴的蚂蚁比例，不管是均势还是一方占有优势，结果依然如故，从没有出现过一方将另一方消灭的情况。

　　接下来，我试着将来自草地铺道蚁和针毛收获蚁（*Messor aciculatus*）巢穴的工蚁混合在一起。两者同属于切叶蚁家族，外形上也有几分相似，后者更是脾气相对柔和的大个子。但战争还是爆发了。针毛收获蚁开始攻击草地铺道蚁，将后者逼到角落里进行防守。看来，亲缘关系较远的不同种属蚂蚁之间，即使气味混合在一起，也还是能够相互识别的。这也许是本体气味的差别或是视觉等气味之外的识别方式引起的。

　　蚂蚁另一个让人熟知的行为是气味标记，这些小生灵每走上一小段便用腹部在地上点一下，留下些气味和信息素。如果没有雨水冲刷，这些气味能维持一段时间，如切叶蚁的痕迹标记通常能够维持6~12天，而行军蚁的则可以保持一个月或更长。这些气味来自一个特殊的腺体——杜氏腺（Dufour's gland），位于蚂蚁腹部末端，和毒腺相连，其分泌物有召集作用，那些同伴正是寻着这条分泌物指示的路径找到食物的。

　　威尔逊将火蚁杜氏腺中的物质提取出来，蘸取提取液，然后从蚂蚁聚集的地方划出一条直线。"蚁群的反应非常热烈。我原本期待能看见几只工蚁很悠闲地离开糖水液，试探看看新路径尾端有些什么好东西。结果，我得到的结果却是好几打兴奋不已的蚂蚁。只见它们争先恐后地踏上我为它们准备的路径。它们一边跑动，一边左右晃动头上的触角，测试蒸发及混杂在空气中的分子。走到小径末端后，它们乱成一团，忙着搜寻并不存在的战利品。"这些气味极为高效果，以泰氏美切叶蚁（*Atta texana*）为例，只要1毫克信息素，就足以引导一个绕地球3圈的蚂蚁队列。

　　经过研究，杜氏腺不仅有召集同伴的作用，还有指示敌人的作用。遇到敌人时，杜氏腺的召集气味常与毒液一起从螯针泌出，散发到空气中，似乎在说"看哪！这里有敌人！"于是，大量的同伴或者说援军就会被气味召集过来。

此外，蚂蚁使用各种化学物质表示不同信息。据估计，蚂蚁有10~20 个这样的化学"单词"或"短语"。但在一个特定的时刻每只工蚁所传播的每种信息素量一般不超过百万分之一克。越来越多的信息素不断被发现，其中一些相当神奇。美国斯坦福大学的德博拉·戈登（Deborah Gordon）和同事迈克尔·格林尼（Michael Greene）在 2003年发现，在红美收获蚁（*Pogonomyrmex barbatus*）群体中，外出为群体收集植物种子的掠夺蚁总是在巡逻蚁返回之后出动。他们对此研究后发现，巡逻蚁返回后会通过气味告诉掠夺蚁当天出去是否安全，并且这种信息非常准确。戈登在《自然》杂志上发表文章说："这意味着，一只蚂蚁能够通过（这种）碳氢化合物准确估量另一只蚂蚁的工作。这并非一种智力成就，而是一种知觉成就。"

除了杜氏腺，已经发现有 10 种以上的器官与化学信息物质的产生有关，其中 6 种最重要的外分泌腺广泛存在于蚂蚁中，功能也极为多样，除杜氏腺外还有毒腺（poison gland）、臀腺（pygidial gland）、腹板腺（sternal gland）、大颚腺（mandibular gland）和后胸侧腺（metapleural gland）。

化学信息作为通信物质的优点是它的制造和传递极为经济有效，在某些情况下，蚂蚁的感觉器官可以对极小量的化学物质做出反应，甚至是几个分子。而同一种分子在构型上的微小差异都能够被蚂蚁所识别，以美切叶蚁属（*Atta* spp.）为例，报警信息素 4-甲基-3-庚酮的右旋天然分子对蚂蚁的刺激要比人工合成的左旋分子强烈 100~200 倍。

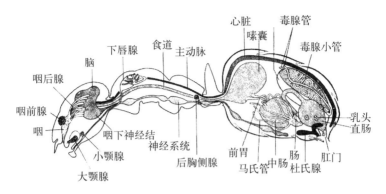

蚂蚁 *Formica* 工蚁的外分泌腺和主要脏器（原图 Hölldobler & Wilson,1990; 尚玉昌翻译, 2006）

肢体和声音的交流

在我们的社会中，一个手舞足蹈、唾沫乱溅的人往往被看作能言善辩的，但在蚂蚁王国中，却不会有多少表现的机会。对蚂蚁来说，肢体和声音只是辅助，所能表现出的含义极为有限。尽管如此，肢体和声音交流也未被蚂蚁彻底放弃。

玉米毛蚁（*Lasius alienus*）是一种我观察了很久的蚂蚁，身长大约 4 毫米左右，浑身黑色中略带紫气，工蚁大小不一，但是反应却极为机敏，喜欢在树木基部做巢，并且在地表用松散的土粒堆积成蚁封环绕着树基，它们是地球最广布的蚂蚁物种之一，在我国北方分布广泛，并且是华北地区几种最常见的蚂蚁之一。当一只玉米毛蚁遇到敌人或威胁以后，就会变得亢奋，一旦遇到同伴，它立即展开一种特殊的行为，身体前后进行剧烈震动，并且用头部撞击同伴，动作频率极快。同伴收到这个信号以后也立刻兴奋起来，开始警惕地四周跑动，但是接受到这个信号的同伴仅仅是兴奋而已，再没有对其他同伴传递相同的动作。对同伴做动作的只有遇到麻烦的亲历者本体。这可能有一个好处，就是其他蚂蚁可以通过遇到传递危机信号的同伴的数量和几率来判断危机发生的强度，同时，也避免了这种危险信号不断放大而给整个群体带来恐慌和混乱。这样的行为在诸多蚂蚁物种中都有表现，甚至我在白蚁中也曾观察到类似的行为。

蚂蚁的肢体交流并不总是很成功，有时候还会让同伴感到困惑。山大齿猛蚁（*Odontomachus monticola*）也是我喜欢的蚂蚁，很多蚁学家和蚂蚁爱好者都很钟情它们，他们拥有威风的上颚和犀利的攻击能力，是一种比较原始的蚂蚁，化学沟通能力有限。有一次给我的印象深刻，当我抓来了几只山大齿猛蚁放在一个陌生的地方时，所有的蚂蚁都出去巡视这个陌生的地盘，其中一只蚂蚁显然已经找到了一个自己非常满意的庇护所。于是它折返回去，找到了一个同伴。这只山大齿猛蚁张开上颚，钳住同伴的上颚，如同我们人类手拉手一样，似乎要把同伴拖向自己发现的住所。但是，那个同伴显然并不知情，丝毫不为所动……

此外，蚂蚁之间还可以通过动作传递征服的信息，一般屈服者所表现出的动作是降低身体，收起触角，趴伏在地面上不动。而那些上位者则有意抬高身体，张开上颚，威风凛凛。

声音的交流发生在大多数种类的蚂蚁中。蚂蚁通过摩擦一个薄薄的排刮器，可以产生一种短促的尖叫声。这个发音器位于后腹柄结和腹部之间。因为蚂蚁细小，一般情况下我们是无法听到蚂蚁的叫声的，但是，当你把那些个头较大的蚂蚁捏在手上的时候，用耳朵贴近它们，也许你能听见细微的声音。如果有一大群行军蚁或者大头蚁集体鸣叫时，至少不用离得太远，你就能听到一些细碎的声音了。不过这其中的原因，极可能是给周围听力较好的动物一个清晰的警告。

一般来说，蚂蚁的叫声发挥何种功能主要取决于种类和所处的环境。德国动物学家休伯特·马克尔首先发现被坍塌掩埋在巢穴里的美切叶蚁（*Atta* spp.）会通过叫声向同伴求救。不过救援的蚂蚁并不在乎空气中的声音，因为它们其实是用足的末端感受地面震动的。昆虫学家弗莱瓦·瑞塞斯（Flavio Roces）发现切叶蚁的发音拥有另一个功能——在发现好的树叶之后来召集同伴。在弓背蚁（*Camponotus* spp.）中发现另外一种声音交流，工蚁通过用头敲击地面或其他坚硬的东西而使声音在地下传播以便向同伴预警，使用这种技能的蚂蚁多半是生活在朽木或纸巢中的。

但是，蚂蚁之间的声音交流是极其有限的，根本不能形成一个词表。它的作用可能只是引起注意，恐怕不能传达出比"那里有只蚂蚁，并且发生了一件事情"更多的信息。

团结？人人都想当蚁后！

蚂蚁一直被认为是最团结、最有序的动物社会之一。但如果你深入其中，就会发现在这团结力量的内部还有种种微妙的关系，远比我们想象的要复杂。

在整个巢群中，女王信息素的威慑力充斥着整个空间，让工蚁们无从反抗，抑制它们卵巢及生殖系统发育，使工蚁专注于除产卵外的一切群内外工作。但工蚁们也在时刻"挑衅"着女王的权威，它们把那些不喜欢的幼虫杀死、吃掉，可以说，幼虫在发育过程中一直过着胆战心惊的日子。被留下的幼虫也绝非白受照顾，每当工蚁喂下一些食物时，幼虫则会反馈给工蚁一些含有信息素类物质的液体进行"答谢"，使工蚁获得满足感。一旦蚁后衰老，抑制力减弱，很多种类蚂蚁的工蚁便能进行生育了，但是它们没有交配，只能产下未受精卵，发育成雄性个体。雄蚁大批出现是一个岌岌可危的巢穴非常显著的特征。

在那些社会组织程度比较低的蚂蚁巢穴中，各种斗争则更为激烈，在这里，权术与谋略围绕着生殖权的斗争被赤裸裸展现了出来。克里斯蒂安·皮特斯（Christain Peeters）和他的同事在澳洲二刺猛蚁（*Diacamma australe*）的群体中发现了令人惊奇的事情。澳洲二刺猛蚁在蚂蚁中较为原始，工蚁和蚁后的差别很小，确切地说，这种体型硕大而运足如飞的蚂蚁本没有蚁后，所谓蚁后其实是后来通过工蚁之间的争斗产生的。它们有一套很特殊的交配系统，在它们的胸部两侧各有一个芽孢结构，实际上就是退化的翅，它的腺体细胞能产生特殊的信息素，对雄蚁具有诱惑作用。具有这种腺体的工蚁生殖腺发育，或者说，具有生殖权，能和雄蚁交配产生受精卵。最具有优势的蚂蚁将成为"蚁后"，产下最多的卵，而那些位置略低的蚂蚁也能够偷偷产下卵，但这些卵很多可能都要被"蚁后"吃掉，直到这个"蚁后"被更强大的蚂蚁赶下台。为了防止更多新的竞争者出现，这些能产卵的蚂蚁会想办法把对手的腺体消灭掉，它们在幼虫化蛹、防御能力最弱的时候啃噬掉这些芽孢，身体上的缺陷将妨碍这些蚂蚁卵巢的发育，使它们永远成为工蚁。而这芽孢对于蚂蚁的社会地位也极为重要，即使高位蚂蚁，一旦人工将其去除，这些蚂蚁会变得非常胆怯，只会兢兢业业地去干工蚁的活计，身份一落千丈。

有时获得了生育权的工蚁，上升为实际意义上的蚁后，也能够获得一批忠实的追随者，成为它的"监察使"，捍卫它的权利。曲颊猛蚁（*Gnamptogenys* spp.）中只有少数巢穴具有蚁后，大多数情况下由高位工蚁交配后获得生育权。在麦氏曲颊猛蚁（*Gnamptogenys menadensis*）巢穴中，存在一些能够产卵的工蚁，它们没有经过交配，所有的卵都是未受精的，这些卵称为营养卵，像鸡蛋一样被用来喂养幼虫，无法发育成蚂蚁。此时，如果将具有生育权的工蚁移走，群体立刻混乱起来，一些工蚁开始蠢蠢欲动，并且产下能够发育成雄蚁的未受精卵。但是一旦有生育权的工蚁被移回，这些"不守规矩"的工蚁立即就会被另一些工蚁控制起来，固定住肢体，甚至有时会被杀死。这些有生育权的蚂蚁从来没有直接参与攻击过那些"越界"的工蚁，所有的事情都由它的那些"爪牙"般的监督者来解决。

即使在进化程度较高的蚂蚁巢穴中也有颇多隐情。美国昆虫学家布莱恩·科尔（Blaine Cole）在研究阿氏细胸蚁（*Leptothorax allardycei*）时就发现，这是一种体型细小，看起来比同长度蚂蚁都要纤细一些的蚂蚁，它们的社会品级分明，远没有二刺猛蚁那么蛮荒与混乱。但工蚁依然相互较量，并且偷偷产卵，即使蚁后在场时，那些优势个体也产下了20%的卵。如果将蚁后移去，冲突便进入了高潮，有竞争力的工蚁花在相互威胁和争斗上的时间甚至比打理巢穴事务还要多。而且那些占据优势的工蚁将获得更多的食物，使它们发育出装满卵的卵巢，但是这些卵并未受精，最后即使孵化，也只能获得雄蚁——巢穴的灭亡已不可避免。

我们的土地有土产!

外出觅食的贾氏红火蚁们终于找到了它们想要的东西——一只不知道被什么人拍死的蚊子,它们召集同伴前往搬运。6只小蚂蚁合力将战利品向巢穴的方向拖动,就在半路上……草地铺道蚁的巡逻兵发现了它们,更发现了那只蚊子,它决定抢夺过来。这个"巨人"冲了过来,它咬住蚊子,连同那几只咬在蚊子上的小蚂蚁也拖动了。贾氏红火蚁的工蚁们拼命拉扯,但是它们的力量太微不足道了,它们和被它们咬住的蚊子正迅速被拖往草地铺道蚁的巢口……

早安！春天！

漫漫严冬是非常难熬的，在饥饿和寒冷中很多蚂蚁死去。曾经在头一年里的强大王朝在经过冬天之后，可能已经极度地衰败了。

因此，尽管依然春寒料峭，饥饿难耐的蚂蚁们还是开始准备行动了。有时，它们确实大大出乎我的意料。2004 年 2 月 16 日，春节刚过，我在河北大学的本部南院校区散步时，竟见到了一只正在活动的掘穴蚁工蚁。它站在一片枯叶旁，由于天气还很冷，它腿脚很不利索，我注视了它很久，在周围找不到它的巢穴，它就那么孤零零地站在那里。后来起了一阵风，它被风吹得在地上翻了几个滚。我无从知道它出现的原因，我想也许是太向往春天了吧？或者是什么其他原因……

而在这之前的两天，我还曾撞到过一只针毛收获蚁，这是一种黑色的蚂蚁，大约长 6 毫米，它们是西北荒漠地区的优势昆虫。而 2012 年初，聂鑫甚至在细细的雪糁中观察到了一只活动的针毛收获蚁……

在我所生活的城市——河北保定，蚂蚁大部队活动的时间一般从 3 月下旬到 4 月上旬开始，至 11 月初结束。这些小精灵们从冬眠的巢穴中爬出，伸展触角，看那意思，似乎是在说，早安啊！春天！

为了搞清楚这些小家伙们在春天都做些什么，2005 年，我认真跟踪观察了掘穴蚁春季的行为。从以往数据看，在河北保定，掘穴蚁每年 3 月中旬部分巢穴开始小规模活动，以后活动的巢穴陆续增多。

为了不错过它们开始活动的时间，我从三月上旬便开始在河北大学的校园里展开了观察，几天之后，我发现有些掘穴蚁开始活动了。当天，我选定了几个模式巢穴进行研究。第二天我带来温度计，安置在地面，用来测量蚁穴附近地表的温度，气象站的气温数据对我来说价值不大，地表温度才是重点。

三月气温较不稳定，因为阳光入射的角度不同，不同地方地表温度差别也很大，因此不同巢穴出巢开始活动的时间也不同。上午9:30到10:40，地表温度达到11℃时，掘穴蚁就可以在日光下开始活动了。由于阳光持续照射掘穴蚁，它们体温都高于地表温度。我将温度计直接暴露在阳光下，温度计的指示也会持续升高——蚂蚁的体温大概也会这样吧，这对它们这些变温动物来说，是件好事。

在最初的几天内，掘穴蚁最初来到地面活动的小分队数量不多，主要任务除了巡视领地和寻找食物，还要修葺巢室。由于上层的巢室整个冬季都没有经过整理，已经非常凌乱了，工蚁忙碌着将巢室修好、扩建。它们甚至会从别的地方衔来小木条作为材料。尤其有意思的是，当它们在整理巢外土堆的时候，不仅会用上颚去搬运，它们还往往会采取更高效的做法——用后面的两对足将身体举起，然后用前足像母鸡刨土一样向后快速地将土抛出，很快就在身下挖出一个小坑。

这段时间里，它们的食物来源主要是整个冬季积累的昆虫干尸。在整个冬季，很多昆虫会冻死，而且深秋的时候一些死亡的昆虫尸体也来不及瓜分，冬季的寒冷和干燥正好又保存了这些尸体。蚂蚁没有理由拒绝这些唾手可得的食物。我的观察记录显示，最初几天干尸可以占到蚂蚁带入巢穴的食物的70%以上。此后，因为尸体资源减少，而活昆虫又少，蚂蚁领地的食物收益减少。掘穴蚁也会搜集新鲜的食物，尤其是正午，地表温度最高，掘穴蚁可以捕获体型稍大的猎物——一种叶蜂。2013年，尽管春天比以往似乎更为寒冷，我依然如期地见到了这些叶蜂。

在这最初的日子过后，随着出来活动的蚂蚁数量和种类越来越多，在初春，巢穴之间最重要的事情——划分领地，即将开始。

领地乃生存之本

领地能为蚂蚁提供食物资源和繁殖后代的稳定环境，要生存下去，领地必不可少、关乎存亡。

春天，活动过的气息和气味标记都随着漫长的冬季而消失，所有的土地再次变成"无主之地"，领地将重新划分。在掘穴蚁们生存的地方往往还有玉米毛蚁（*Lasius alienus*），领地对于它们而言同样重要，它们需要占领一棵植物放牧蚜虫，这些蚂蚁酷爱蚜虫分泌的蜜露，蚜虫为蚂蚁提供蜜露，而蚂蚁也对蚜虫提供保护，这的确是奇妙的共生现象（见第一部分"哎呀，你是怎么混进来的？"相关内容）。

掘穴蚁和玉米毛蚁几乎是夙敌，来自不同巢穴的蚂蚁亢奋地抖动身体，彼此扭打在一起。这样的冲突会从清晨一直持续到傍晚，然后，地面上会收兵休息，次日，战争可能还将继续。

玉米毛蚁在地面上善于大兵团式的作战，好像欧洲的正规军。如果你放一只外来蚂蚁在他们的巢穴附近，立即就可以招来潮水一样的蚂蚁大军，但玉米毛蚁单兵攻击力较弱。而掘穴蚁却完全相反，它们从不发动大规模的阵地冲锋，但它们行动迅速且单兵战斗力强，奉行的是"hit and run"战术。因此，玉米毛蚁很难成功捕捉到掘穴蚁，它们对付掘穴蚁的策略是第一只工蚁死死咬住掘穴蚁，减缓它的行动，等待援兵。而掘穴蚁则试图迅速杀死玉米毛蚁或用尾部喷射蚁酸迫使其放弃。因此，对抗的结局将取决于相遇的两只工蚁能不能速战速决。

　　但在地面上，玉米毛蚁往往会派出大批的部队攻击掘穴蚁的巢穴。掘穴蚁游击式的战法无法和玉米毛蚁大军正面抗衡，它们采取了防守的策略。所有的掘穴蚁都退入洞中，几只工蚁在入口处张开上颚进行防御，在它们身后则是大批的工蚁部队。玉米毛蚁没有掘穴蚁力气大，不能把堵在洞口的卫兵拖出来杀死，相反却很容易被对手拖入洞中消灭。因此，玉米毛蚁不敢擅自行动，往往在洞口形成僵持的局面。当玉米毛蚁大军退去的时候，掘穴蚁又在巢外活跃起来，一切如初。

　　除了地面，在地下巢穴之间有时会打通，往往引发争斗。实际上整个争夺是一个包括地面和地下的立体进攻与防御的拉锯战。

　　2003 年的春天，我在河北大学校园里曾详细观察了一场精彩的战争。那里有一排白杨树，东西走向排列，春天刚开始的时候一窝玉米毛蚁占据了其中的前两棵，从此向东的若干棵白杨树则是被掘穴蚁占有。双方就围绕着它们交界处——第三棵白杨树的所有权展开了争夺。应该说这是玉米毛蚁的一次收复失地战争，因为 2002 年那里是它们的领地，现在玉米毛蚁因为苏醒得较晚，它们建造的巢穴被向西侵犯的掘穴蚁占据了。

　　终于，在 2003 年 4 月 13 日，我发现小股玉米毛蚁开始在第三棵白杨树周围活动了，但这时地面的巢穴依然被掘穴蚁们占据着。玉米毛蚁们在树干上跑上跑下，已经开始忙碌地采集蚜虫的蜜露。第二天，情况进一步发展，玉米毛蚁开始进攻，它们从大本营直接开凿了地下隧道，在白杨树西侧打开了出口，有相当数量的玉米毛蚁开始活动，一些掘穴蚁占据的入口受到影响，它们不时把一两只试图进攻的玉米毛蚁拖到洞里消灭。掘穴蚁仍然牢牢控制着白杨树下的地面。

第三天，也就是 2003 年 4 月 16 日，形式急转直下，玉米毛蚁发动了大规模进攻，取得了地面控制权！当然包括白杨树。驻扎的掘穴蚁部队则龟缩在洞穴里用上颚向外进行坑道防守战。玉米毛蚁则攻占了最东边的一个洞穴，在地面上造成了对掘穴蚁洞口的合围。地下的洞穴可能已经被打通，地下战争估计已经进入白热化，一部分掘穴蚁已经被分割在狭小的区域内，它们地下地上四面受敌。

一直到 4 月 18 日，掘穴蚁没有在第三棵白杨树附近进行活动，玉米毛蚁仍然占据了整个地上部分，地下战势暂时无法进行判断，估计掘穴蚁已经放弃了反扑。玉米毛蚁成功夺回了原来属于它们的领地，玉米毛蚁已经取得了阶段性胜利。

玉米毛蚁的力量已经开始扩张至第四棵白杨树了，收复失地的战争开始变为侵略战争了。玉米毛蚁的大举侵略似乎激怒了整个掘穴蚁社会，在第四棵白杨树的地下，一定发生过非常激烈的战斗。4 月 26 日，掘穴蚁的兵力再次推进到第三棵白杨树，它们占据了除西边一个洞口外所有的洞口。看来，玉米毛蚁的有生力量已经在地下被大量歼灭，战争再次迎来了转折。

但玉米毛蚁依然在组织抵抗，它们试图封锁第三棵白杨树的基部来保障自己对白杨树资源的占有。但是，掘穴蚁工蚁凭借自己的速度和力量轻易就可以穿过这道防线。更糟糕的是，还有一窝树栖蚂蚁也被惊动了，它们自上而下地也发动了一次战争。在天上地下双面夹击之下，玉米毛蚁的封锁没能坚持几天。

而掘穴蚁则开始巩固胜利果实。它们把占领的通道加大、加宽，使这些原来属于玉米毛蚁的巢穴不再适合玉米毛蚁作战，即使玉米毛蚁再攻下来也不可能守住了。之后，这里的战争零零星星持续了一个夏季。2004年春天，到了再次复苏的时候，可能因为失去了这部分食物资源，食物储备减少，玉米毛蚁的冬天似乎过得并不好，群体实力下滑，面对因获得了新领地而更加强大的掘穴蚁巢群，再没能靠近第三棵白杨树了。

这些通过战争或者其他各种手段获得的领土将被群体小心地守护，工蚁们在领地各处排出粪便，粪便中的物质含有标记领地的气味（信息素）。如果你将一只蚂蚁放在"邻国"的领地中，你会发现它马上变得焦躁，横冲直撞，急切地想离开这里，这种反应在离"邻国"的巢口越近——那里的气息更浓——而变得更加强烈。它能通过气味感知到这里充满了杀机，它孤立无援，必须尽快退出这里，否则将面对驱逐甚至是杀戮。

相反，那些在自己气味标记的领地里的蚂蚁则斗志昂扬，随时巡查着自己的领地。一些如弓背蚁类（Camponotus spp.）的蚂蚁还会组成小分队，在领地的入口和食物丰富的地方驻守，它们能有效地阻截来自"邻国"的小股侦察力量，以防止"邻国"掌握它们领地食物资源的信息。所谓"怀璧其罪"，如果被敌人知道了巢穴的底细，特别是如果有丰富的资源，大规模的侵略就可能发生。同时，它们也如同前哨般为群体预警，并以生命为代价，为群体集结反击力量赢取宝贵的时间。

"民"以食为天

蚂蚁作为社会性生物，依靠群体的力量占据领地，将独居的昆虫从最适合的巢址驱赶出去，但是，领地本身也限制了社会昆虫的活动范围。为了维持巢群成员的数量，必须从领地内获得稳定而充足的食物。尽管每只工蚁都竭尽全力，但是食物对正在发展的巢群体往往都是刚刚够，有时甚至严重不足，而且群体还必须时刻面对那些独居昆虫过客般的抢劫和偷盗。在严酷自然环境下，大多数蚂蚁养成了不挑食的好习惯，食物种类多样。总之，凡是领地上出产的，只要能吃的，都要搬走。

首先是肉类，肉类含有大量的蛋白质，是提供给幼虫生长发育的极好营养。肉是否新鲜并不重要，相反，捡拾昆虫尸体风险很小，不需要奋力拼杀，蚂蚁理所当然地成了昆虫的"收尸者"。

当然，活的猎物，只要有可能，也绝不会放过，即使因此付出一些代价，因此蚂蚁对各种昆虫，甚至其他小动物等的捕捉经常发生。蚂蚁捕食的工具是其强壮的上颚和尾部的毒刺或者化学喷雾，其中一些蚂蚁格外强大，如子弹蚁（*Paraponera clavata*），这种蚂蚁是世界上最大的蚂蚁之一，有 2.5 厘米长，它的毒性很强，被其蛰咬后给人的感觉犹如被子弹击中一般，因此得名。它们完全能够胜任单兵捕捉青蛙、幼鼠等小动物的任务。蚂蚁很少挑剔肉类，即使从没见过的水产或海鲜，只要在领地上出现，照收不误。

甚至一种蚂蚁很可能被另一种蚂蚁当作食物。一些蚂蚁甚至杀死同种的蚂蚁，然后吃掉。对于拣到的或抢到的蚂蚁幼虫和蛹，蚂蚁的选择有两种，一种是吃掉；一种是养起来作为未来的"劳工"，充实自己。悍蚁（*Polyergus* spp.）会袭击林蚁（*Formica* spp.）的巢穴，抢夺幼虫和蛹，养育起来，作为自己的劳力。不过，尽管这类蚂蚁被叫做"蓄奴蚁（slave maker ants）"，悍蚁对"奴隶"很平等，如同一家人，而并非一般意义的主仆关系。

如果猎物不大，巡视的蚂蚁会自己把它解决掉并搬回巢来。对于个头很大，力气惊"蚁"的家伙，这只蚂蚁会立即返回巢穴并释放出召集素，"告诉"周围的蚂蚁，几分钟之后，大量的蚂蚁就会沿着它的气味痕迹扑向猎物。

行军蚁们（army ants）则是捕猎形式的极致，它们经常排着浩浩荡荡的长队，对各地进行扫荡。所到之处，各种昆虫和小动物一扫而光。即便是体型很大的哺乳动物也要退避三舍。不过当地人很欢迎它们，它们走过的地方会干净地清除掉跳蚤、蟑螂或者其他害虫。

另一类则是来自植物的营养，营养丰富的种子更是很多蚂蚁觊觎的对象。很多人都见过蚂蚁搬运饼干渣，而饼干就是用植物种子——谷物制成的，其中最主要的成分是淀粉，后者经过消化以后可以降解为葡萄糖，为生命活动提供能源。事实上，蚂蚁的成虫已不再生长，对蛋白质的需求比较少，它们主要需求的是能源物质——糖类，因此，成年的蚂蚁对糖类颇为喜爱。除此以外，在植物种子中也不缺乏蛋白质和脂肪。

有时候，一些蚂蚁还会有一些特殊的嗜好，会收集领地上的另一些让我们感觉古怪的东西，甚至，是某些脱发症的始作俑者……2003 年，伊朗科曼大学（Kerman University）的塞姆斯蒂尼（S. Shamsadini）等人报道了 2 例大头蚁属（*Pheidole*）蚂蚁在科曼造成的人头发局部脱落的病例。该现象在 1999 年首次被关注，但最初并没有搞清楚原因。后来才知道是大头蚁趁着患者睡眠的时候偷偷爬上患者的头部，在距离发根微米级的位置将人类头发切断，因此根本无法看到发根的痕迹，人就如同脱发一般。大头蚁的兵蚁们当起了剃头匠，整个"剃头"过程可能要持续几天，给我们的感觉好像是这个人的头发逐渐脱落，最后谢顶了一样，往往被误诊为普通的人类病变脱发……

塞姆斯蒂尼经过对文献的梳理和总结，认为至少发生了 18 例这样的病例（男 14，女 4）。塞姆斯蒂尼认为，在有大量大头蚁发生的地区，突然发生头发脱落、丢失的现象应该考虑大头蚁因素。看来，在大头蚁们生存的领地里，连睡觉也要被"雁过拔毛"了……

2004 年，莫塔扎维（Mortazavi）等又再次就这个问题撰文，并明确指出了元凶大头蚁是遮大头蚁（*Pheidole pallidula*）。还好，在中国，我们不会遇到它，而它的其他大头蚁亲戚们还未发现有此嗜好。

至于遮大头蚁"偷头发"的作案动机，莫塔扎维认为大头蚁可能将"偷"来的人类头发用于食物、筑巢或者其他目的。我认为作为食物的可能性较大，大头蚁可能采集上面的油脂作为食物。而且大头蚁一般会抛弃人类头发类似的其他物品，因为这些物质往往有碍行动，对于土栖的蚂蚁物种，用头发筑巢的可能性不大。而且在病例中大多是男性，这也许和卫生习惯有关，也许是那些男性平时不修边幅，结果头发上积累了比较多的油脂吧。虽然这都是推断，也许并不正确，但借此提醒人们注意个人卫生始终不是一件坏事。

广布大头蚁在猎杀猎物。（刘彦鸣摄）

觅食也要有策略

生物倾向于将食物获取的效率提升到最大，它们倾向于用最少的能量消耗和时间花费获得尽可能多的食物收益，蚂蚁也不例外，而且有一套取食策略。

科学家在研究著名的入侵蚂蚁法老蚁（*Monomorium pharaonis*）（参见第二部分"蚂蚁，也可以是入侵物种"相关内容）时，发现了一个特殊的"Y"形搜索法则。法老蚁在巡逻的时候除了会沿途留下气味，当它想转弯的时候，还会留下一个气味"路标"，而它转的这个弯和原来的前进方向几乎呈30°角。如果后来的侦察蚂蚁不想沿着它的脚步前进，当它遇到这个路标的时候，则会向另一个方向转弯，而这个方向和原路方向也呈30°角。这时候出现了一个"Y"形的路线，两只蚂蚁来路相同，都是从"Y"的根部出发，一个向左走向了"Y"的分叉，另一个向右走向了另一个分叉，两个分叉之间的夹角是60°。再有蚂蚁来的话，它们再也不会创造出新的路线了，而是沿着两个分叉继续前进，直到再次拐弯创造出下一个"Y"。

结果，这就好比一个两叉的树干不断分生出新的两杈树枝，搜索的范围呈扇形不断扩大，最后将整个搜索方向覆盖住。许多个这样从巢穴出发的"大树"互相叠加，能够帮助蚂蚁们仔细搜索领土的每一个地方，不用担心有任何遗漏。科学家的计算也表明，这是最有效的搜索方法之一。而且一旦有所发现，蚂蚁可以迅速沿着"路标"反向折回，也不用担心迷路，当然，有时它们太心急，会利用其他方法更快捷地返回巢穴。同样的搜索方式在白蚁中也有发现，只不过因为白蚁们比较怕阳光，它们建设了通道作为掩体。

　　然而，蚂蚁的觅食"智慧"不止于此，喜欢取食花蜜和蜜露的红足弓背蚁（*Camponotus rufipes*）似乎能够通过取食样品来鉴定资源的"品质"，之后决定是要继续觅食还是离开这里。而且斯柴尔曼（P. E. Schilman）等人的研究发现，红足弓背蚁能够学习蜜露的产生规律，这可能是对植物产生一滴新的花蜜需要一定时间的适应。研究人员用一个饲喂器以一定的频率来释放蜜露，觅食的红足弓背蚁能根据频率来调整觅食行为，它们在等待蜜露的时候会在周围跑动，不是回巢，而是就在周围活动，好像一个等得无聊的人来回溜达一样，但是，等蜜露将被释放出来的时候它们就准时会去那里舔舐。

　　当调整了蜜露流出的频率后，工蚁能在很短的时间内，也就是一两次接触后就适应了这个变化。进一步实验表明，当蚂蚁在 5 次访问后停止蜜露供应，工蚁们仍然会像先前的频率情况下那样来访，等待获取蜜露。由此看来，蚂蚁们至少要有点时间观念，这种计时能力在蜜蜂身上也有体现，但是其中的机理还不清楚。

　　获取了蜜露的、把肚子撑得鼓鼓的蚂蚁会返回巢穴。蚂蚁如何知道自己已经"饱"了，而返回巢穴？这也是一个待研究的问题。研究表明，蜜蜂可以通过胃部扩张的程度和体壁上的感受器来衡量自己是不是"吃过头"了，至于这种蚂蚁，也许是类似的机制吧？不过当蜜源质量下降或者供应量急剧减少的时候，蚂蚁也会吃个"半饱"就往回跑。斯柴尔曼等推测，也许是在野外觅食点活动的时间太长会增加危险性，也许是为了尽快将这个变化告知自己的同伴，总之，这也需要进一步研究。

熊熊战火，前进还是后退？

在草地铺道蚁巢穴的附近，一只超过 1 厘米长的黑色日本弓背蚁（*Camponotus japonicus*）快速爬过，在这片土地上，它们堪称巨无霸，但是现在它仓皇而逃，因为它试图夺取草地铺道蚁们捕获的青虫时，让这些它看不上眼的小蚂蚁们给了它深刻的教训——不是每一次以大欺小都能成功。但是它没有注意到，它正飞快奔向一条长长的队列，在那里，宽结大头蚁（*Pheidole noda*）们正在迁移巢穴，它们找到了一个非常理想的巢址。大头蚁是这块土地上的悍族，那些兵蚁们虽然只有不到 5 毫米长，但是巨大的头颅里充满肌肉，如果这只落单的日本弓背蚁不能及时发现危险，它将遇到比刚才更为糟糕的场面……

狭路相逢，强者胜

蚂蚁绝对是个好斗的种族，它们桀骜不驯并且迷恋血腥，威尔逊甚至指出，如果蚂蚁拥有了核武器，其结果是立即会（引发核战）摧毁地球。从早上开始活动到晚上归巢，在整个白天，这些小生物几乎不停地在争斗。

在战斗中，双方用尽浑身解数，将属于各自种族的进攻和防御手段纷纷施展出来，即使是同一类武器也有所差别。

上颚是蚂蚁最常用的进攻性武器之一，由于形态不同，使用方法和威力也有所区别。包括掘穴蚁在内的林蚁家族（Formica spp.）的上颚薄而锋利，就如同片儿刀，能够迅速在体壁很薄的对手身上留下触目惊心的伤口，再配合上它们敏捷迅速的身手，对身体柔软的敌人杀伤力极大。而大头蚁家族（Pheidole spp.）的兵蚁却浑身重甲（详见第二部分"大头蚁，脑袋大，照样不冷静"相关内容），不成比例的脑袋里充满了肌肉，它挥舞的则是厚重如板斧一般的上颚，虽然身体灵活度不够，但是其蕴含的力量却是能轻易切开敌人的几丁质盔甲或者一口咬掉其脑袋——在我的观察中，曾经有一只和大头蚁兵蚁大小相仿的针毛收获蚁因此丢掉了脑袋，甚至还有一只被生生拔掉了上颚……如果宽结大头蚁的兵蚁咬空或触及坚硬的物体，甚至可以将自己反弹出数厘米远，这种力量虽然越阶挑战仍颇具难度，但在同阶异族中已经鲜有对手。而南美的切叶蚁（Atta spp.）的兵蚁甚至可以凭借自己不足 2 厘米长的身躯切割皮革、咬断塑料管。

而另一些更加凶悍的蚂蚁则有一副马刀一般修长而弯曲的上颚，在上颚的末端锋利如钩子般。这些钩子般的上颚可以轻易刺入敌人体内，相比大头蚁的板斧更加省力，只需夹住对方的脑袋或者身子，简单挤压一下，就可置之于死地。这样的上颚在行军蚁部分家族中被兵蚁拥有，因劫掠奴隶而臭名昭著的悍蚁（*Polyergus* spp.）们也有一副。悍蚁们在掠夺时会毫不客气地将反抗者刺穿，甚至它们能刺入人手指的皮肤——至少对我来说是这样。

更有一些蚂蚁具有夹钳一般的上颚，这种上颚很长，很平直，在上颚的末端向内分叉形成锋利的锯齿。它们是力量与刺穿的完美结合，在攻击前上颚会张开很大的角度，之后骤然合拢，尖端的锯齿带着猛烈的冲击瞬间就能刺穿敌人的体壁，同时挤压的力量也会伤及周围的内脏，它们的代表即是大齿猛蚁（*Odontomachus* spp.）。（见第二部分"喀嚓，蚂蚁中最强的攻击力"相关内容。）

机械攻击虽然被蚂蚁发展到了极致，但越阶挑战仍然难度极大，它们真正的杀手锏是化学武器，包括其上颚腺和尾刺里的毒素、喷雾以及少量分泌液几乎所有的蚂蚁都配备了化学武器，当这些东西被使用时，一些比他们庞大数倍甚至更大的对手也会有所顾忌。

一些较为原始的蚂蚁特别擅长尾刺攻击，但是较高等的蚂蚁如切叶蚁家族（切叶蚁亚科，Myrmicinae）也运用此法。尾刺中毒素种类很多，因蚂蚁种类不同而有差异，一般来说，主要的成分是蚁酸，也就是化学上的甲酸。甲酸具有腐蚀性，可以刺激和杀伤细胞，如果作用在神经末梢，我们就会感到疼痛。幸好，大多数小蚂蚁的毒刺都不能穿透人的皮肤，才让你觉得蚂蚁并不蜇人——事实上，只是你没有碰到具有粗壮毒刺的大蚂蚁而已。但大多数蚂蚁的毒素已经不仅仅局限于蚁酸，它们在毒素中搀入了特殊的多肽和酶分子。这些蛋白质类物质，比甲酸具有更强的杀伤力，一些专门作用在神经上，一旦被咬伤或者蛰伤就会使神经系统刺骨的疼痛，也叫神经毒素。这些蛋白质有时还能引起人的过敏反应，那就会更痛苦了，严重的会导致休克甚至死亡。让我们人类去体验这些蛰伤况且如此，更不要说当它刺入在小小的敌人身体里时了。

有了它，即使小小的贾氏火蚁，也能给草地铺道蚁深刻的教训。在一次我观察贾氏火蚁和铺道蚁争运食物的事件中，这次争抢的焦点不是蚊子，而是一小点玉米面儿。在觅食场上，一只火蚁的工蚁高高扬起了腹部，准确地将毒液注射到铺道蚁口器的薄弱部位。铺道蚁的工蚁想必立即感受到了这种攻击，它从现场上撤退了下来，独自在地上反复地蹭被蛰伤的部位，上颚张开，表现得极为痛苦。如果没有毒液，这只细小的贾氏火蚁可能立刻就被铺道蚁咬成了两截，但此刻，局面扭转了。

尾刺退化的蚂蚁往往会选择喷雾，一些蚂蚁（蚁亚科，Formicinae）的尾部，在喷口处长有一些浓密的小毛，这些小毛在喷毒的时候能够帮助毒液雾化，形成更大的攻击范围；另一些蚂蚁（臭蚁亚科，Dolichoderinae）虽然喷口处没有毛，但喷口进化成了一道缝，也有雾化的作用。这种战术像在空气中喷射化学毒物，灼伤对手的呼吸系统。因此，相比毒刺，这是一种群杀攻击，即使在数目处于劣势的情况下仍有取胜的可能性。

掘穴蚁就是使用这种方式的蚂蚁。两只掘穴蚁在交战时一方面用上颚咬住对方，另一方面后腹会向内弯曲，彼此指向对方。一般来说，因为两只蚂蚁距离比较近，双方都不会喷射致命剂量的蚁酸，因为这也会伤到自己。但紧急情况就另当别论了。在我的眼皮底下，曾有一只掘穴蚁误入另一窝掘穴蚁的领地，一只领地掘穴蚁工蚁迅速发现并咬住了误入者的一条腿，试图延缓它的行动，并很可能释放了召集同伴的信息素。而这个误入者似乎也感受到了自己性命堪忧，它不停地转动，寻找了一个和纠缠者距离比较远的机会，猛然将腹部对准对方，喷出了足量的蚁酸。刹那间，纠缠的工蚁松开了上颚，误入者脱身了，扬长而去，而那只受到毒物喷射的工蚁倒在了地上，抽搐了几分钟，一击而亡。

　　毋庸置疑，喷雾大大加强了对同类的攻击效力。但单个蚂蚁所携带的毒量毕竟有限，不可能形成大面积的毒雾，也就是说这种蚂蚁的蚁酸不可能像子弹蚁那样，让大型动物感到痛苦。即使是比较大的蚂蚁，我们只有将鼻子凑到它们的后腹才可以闻到它们释放的淡淡酸味。但我们始终不要忘记，蚂蚁不是"一只蚂蚁在战斗"。庞大的蚂蚁群体会弥补这个不足，当蚁冢受到大型动物的破坏时，这些小生命就会团结起来，集体向空中喷射酸雾，数以万计的蚂蚁所释放的蚁酸足以使整个空气充斥强烈的酸雾，灼伤入侵者的眼睛和呼吸系统。对动物们来说，哪怕是一只贪吃的棕熊，最好的选择也是赶紧撤退。

黄獠蚁对刘彦鸣的皮肤采取了非常精明的战术：先用上颚咬开小口，再喷射蚁酸到伤口，这样会很疼。（刘彦鸣摄）

群体之威

群体是蚂蚁战斗的法宝，即使再强壮的兵蚁，也不可能同时面对并战胜 100 只哪怕最小的蚂蚁。在我一次掘开草地铺道蚁巢穴的时候，一只可怜的山大齿猛蚁（*Odontomachus monticola*）进入了这片巢穴的核心区域，这只 1 厘米多长的高傲蚂蚁平时视铺道蚁为粪土，铺道蚁们对这大家伙也是唯唯诺诺不敢有半点招惹。但这一次，被破坏了巢穴的草地铺道蚁已经完全被愤怒点燃了，山大齿猛蚁被当成了泄愤的对象！山大齿猛蚁似乎也察觉到了情况的危急，试图逃跑，但是铺道蚁的反应速度很快，潮水一样的蚂蚁爬到了山大齿猛蚁的身上，铺道蚁群的身体黑压压地将整个山大齿猛蚁覆盖，它们用牙齿咬，用尾部刺，山大齿猛蚁几乎连 1 厘米也没有跑出去，就已经献出了生命。

群体，才是蚂蚁们战斗的最后依仗和信心所在。不仅如此，冲突中的蚂蚁会向群体发出信息，以织叶蚁（*Oecophylla smaragdina*）为例，它会从头部腺体排出由 4 种化学物质混合的物质，这 4 种化学物质以不同的速度向外扩散，它的同伴会一个接一个地收到这些物质。第一个是己醛（一个分子有 6 个碳原子的醛类物质），它引起警觉。第二个是己醇（在化学结构上和己醛类似，可以通过氧化反应变成己醛），足够使蚂蚁警觉起来并开始寻找麻烦的根源。第三个是十一烷（一种饱和脂肪烃类），它可以吸引工蚁更靠近事发地点并叮咬任何异物。第四种是油酸辛烯醇，它可以增加进攻动力使蚂蚁进行攻击。随着参战的蚂蚁逐渐增多，这些召集物质也越来越多，一场小规模的冲突很可能因为两个群体的介入而点燃熊熊战火，战争，由此开始。

在战场上，蚂蚁们秉持着分割包围、以多打少的基本思路。外围的蚂蚁们从不同的方向拉扯被包围敌人的腿、触角，使敌人动弹不得，同时尽量避开对方尾刺和上颚的反击，即使强大的兵蚁，一旦六肢被固定，也难以施展自己的威风了，因为它根本无法把自己发达的上颚对准敌人，这样一来就只剩下被宰割的命运了。这样可以用己方最小的代价换取敌方最大的伤亡，因此，数量才是关键。一旦一方增兵，另一方如果不放弃战争的话，就必须增兵，否则，战线上全部投入的兵力将被对手以较小的代价悉数消灭，血本无归。如此往复，最终的结果就只能是如同滚雪球一样，战争的规模越来越大。由开始的几只蚂蚁的冲突，升级到成百上千只蚂蚁的冲突，最后双方投入上万兵力，纠缠到一起，战斗可能持续数日甚至数月。直到有一方认输，或被严重削弱，采取守势为止。

一旦一方后继兵员不足，战争的天平开始倾斜，战场双方的蚂蚁会很快发现这一变化，弱势一方会迅速退却，转入守势。这曾经是令众多学者困惑的问题，在整个行动中不存在任何一个"元帅"或发号施令者，那蚂蚁们又是如何对环境做出反应的呢，比如知道什么时候要主动出击，何时要退守巢穴？要知道，它们连视力都很有限，更不能像我们观察它们那样俯瞰整个战场。但研究结果却较为简单：每一只工蚁在跑动的时候会默默比较遇到同伴和敌人的频率（它们有时也会特别评估大型工蚁的数量）；如果同伴出现的频率比较高，就进攻；如果敌人出现的频率比较高，那就撤退。有了这条原则，任何一只蚂蚁都不会在战场上冲得过前，而当一些处于"敏感位置"的蚂蚁开始撤退或进攻时，更多的蚂蚁则会"发现"这一变化，从而采取跟随行动，并且将这变化迅速放大、扩散出去。就是这样一条简单的原则通过个体叠加起来，就使整个群体表现得能够"评估"战场的形势。这种按照相互默契的某种规则、各尽其责而又协调地自动地形成有序结构的行为，就是自组织（self-organization）。在自组织律条之下，整个群体就如同一个超级生物一般进退自如，这就是超个体的力量。

一旦撤退，所有的蚂蚁会放弃地面领土，会立刻龟缩到洞穴内，重兵把守巢穴入口，面对潮水般尾随而来的追兵，洞穴防御战打响。

画地为牢，终极防御

防御，和进攻一样，是蚂蚁生存必备技能，面对强大的入侵者——蚂蚁、其他昆虫，甚至鸟兽——它们不得不选择防御。

尽管很多蚂蚁具有厚实的外骨骼铠甲，甚至如多刺蚁（*Polyrhachis* spp.）这样的蚂蚁体表还有锋利的刺钩，让捕食者即使吃下也难以下咽。但是，蚂蚁世界的防御中心是巢穴，也是群体的最后防线，一旦防御被突破，群体将遭到重大损失，轻则被掠夺卵和幼虫，重则不得不舍弃家园大逃亡，一旦逃不掉则会面临灭顶之灾。巢穴的防御策略包括弹射、堵塞、封闭巢穴洞口，构筑保护隧道或者防护墙等。

弹射是在少数蚂蚁中存在的特殊洞口防御技巧，至少有两类猛蚁具有这种本领。澳大利亚的戴氏蚁拥有长而钝的上颚，一旦有敌人试图探头进入查看，它们就会张开上颚，等敌人的头进入后就猛然合拢，这就好比两根筷子尖端突然猛地夹住一颗豆子，豆子会被弹开！

这一击可以将敌人弹出 10 厘米远,心惊胆战,再不敢窥视前进半步!同样手法在大齿猛蚁中也被发现了。

堵塞洞口则是另一种防御策略,除了大批的工蚁聚集在洞口处外,更有一些种类的蚂蚁进化出了塞子形的头部或尾部来堵塞洞穴入口。这些"堵门者"对蚂蚁的气味进行辨别,对持有本部落"化学护照"的蚂蚁放行,它们只需要稍微往后挪动一下身体,大门便打开了。那些堵门的蚂蚁暴露在洞口的部分经常会落上尘土,形成了很好的保护色。有时,因为洞口很大,可能需要几只蚂蚁一同堵塞。面对堵门的蚂蚁,进攻的一方往往比较吃力,要想进去,只能把"堵门者"从洞口拽出来,拔开"塞子",这好比把只露出一点或完全没有露出的塞子从瓶子里拔出来,太困难了。这时,进攻的蚂蚁所能做的是把"瓶口"扩大,它们开始挖掘,着手将洞口扩展,以便将那些可恶的"塞子"拔掉,然后长驱直入。但是挖掘别人的巢穴要花费大把力气,这样的进攻行为往往因为太过困难,最终放弃。压制住对手

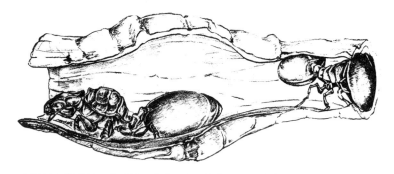

在树枝中做巢的一种平截弓背蚁,大工蚁的头顶非常光滑和平坦,可以当作门一样堵在巢穴的入口处。(仿Wilson,1976)(王亮绘)

后，如经过反复挑衅仍得不到对方的回应，一般情况下攻方就会逐渐退去。但事实上，除食蚁兽、穿山甲之流，能够覆灭蚂蚁巢穴的动物极少，几乎只有它们的同类。"蚂蚁首要的敌人就是另一种蚂蚁"，"这句话在很大程度上确实是事实"。

除此以外，如一些收获蚁，会在敌人来袭时用土粒堆积在洞口，直至完全封闭，这也可以算是一种防御策略，同时也是一种伪装策略。同样的，为了伪装和保护蚁路，举腹蚁等还经常会在蚁路上方堆起防护隧道或者防护墙。蚂蚁们也时常会用土粒堆积掩盖食源，起到保护和隐蔽的作用。

如果一旦防线被攻破，巢穴的力量抵挡不住，为了防止覆灭，必须迅速撤离。蚂蚁们精于此道，巢穴的战斗力量将奋不顾身地冲向敌军，等待着它们的唯有死亡，而在它们奋力争取的时间内，工蚁则携带着卵、幼虫和蚁后迅速逃离。只要蚁后还在，一切就都有希望，它们将寻找一个新的巢址，在那里，开始新的生活，而过去的不快也会随着时间流逝，仿佛什么都没有发生过。

生死相搏还是点到为止？

蚂蚁好战，而且战争不断，但有的时候即使是它们也会无法承受，一些"武斗"就变成了"文斗"——在我们看来，就如同仪式性的表演一般。在仪式上，体型与体态的较量代替了原本的血肉搏杀，仪式战斗（ritual fight）成为蚂蚁社会中一个新奇而普遍的现象。

北美洲西南部沙漠地区生活的蜜蚁（Myrmecocystus spp.）是一类很特殊的蚂蚁，在这些蚂蚁巢穴中存在一些专门储存食物的工蚁，它们的社会胃因为储存了大量的食物而膨大，成为特殊的"蜜罐"，是群体营养的储存中心。在澳洲，也有类似习性的蜜罐蚁（*Melophorus* spp.）。蜜蚁很少发动血淋淋的肉搏战，相反，它们以一种类似于中世纪武士的方式，一对一在战场上轮番挑战，试图恐吓和吓跑对手。它们以一种踩高跷的方式六足走路，翘起腹部，抬起头，还微微鼓起腹部，所有的行为都试图使自己看起来能够大一点。它们反复比划，有时会爬上小石子，居高临下地进行炫耀。整个过程"文质彬彬"，远没有发挥出蚂蚁的"战争潜力"。大约几秒钟后，一方屈服，冲突也就结束了，然后它们分开去寻找各自不同的对手。

即使不同的蚂蚁物种间也会出现一些仪式性的东西。如印度尼西亚苏拉威西岛报道的发生在红足多刺蚁（*Polyrchachis rufipes*）和麦氏曲颊猛蚁（*Gnamptogenys menadensis*）之间的尾随（trail following）现象。麦氏曲颊猛蚁是原始而骁勇的捕食者，它们会沿途留下归巢的路标——信息素，以便从 10 米甚至更远的地方把捕获的食物拖回巢穴。但是，它们的气味标记不光给自己提供归巢的路标，也能够被别的蚂蚁利用，从而找到它们。红足多刺蚁和麦氏曲颊猛蚁体型差不多，而且二者在生活习性和活动区域上都有所重叠。当两种蚂蚁巢比较接近的时候，麦氏曲颊猛蚁有时候会捕杀一些红足多刺蚁工蚁作为自己的食物。为了减少邻国居民的攻击性，红足多刺蚁采取了特殊的压制行动。它们往往先发制人，从后面尾随麦氏曲颊猛蚁信息素，追上它，从后面爬上去，再用前足抱住麦氏曲颊猛蚁，并用触角敲打它，就如同威胁和警告同类一样。同时，麦氏曲颊猛蚁的回应则是降低身体，收回触角，表现出典型的屈服动作，大概就是说"好吧，我怕你了，你放开我……"。

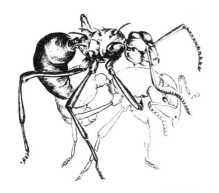

红足多刺蚁（黑色）会用触角敲打对手。（原图 B. Gobin,C. Peeters,J. Billen & E. D. Morgan,1998）；（王亮仿绘）

另一种有趣的沟通方式叫"拳击"（boxing 或 front leg boxing，前足拳击），在前文的掘穴蚁实验中我曾经提到过，并且用乙酸乙酯成功诱导出了这种行为。这种行为是工蚁之间用前足互相拉扯、蹬踢，和拳击颇有几分神似。工蚁的拳击已经在一种蜜蚁（*Myrmecocystus mimicus*）、两种虹臭蚁（*Iridomyrmex purpureus* 和 *Iridomyrmex pruinosum*），收获蚁（*Messor* spp.）、多刺蚁和弓背蚁（*Polyrchachis laboriosa* 和 *Camponotus brutus*）中有记录；并且发现在一些蚂蚁中（*Formica lugubris*，*Formica rufa* 和 *Camponotus amercanus*），这种行为还辅以蚁酸的释放。

马丁·普发（Martin Pfeiffer）和卡尔·E.林森美尔（Karl E. Linsenmair）又在 2001 年详细报道了巨弓背蚁（*Camponotus gigas*）的拳击行为。巨弓背蚁是弓背蚁家族中的极大型种类，小工蚁体长可以达到 2 厘米，大工蚁则接近 3 厘米，是全球大型蚂蚁物种之一，它们生活在东南亚的热带雨林中，是夜行性蚂蚁。两位研究者选定了马来西亚一个国家公园里大约 5 公顷内的蚂蚁进行了研究，整个研究历时 5 年，致力于展示蚂蚁王国的领土边界问题。研究者通过在边界增加新的领土（如桌子）或在蚂蚁王国边界之间增加新的通道等，研究蚂蚁在对新的领土的行为。

研究人员发现，晚间，巨弓背蚁的大工蚁会从巢穴中爬出来，三五成群分别驻守在领地边缘或交通要道,日出前又会收队回巢。这些大工蚁是巢穴的保卫力量,如果遇到外来的蚂蚁,它们就会立即发出警告:用肚子敲击地面发出清脆的响声,它们张开上颚,同时举起前足……一旦和同类敌人接触,战斗就开始了:双方都用后足支撑身体,前足就如同划水一样快速撕扯对方,频率4~6赫兹。双方都试图将对手拉到自己张开的上颚控制之下。经过短暂的较量,实力较弱的一方失去平衡,被推到地上。败北的一方后退,双方分开达到一定距离后,各自就不再理睬对方。一般来说,能够较长时间举起前足的蚂蚁就获胜了。一般来说,在两只蚂蚁进行这样的较量时,各自的同伴多半只充当看客,很少上来当帮手。

为什么在蚂蚁中会演化出仪式战法?可能就像马丁·普发指出的那样:彼此之间的真实争斗会使双方都付出代价,甚至因此引起大规模战争或旷日持久的消耗战;仪式性的争斗可以使对方知难而退,避免正面冲突。而双方认定的公理可能就是"只有最强大的王朝才能孕育最强壮的士兵",因为只有最强大的王朝才有最充足的营养。

两只巨弓背蚁"拳击"的场面。(原图Pfeiffer;王亮仿绘)

谋略与战术

经历了1亿多年的战争,蚂蚁比我们更熟悉战争,在漫长的演化过程中也学会了审时度势，更具备战争谋略。

拥有百万兵力的行军蚁和数百万成员的切叶蚁共同生活在美洲的雨林中，前者数量较少，但为战争而生，后者虽然数量较多，但多是小型工蚁，是农业帝国，两股势力几乎旗鼓相当。当两者相遇时，并没有打起铺天盖地的战争，相反，更多的时候它们会对峙或僵持，或者只有小规模的冲突，直到一方退缩为止。在很多蚂蚁类群中，生死较量只发生在实力相差相当悬殊的群体之间，强者将把弱者从地球上永久地抹去。更多的时候，蚂蚁是为了利益而发动小规模战争。比如，行军蚁突袭尚未成熟且规模较小的切叶蚁巢是为了得到幼虫和茧子作为食物，它们没有兴趣把切叶蚁巢穴斩尽杀绝，那样会造成己方很大的损失，它们获得了利益就会立即撤离，丝毫没有恋战的表现。面对强大的切叶蚁巢它们会小心翼翼地对待，贸然入侵的结果只能是损兵折将，得不偿失。

刘彦鸣曾经观察到发生于伊大头蚁（*Pheidole yeensis*）和中华大头蚁（*Pheidole sinica*）之间的一场小规模冲突。伊大头蚁体型较小，而中华大头蚁的体型很大，兵蚁可以达到 9 毫米长，而工蚁的体型大约有 5 毫米，已经接近伊大头蚁兵蚁的体型。甚至可以说，中华大头蚁在整个大头蚁家族中都堪称巨人。冲突的导火索是一只干蚯蚓，食物先被伊大头蚁发现，而且已经被工蚁和兵蚁运到了巢口附近，随后，中华大头蚁的 2 只工蚁组成的小队也发现了这一食物。伊大头蚁的兵蚁毫不客气地把一只中华大头蚁工蚁的头切了下来，另一只则慌乱地逃跑了。不久，中华大头蚁工蚁带来了援兵，但只有两只兵蚁带领了少数工蚁。双方遭遇即发生战斗。伊大头蚁的兵蚁大约 6 毫米长，这两只中华大头蚁的兵蚁个头要大上一号，有 8 毫米左右，更加强壮。而且来的两只中华大头蚁的兵蚁似乎也是久经沙场的老将，瞬间就解决掉了4只迎战的伊大头蚁兵蚁。按照以往的情况，大头蚁在巢口遇到外敌挑衅，会立刻爆兵，涌出大量战斗单位。但是这次，伊大头蚁却识趣地撤退了，甚至开始用小土块堵自家的门口。中华大头蚁则轻松带走了蚯蚓。显然，这两只强壮的兵蚁把伊大头蚁"镇"住了，伊大头蚁无法想象拥有如此精锐兵蚁的巢穴会有多么强大的力量，于是采取了防御姿态，而中华大头蚁也识趣地没有进一步挑衅。

有时候这种审时度势也会被利用，于是在蚂蚁世界也出现了淋漓尽致的佯攻形式。有件事情给我的印象很深。我曾抓捕了大概百十来只草地铺道蚁的工蚁，并把它们安顿在一块砖头的松土下面。草地铺道蚁很坚强，即使被泥土覆盖，它们也可以在土里拱出一条通道爬出来。当它们爬出来以后，利用原来的通道，再稍加修葺，就是一个简易巢穴了。刚刚安顿好，草地铺道蚁就开始探索外面的世界了。遗憾的是，这里已经有了一窝草地铺道蚁。双方很快就发生了摩擦，毫无疑问，"地主"的力量要远远强于"殖民军"。通常，"殖民军"遭遇这样强大的力量马上会溃败。但是，这支"殖民军"却做出了意外举动，它们如斯巴达克斯率领的义军一样，排着整齐的队列发兵迎战了！而且，看起来似乎这支队伍的兵源很充足！虽然它可能再过几分钟就根本没有后援了。但是显然，本土的蚂蚁被这支整齐的队伍闹懵了，它们甚至开始退守。就这样，我的这个"殖民"队伍竟奇迹般地在强大的敌人面前保存了自己。

赫尔多布勒（Hölldobler）观察到了蜜蚁家族的拟囊腹蚁（*Myrmecocystus mimicus*）在袭击白蚁的同时还会威胁自己的竞争者。拟囊腹蚁把白蚁视为自己最珍爱的食物，如果哨兵发现了食物源——一大窝白蚁，它就会立刻跑回巢穴去送信。拟囊腹蚁立刻就形成小分队，对白蚁展开攻击。如果白蚁巢穴的位置非常靠近另一窝拟囊腹蚁，拟囊腹蚁往往还会召集大约 200 名士兵，深入同类的巢穴领地，做出大举进攻的态势，对方信以为真，往往退守巢穴。这时，真正的主力部队则对白蚁展开捕猎，并将猎物搬回家，而不用担心邻居突然杀出来争夺食物。

　　但是即使精明如拟囊腹蚁也有被算计的时候，它们的邻居，一种能散发出恶臭的小蚂蚁，二色椎蚁（*Conomyrma bicolor*）常常被拟囊腹蚁欺负，但也有被逼急了的时候。它们有时会主动出击，围攻拟囊腹蚁的巢口，它们使用尾部化学毒雾，同时还用上颚衔来小石头或者其他小物品，直接通过巢口丢到拟囊腹蚁的巢穴里。这种声势浩大的围攻行动居然真的能让这些比它们大很多的蚂蚁龟缩在洞穴里，不敢轻易外出。而这时，二色椎蚁却已经在拟囊腹蚁的领地上寻找食物了……

由于经常被攻击，不如主动出击，向对手的巢穴投掷石块进行骚扰，以减少对方的活动。(原图 Möglich &. Alpert；王亮仿绘)

起飞，创业之路!

　　7月，暴雨之后，空气格外清新。一只草地铺道蚁的工蚁颤巍巍爬出了洞口，在上一次的战斗中它丢掉了一条腿，现在的它更加衰老，但是它仍难掩兴奋之色。今天是它们全族最重大的事情，大批的工蚁正簇拥着巢穴的"王子"和"公主"离开了洞穴。这些有翅膀的蚂蚁是巢群中仅次于蚁后的存在，也是种族的未来。它们将飞上蓝天，与来自其他巢穴的王子和公主们结合，并在远方建立属于自己的王国。下一刻，群体躁动了起来，所有的蚂蚁都极为兴奋，那只瘸腿工蚁的眼中也充满了狂热！忽然，它察觉到了一丝危险的气息，一只体型庞大的黑色蚂蚁路过这里，它毫不犹豫地冲了上去。喀嚓！它看到自己的身体在挣扎中缓缓倒下，原来它的头颅已经被对方咬下，滚到了一旁。它也看到，更多的同伴冲过来驱赶这只入侵者……就在这时，王子和公主们振动翅膀，这翅膀在阳光下反射出七色光辉，腾空而起！真美……它心里默默念叨着，闭上了眼睛……

满载希望地离去

每年，巢穴都要积聚力量培养出一批生殖蚁，它们是巢穴的公主和王子，它们将肩负起种族扩张与繁衍的重任。生殖蚁不同于工蚁，生有翅膀的它们将在适当的时候离开巢穴，飞上蓝天，在空中交配，然后去开创自己的王国，这就是蚂蚁世界的"婚飞"。

婚飞多发生在春末到秋末，但如果气温允许，原则上全年都可以婚飞。但同一种蚂蚁婚飞时间几乎是相同的，这样就能保证来自不同巢穴的同物种生殖蚁彼此能够相遇。

婚飞是种族延续的希望所在，也是蚂蚁世界最隆重的仪式。草地铺道蚁起飞的过程我比较熟悉，当婚飞的日子逐渐迫近时，巢穴里面的生殖蚁们会躁动起来，它们不停跑动，来回穿梭，一些工蚁试图阻止它们到达地面，但是却渐渐无法阻止它们的步伐。最后，所有的蚂蚁都知道，那重要的一刻即将来临。那些鼎盛的草地铺道蚁王朝会在巢口派出数以千计的兵力，为这些即将起航的生殖蚁提供最后的地面保护。这时，生殖蚁们谨慎地爬上地面，如果此时遇到干扰，婚飞就会立即终止，所有生殖蚁会在工蚁的保护下返回巢穴。

如果仪式继续进行，这些生殖蚁会爬上草尖、石头以及任何突起的东西，它们尽可能爬高，这样起飞会省一些力气。尽管蚂蚁的祖先是蜂类，但亿万年的穴居生活已使它们的飞行能力大不如从前，飞行对于生殖蚁来说已经不那么轻松。更何况在空中的交配仪式上要上演雌雄追逐的大戏，哪怕节省一点点力气都会使自己更占优势。

接下来，它们伸展翅膀，做一些热身运动，扇动翅膀，有时还会从这个草叶飞到另一个草叶。最后，它们拔地而起，几乎是直线上升，超过我的头顶，最后从我的视线中消失。在仪式高潮的时候，一个起飞点几乎每秒钟可以起飞十头甚至更多的生殖蚁。置身其中，四周好像环绕了一股上升的气流，别有一番意境。

起飞时，优胜劣汰的自然法则就已经开始发挥作用了——并非所有的生殖蚁都能够成功起飞。一阵狂风就可以把正在起飞的蚂蚁从空中击落，其中有些可以再次起飞，而有些可能被风吹到了别的蚂蚁领地而被捕杀，还有一些则由于消耗了太多体力永远要和蓝天说再见了。

我曾经见到一个非常顽强的失败者——一只草地铺道蚁的雄性生殖蚁。我不知道它是从空中被击落的还是最开始就没有飞起来，它的飞行非常不得要领。每次起飞，我都可以看到它背朝下栽到坚硬的路面上，接下来它依然振动翅膀奋力"飞行"，结果只能是以背部为轴陀螺似地在地上打转。它很卖力气，直到偶然把自己翻过来才停止。我观察了大约十几分钟，它就如此反复努力了十几分钟。无效的劳动将消耗完它储存的能量，与地面反复的摩擦将破坏它坚固的背甲和肢体。无疑，这样下去，它的命运只有死亡。没有正确的方法，急功近利地盲目努力，做得越多，给自己带来的伤害就越大。

成功起飞的蚂蚁将在高空追逐、交配。之后，雌蚁落地，将折断翅膀，钻入土中，在地下默默建设自己的王国；而雄蚁，将很快因筋疲力竭而死亡。但它的精子可以在雌蚁体内储存几十年，供应雌蚁产生后代。这些雄蚁的基因被传递给了下一代，它们是幸运的。而更多的雄蚁甚至没有来得及和雌蚁交配就因精力耗尽而死亡。

也并非所有的蚂蚁部族的婚飞都这样热闹。我见过一次惨淡的婚飞，它属于褐斑细胸蚁。褐斑细胸蚁是一种个体很小、群体也很小的蚂蚁。早上，褐斑细胸蚁婚飞的时候巢穴外只有少量工蚁，但这种弱小的蚂蚁还是引起了周围草地铺道蚁的不满。几只铺道蚁立即扑向褐斑细胸蚁的巢穴，仅仅几只铺道蚁的工蚁就使褐斑细胸蚁转入了防御，巢外再没有工蚁护卫，婚飞就此中止。

更有趣的是掘穴蚁起飞的时候。它们的婚飞一般发生在 5 月到 6 月份。一些巢穴的掘穴蚁在特定的年份会只起飞雄蚁（或雌蚁），这也许是另一种避免同巢蚂蚁近亲交配的方法。如我选定的观察巢穴 hbu001 在 2003 年只有雄蚁起飞，而在 2004 年只发现了雌蚁起飞。2003 年 6 月 6 日，在记录雄蚁婚飞时发现了有趣的现象，巢口的工蚁似乎扮演了特殊的角色。这次一共记录到了完成起飞的雄蚁 29 只，但它们的起飞却是受到了工蚁的重重阻拦，与我所知的其他蚂蚁的婚飞过程不同。整个过程中没有单独出现的雄蚁，工蚁们死死地阻拦着单个雄蚁到达巢口。为了突破工蚁的封锁，雄蚁是一批一批地向外发起冲锋，一下子就在巢口附近聚集 10 来只，突破而出，到达地面。这时候，地面的工蚁们会冲向爬出的雄蚁，叼住它们的翅膀，拼命要把雄蚁拖回巢穴，但是由于巢口聚集的雄蚁较多，工蚁不可能每一次都拦得住，还有一些雄蚁干脆带着工蚁疯跑，最后总有可以起飞的。但也并非所有的雄蚁都有起飞的意向，有些雄蚁在洞口游荡一段时间后又自愿、自动地爬回巢穴中。而一旦生殖蚁到地表活动，则常遭到工蚁的拉扯。

对此，Trager 博士向我阐述了他的看法，他也不止一次观察到掘穴蚁所属的林蚁家族（蚁属，*Formica*）出现类似情况，而且即使在悍蚁巢中充当"蚁奴"的蚁属蚂蚁对悍蚁的生殖蚁也表现出了同样的行为。Trager 也不是很有把握，但他提出这可能是工蚁希望使较强壮的生殖蚁参与婚飞。我也向他提出了我的推测，这可能是一个仪式传统——由于地表环境敌害较多，即使是工蚁，只有在进入中老年具有丰富的经验后才到地面活动，而且常结伴活动。而对生殖蚁而言，经验非常有限，草率进入外界将使死亡率大大增加，这对种群的营养投入是不利的。生殖蚁不断地进出巢穴以熟悉外界环境。而工蚁则模

在巢穴周围生殖蚁开始聚集在巢口并准备起飞，生殖蚁们释放激素彼此进行召集，越来越多的生殖蚁爬了出来。（林杨摄）

夏日的夜晚，在诱虫灯的吸引下，大量生殖蚁聚集了过来，其中还有少数其他昆虫。（刘彦鸣摄）

日本弓背蚁出巢婚飞，大工蚁和小工蚁在外围戒备，生殖蚁们释放激素彼此进行召集，越来越多的生殖蚁爬了出来。（蚁网网友摄）

针毛收获蚁即将起飞的雌性生殖蚁以及它身边的卫兵，不过它马上就要独自面对危险了。（聂鑫摄）

拟了"敌人"的角色，在仪式上充分地锻炼生殖蚁熟练摆脱敌人的技能。仪式进行到生殖蚁基本掌握生存技能并起飞结束。该过程有助于提高起飞的生殖蚁在环境中的生存概率。虽然各自持有不同观点，但我们在某一点上是一致的，那就是，工蚁的做法是为了提高生殖蚁在外的成活率和成功率。

爱之空中舞曲

生殖蚁飞上蓝天，便开始兴奋地向婚飞的地点进发，天空中的捕食性昆虫和鸟类也都极兴奋，但原因却完全不同——它们将因此获得丰盛的大餐。尽管如此，生殖蚁依然毫不畏惧地朝向目的地飞去。

一般来说，蚂蚁交配的地点都比较固定。首先赶往交配地点的是雄性蚂蚁，雄蚁体内的精子从蛹期开始发生，它们体内所有的精子的形成都是同步的，此时，雄蚁体内的精子已经全部成熟，为的就是这一刻。雄性蚂蚁首先在空中集群，然后雌蚁赶来交配，集群的地点可能会被很多代的蚂蚁使用多年。凯文·M. 欧尼尔（Kevin M. O'Nell）曾经在美国蒙大拿州的西南地区花了 6 年时间（1988—1993）详细研究了亚光林蚁（Formica subpolita）的婚飞情况，它是掘穴蚁的近亲，研究中发现，6 年的交配现象几乎发生在同一地点，有时甚至在同一植物上。

赫尔多布勒也找到了一个蚂蚁繁殖地。1975 年 7 月的某个下午，当走过美国亚利桑那州一个沼泽的时候，"发现了这所有事件中最独特的一个"。在一个网球场大小的地面，"没有任何独特的自然特征"，聚集了大群的收获蚁生殖雄蚁和生殖雌蚁。从 5 时开始，直到黄昏，一直有后蚁飞进来交配，然后再冲出去。如果赫尔多布勒不离开的话，次日，他应该还可以观察到持续的交配。从此，年复一年，赫尔多布勒每年7月都必光顾那里，都会发现"潮水般"的生殖蚁。这块场地如同鸟类或者羚羊的求偶场地。雄蚁每年都会返回这里，在这里等待雌蚁的到来。但是，没人知道为什么它们能如此准确地聚集在这里。

我也一直试图寻找一个这样的蚂蚁固定交配地点，但是除了在一些地方偶然发现了临时性小的集群外，还没有看到大的交配场面或者找到大的交配地，在国内也没有见到有关的报道。对蚂蚁爱好者或者研究者来说，能找到这样一个蚂蚁交配场就如同被上帝垂青一般。然而现代建设的速度太快了，即使找到了一些繁殖地，第二年的时候也可能已经由荒地变成建筑工地了。2011年10月1日，我终于找到了这样一块地方，确切地说是一个规模不小的植物园，它是属于小家蚁（*Monomorium* sp.）的繁殖地。当我走进去的时候，我感觉和我差不多高的空中有很多"蚊虫"聚集在一起飞舞——在河北，10月前后婚飞的蚂蚁已经很少了，多数蚂蚁将因为气候转冷，在11月中旬停止活动。当我挥手赶开它们的时候，我发现我面前飞着的是一只雌蚁！然后我发现，这里前前后后，所有的地方，空中飞舞的，都是正在婚飞的蚂蚁！我的运气来了⋯⋯

在雄蚁的聚集地，雌蚁将沿着雄蚁们所释放的信息素赶来交配。如同逛超市一样，雌蚁们决定哪个精子袋可以被放进购物篮。

根据欧尼尔的研究，亚光林蚁的交配平均持续时间为62秒，在离开之前，每只雌蚁可以交配多达4次。亚光林蚁的集群一般离地2米高，雄蚁都是顶风飞行。飞行时头朝上，身体倾斜和地面呈45°角，当风向改变时，它们的飞行方向也会随着发生变化。飞行中的雄蚁不向其他飞行昆虫靠近。短暂的飞行之后，这些雄蚁会落到叶子上或者枝头，休息片刻，来回爬动。

交配往往在离地 0.1～1.5 米的枝头、叶片上等地方，交配之前，雌蚁往往在原地静静等待。雄蚁会直接扑向雌蚁或者从附近慢慢靠近。雄蚁爬到雌蚁上方，和雌蚁保持同一方向，将其抱住。如果雌蚁不反抗，就可以进行交配，交配完成后雄蚁放开雌蚁，并离开。但是，被拒绝的时候显然更多，有 88% 的情况雌蚁会很快转过头，张开双颚向雄蚁示威，雄蚁只能离开。一旦交配完成，精子已经储存在了雌蚁的体内，"精子袋"已经不再有意义，雄蚁不久将死亡。死亡的雄蚁将成为其他蚂蚁或者小型鸟类的食物。而雌蚁可能离开这里，也可能还会再次进行交配，而且雌蚁多次交配是普遍的现象。

我所观察到的小家蚁的情况略有不同，在它们的仪式中，雄蚁是围绕着雌蚁飞行的，并尽一切可能抓住雌蚁完成交配。雌雄在空中交配，一旦抱对，双方即共同在空中飞翔，并离开婚飞的群体。由于两只蚂蚁飞行的协调性不佳，这一对蚂蚁往往越飞越低，最后落在地面，最终完成交配。交配后，雌蚁即飞离。这些雄蚁是如此紧张、亢奋，以至于时常有两只雄蚁以交配姿态落到地面——它们显然找错了目标，之后只好悻悻分开，回到婚飞的群体中去。

雄蚁首先集群、然后雌蚁赶来交配的方式，叫"雄蚁集群模式（male-aggregation syndrome）"。雄蚁集群模式是赫尔多布勒和巴茨（Bartz）两个人在认真研究后提出来的两种基本的交配模式之一。另一种模式出现得较少，是"雌蚁召唤模式（female-calling syndrome）"，是由生殖雌蚁在地表用费洛蒙来召唤雄蚁的模式。雌蚁召唤模式的交配方法种类很多，比如，一些种类的雄蚁会飞临雌蚁所在的巢穴，等待生殖雌蚁从巢穴中爬出来。一旦雌蚁出现，雄蚁会蜂拥而上，将雌蚁围在中间展开争夺，直到几十秒钟后，雌蚁交配完成并从中挣脱出来，然后它们飞离母巢去建立自己的巢穴。

雌蚁召唤模式是更为谨慎的策略。对群体来说，雄蚁比雌蚁的营养投资要少得多，让雌蚁外出去寻找雄蚁显然承担了太多的风险。一些多后物种的生殖雌蚁会在小心地爬出巢穴那么一小段距离，在地表交配，然后会直接返回母巢。还有一些交配后的雌蚁会率领巢穴中的一部分工蚁出走，寻找新的领地，建立起统治，在原来巢穴工蚁姐妹的支持下，开疆辟土的任务就显得格外轻松了。

非洲的行军蚁（African driver ant）是让丛林昆虫胆寒的恐怖肉食群体，它们的未受精生殖蚁后则受到更为严密的保护，从不离开群体半步。处女蚁后一旦出世，它就会携带着多达数百万的工蚁起程离开母亲，从此天各一方。同时，在群体保护的深处，它将等待雄蚁穿过层层防线后的到访。

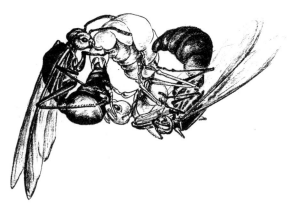

Pogonomyrmex 雄蚁（图中以黑色显示）争夺雌蚁（图中以白色显示）。（原图 Hölldobler,1976；王亮仿绘）

茫茫牢狱路

与那些受到群体层层防护、出生就能带走千军万马的行军蚁后不同，大多数种类的蚁后都必须独自开辟自己的疆域，而这个过程几乎要葬送掉所有的新生雌后，成功率小于 1%。

受精的雌蚁一旦选择了中意的地方，就会从空中降落下来，折断翅膀，从此就告别了蓝天。现在，必须尽快找到栖身之处，四周都是危险。而在地面上，那些强大蚂蚁王朝的士兵们正虎视眈眈地搜寻这些交配了的雌蚁，它们要在雌蚁繁殖出强大王朝之前，扼杀掉它。这些搜索小队是如此细致和勤快，几乎没有漏网之鱼。如果雌蚁不巧选错了地方，就注定了它的死亡。

侥幸逃过此劫的雌蚁会尽快找到一个避难所，石块和缝隙是最佳选择，也可以利用一些废弃的巢穴，但大多数情况下，雌蚁会进一步开掘隧道。如守纪犬蚁（*Myrmecia regularis*）的雌蚁受精后会在石块下掘两个巢室，如果一巢室有危险则转移到另一巢室。守纪犬蚁后蚁在傍晚时，趁着其他巢穴的工蚁已基本停止巢外活动后，才外出觅食。

不过，雌蚁外出觅食绝不是一个安全的策略，它很容易遭遇意外——过多活动将留下大量的气味，有可能被敌人利用而暴露自己。很多雌蚁为了避免被发现，往往要把洞穴的入口封死。一旦入口被封，雌蚁就开始过起牢狱般的生活了。

接下来，雌蚁开始产卵作母亲了。几天到十几天的时间里，卵孵化成为幼虫。真正的麻烦现在才开始。幼虫一生下来就要吃，食物问题成了一个大问题。好在雌蚁从娘家带来了一部分食物储存在了肚子里。但是，这点储备还远远不够，很快就会被消耗干净。接下来，雌蚁将用自己的身躯来喂养后代，首先是雌蚁已经不再需要的飞行肌，然后是其他肌肉组织。

尽管如此，幼虫所得到的营养依然不是很充分，应该说，是刚刚能够维持生长发育。雌蚁会精确控制后代的数量，防止过快消耗掉营养储备。必要时，雌蚁也食用一些后产生的卵或者幼虫，以确保自身和一部分后代的生存。因此，后蚁的第一批工蚁一般数量不会太多，因为营养不良，个体也比较小。

大约一到两个月后，第一批工蚁出世了。此时，雌蚁往往已如干尸一样，严重的甚至可能接近了极限。这种贫穷生活就要结束了。工蚁出世后，喂养幼虫和觅食的工作就交由工蚁去做，从此蚁后就专司产卵了。

但是，整个群体现在只有几只工蚁，依然脆弱，仍有夭折的危险。因为工蚁要外出觅食，原来隐秘的地下生活突然间变得公开，大量的外出活动，必然会遭遇其他巢穴的工蚁，一旦处理不当，外出的工蚁自己就可能丧命。而且情况可能还要糟糕，敌人的大部队很可能要追踪被杀死的工蚁的气味找到新生的巢穴。它们如何面对清剿的力量？甚至连逃跑也并非易事，可能整个新生的群体就要断送在这里了。只有当巢穴中的工蚁数量达到几十只以后，这种情况才能初步得到缓解。

因此，经过层层考验，能够活下来并建立王朝的雌蚁屈指可数，它们除了

飞了一晚的毛蚁后疲惫不堪，乱冲乱撞到铺道蚁的地头，给活捉了。被当作蚁粮已成定局。(刘彦鸣摄)

有优秀的基因，同时还要有那么一点运气。

多蚁后的超集群

虽然大多数后蚁选择独立开创王国，但实际上，有时多个后蚁、甚至多个蚁种为了共同的利益生活在一起，形成更庞大的群体。这种庞大，有时候到了让人错愕的地步。1979 年，在日本的一个岛屿上，有一大群石狩红蚁（*Formica yessensis*）被发现，它们群体数量非常巨大，包括了大约 3 亿只工蚁，108 万只后蚁，生活在 45000 个互相连通的蚁集中。即使普遍认为是单后的日本弓背蚁也已经有一巢两后的报道，而我们甚至碰到过 10 个蚁后的日本弓背蚁巢。

多后为何如此普遍？一个重要的原因就是在巢穴刚刚建立时，能够增加成功的机会——多后巢穴可以在最短的时间内产生出尽可能多的工蚁，使得群体面对其他蚂蚁部族绞杀时的防御力大大加强。多数蚂蚁物种的雌蚁在最初都能够平静地接受合作状态，我曾经将 30 多头针毛收获蚁后组合在一起，它们也没有互相残杀，还共同培育了一个大团卵，至少在初期是这样。但以此为出发点的合作往往是不稳固的。当巢穴的工蚁数量达到一定规模时，联盟崩溃了。那些曾经合作的蚁后将展开交锋，而工蚁们也将做出选择。蜜蚁在典型的交锋中，占了上风的蚁后会一边踩踏在对方身上，一边按下对方的头，弱者蜷曲着，一动不动。一贯屈从于别人的蚁后最终将被工蚁驱赶出巢穴，而这其中驱逐它的工蚁中还有其亲生骨肉。一旦这种情况发生，一个多后群体将最终完全转变为只有一个蚁后的普通巢穴。

但是，还有一些巢穴，可能将永远维持多后合作的状态，甚至能够不断自行产生蚁后。新生的处女蚁后将走出巢穴，待交配后再回到巢穴中。对于一个发展壮大的群体来说，多后依然有它明显的优势。拥有强大力量的巢穴不仅能够保卫自己已经有的领土，还能够向外扩张。对于这样的群体，个别后蚁的死亡已经不再是关乎群体存活的大事，不断产生的新蚁后将使整个族群几乎可以永远维持下去。

而另一类多后群体则比较特殊，那一大群石狩红蚁就是这种情况。石狩红蚁是一种红褐色的蚂蚁，在我国东北地区也有分布，与掘穴蚁外形颇为相似，亲缘关系很近，同属于林蚁家族。但它们却出现了一丝变化——它们丧失了在同类中相互区别的能力，也就是说，不管来自哪一窝石狩红蚁，其个体之间均不会发生战斗。石狩红蚁一致对外，与其他物种争夺空间和领地，占据优势。这一情况并不只在石狩红蚁中存在，它们在美洲的林蚁家族近亲也有类似的特点，不过那些亲戚虽然偶尔成片，却从未发现有此规模的群体。这个庞大群体的促成很可能与其被隔离在岛屿中有关，因为形成这样一个巨大的超级群体不是朝夕之事，巢穴要不断产生新的后蚁，打败其他蚂蚁，分巢，扩充领土——岛屿隔离防止了其他强大竞争者和捕食者的出现，使它们能在相对稳定的环境中平稳发展。

这些群体我们称之为"超集群（supercolony）"，但这个概念本身的界定还存在一些争议。本书所定义的超集群是至少由多个蚁后共同组成的群体，也可进一步指由多个蚂蚁物种组成的共同体。如果群体只限于一个蚂蚁物种，并且只有一个蚁后，不管其规模庞大到有数百万工蚁的切叶蚁，还是有上千万工蚁的行军蚁，均不在本书所指的超集群之列。

石狩红蚁的特性曾经吸引了一位蚁友的联想，完成了一个在宇宙探险背景下的科幻小说。在故事中，石狩红蚁超集群以生物入侵的方式在异星定殖，并最终和外星社会性智慧"昆虫"较量，洋洋洒洒两万六千字，情节也颇为曲折。后来，这篇名为《蚂蚁》的文章发表在了 2004 年的《科幻世界》杂志 5 月号上，博得了颇多赞誉。可以想象，超级群体在作为入侵生物存在的时候，对土著的蚂蚁和昆虫的冲击将会有多大。

事实证明，确实如此。2002 年，欧洲的一个学术会议上，一个更惊人的事情被披露了出来。这个信息来自凶名赫赫的入侵物种——阿根廷蚁（*Linepithema humile*，formerly *Iridomyrmex humilis*）——一种黑褐色的小蚂蚁，也是一种全球知名的破坏性物种。

这次会议，披露了 2 个在欧洲的蚂蚁超集群，其中一个主要的集群绵延 6000 公里，从意大利一直延伸到西班牙的大西洋沿岸。据说整个集群中大约有数十亿蚂蚁生活在一起。这个惊人数字的结果就是造成了本土蚂蚁的大溃败和昆虫生态的破坏。但在原产地，阿根廷蚁并未形成那么大的破坏，因为那里同类之间是有很强的竞争意识的，彼此互相牵制无法发展成过于强大的集群。

但是，当阿根廷蚁随人类的交通工具到达欧洲时，情况发生了变化，一个特殊的生物学现象——"遗传瓶颈"出现了。最初进入欧洲的阿根廷蚁数量很少，通过近亲繁殖，蚂蚁间的遗传差异变得很小，大量基因丢失。遗传差异减小使不同巢之间蚂蚁很难互相区别，敌意也越来越小。当遗传差异缩小到一定程度，蚂蚁之间就可能完全不分彼此，超集群的基础形成了。虽然阿根廷蚁的这一报道饱受质疑，但小规模的超集群的确普遍存在。

更加让人惊奇的是跨物种合作形成的超群体，赫尔多布勒和威尔逊将不同种蚂蚁之间的关系按照相互作用逐渐加强的顺序分成了几个大类：

第一种，异种共存（plesiobiosis）。这种共存方式的蚂蚁之间只是巢穴比较靠近而已，实质上没有太多的联系，也是我们最常见的关系——除非因为一些偶然情况，它们的巢穴打通了或者由于一些其他原因接触了，这时候会发生战争或者掠夺资源的事件。

第二种，盗食共栖（cleptobiosis）和蚁贼共栖（lestobiosis）。主要是一些小蚂蚁的营巢方式，它们将巢穴选择在体型较大蚂蚁的附近。盗食共栖和蚁贼共栖之间有点细微的区别：盗食共栖主要是受益方的蚂蚁偷盗另一方储存的蚁粮，或者在另一方工蚁之间反哺时盗取食物，偶尔也有公开劫掠的时候。沃斯顿（R. C. Wroughton）曾经描述过，在印度的一种举腹蚁（*Cremaogaster* sp.）在蚁道上等待别的蚂蚁满载谷粒归巢，通过恐吓或直接抢夺获得食物。蚁贼共栖更为血腥，获益一方直接盗取和捕食另一方的卵、幼虫和茧子等，如一些小蚂蚁将细小的隧道打入大蚂蚁的育儿室，趁其不备进行盗窃。这两个概念没有明确的界限，在其他动物中有时统称"盗寄生（kleptoparasitism）"。

第三种，异种共栖（parabiosis），这种形式是比较和谐的。在这种集群里，有时两种蚂蚁生活得是那么接近，它们甚至共享巢穴的通道，但是一般来说它们会把各自的卵和幼虫分开存放哺育，就好像在森林里的鸟类分享同一棵大树一样分享巢穴。共栖蚂蚁往往一同承担防御责任，这种情况就可以看成是一种形式的超群体了。

第四种，宾主共栖（xenobiosis），更是奇妙，是一种寄生式的超群体。巢穴是属于一种蚂蚁的，但另一种蚂蚁可以在主人家里自由行动不受拘束，但是卵和幼虫还要分开存放，一般来说客蚁不能离开主家独立生活。宾主共栖一般需要经历客蚁后入侵主蚁（host）的过程，一般来说，客蚁后很少或者不产生工蚁，只产生新生雌蚁和雄蚁，一切起居均由主家负责，属于高级形式。还有一种形式也可以称得上是宾主共栖，但是要残酷得多，客蚁后会将原来的蚁后杀死，占据其巢穴和工蚁，最终产生两个物种工蚁混合存在的巢穴（见"蚂蚁愚弄蚂蚁"相关内容）。

细长蚁和黄猄蚁共享一棵树的资源，刘彦鸣发现它们的蚁路相同，碰到对方就打个招呼！（刘彦鸣摄）

带有寄生性质或者共生性质的种间关系在蚂蚁中还是占少数，明确知道的大约只有不到220种，关于这些共生或寄生关系的形成以及演化方向是一个很让人期待解开的谜团，希望有志于此的朋友多多观察和思考，大有裨益。

哎呀，你是怎么混进来的？

　　婚飞确实很重要，但日子还要继续，草地铺道蚁的巢穴恢复了往日的繁忙和有序。那只在婚飞仪式上为了阻击入侵者而英勇战死的工蚁的尸骸慢慢散发出死亡的气味，它被丢弃在了离巢口很远的地方，任凭风吹日晒。在不远处，一株小草的叶子下面，工蚁们来回爬动着，时不时用触角拍打一下身边的蚜虫，接着，蜜汁便从蚜虫尾部泌出来。在放大镜之下，蜜汁看起来像一个很大、很漂亮、闪闪发光的大气球。然后，它用嘴巴凑近，把蜜汁球的表面咬破，表面张力崩溃，整滴汁液就一股脑儿流到它的肚子内。

"奶牛"？伙伴还是家畜？

蚜虫是一类出名的喜蚁动物，在各类出版物中经常露脸。这些小昆虫看起来非常弱小，一般体长只有 1.5~3.5 毫米，即使生活在非洲的东北部的黑巨蚜（*Logistigma caryae*）也只有 6 毫米长。它们没有坚硬的外壳，也没有敏捷的身手，但却因迅猛的繁殖速度和无微不至的蚂蚁盟友，成为世界农业生产中让人头痛的昆虫。

蚜虫也叫"木虱"，以吸食植物的汁液为生，4400 种蚜虫中约有250 种危害各种农作物或经济作物。它们锐利的口器可以轻易地插入植物体内吸取汁液，同时也将口器中来自上一个宿主植物的病毒传播给新的宿主。据统计，目前已知 193 种蚜虫传播 164 种病毒。蚜虫的危害很大，但天敌也很多。它们自身有化学防御武器，如果你留心的话，还会发现蚜虫的"屁股"上往往有两个突起，就如同蜗牛的触角，有些种类比较长，有些则很难分辨出来，那就是它们的毒腺。这些毒腺对捕食者有一定的伤害，甚至牲畜大量食用带有蚜虫的草料也可以引起一些中毒症状，但这些毒腺在防御瓢虫捕食时几乎没有任何效用。于是，蚜虫选择了蚂蚁这个盟友，亦或是蚂蚁选择了蚜虫，这一点已经很难说清。

蚜虫疯狂地吸食植物的汁液，并产生"蜜露"——昆虫学家委婉地用这个词来描述蚜虫的粪便。不管蚂蚁是否出现，蜜露的产量都非常惊人，瘤大蚜（*Tuberolachnus salignus*）每小时能够产生 7 滴蜜露，超过了它们自己的体重。在澳大利亚，木虱蜜糖被土著当食物收集起来，一个人一天可以收集到 1.3 千克之多。这些蜜露不论对蚂蚁还是对人来说，都算得上营养丰富，其中 90%~95% 的干重由糖组成，此外还有氨基酸、维生素和矿物质——尽管这些在蚜虫看来确实是废弃物。那些不与蚂蚁结盟的蚜虫将这些蜜露一泻而出，以防止真菌在其中生长，影响健康。相反，那些蚂蚁的盟友们，则在进化中将蜜露从纯粹的粪便变成了珍贵的交换品，一些蚜虫种类甚至专门为此调整了蜜露中的成分，加入了一些新的氨基酸或者一些能够让蚂蚁着迷的物质。它们不主动排掉蜜露，而是一次一滴地慢慢释放，并将蜜露在腹部的末端留上一小会，或者等蚂蚁触角触碰的时候再挤出。如果蜜露没有被蚂蚁接受，有时它们还会将其吸回腹内，晚些时候再提供给蚂蚁。毫无疑问，蚂蚁喜欢蜜露，而且这种蜜露的获得非常容易。也许在亿万年前，蚂蚁的先祖从这些液体碰巧下落的地方采集到了它们，从此，迈出了双方结盟的第一步。我们没有必要去嘲笑蚂蚁的这种嗜好，我们所钟情的蜂蜜，其实也不过是被蜜蜂从各处收集来，然后经过肠胃处理以后的排出物。而在《圣经·旧约》故事里，神赐给以色列人的吗哪（manna，《圣经》故事中的一种天降食物），几乎可以肯定是蚧壳虫的排泄物。

它们所交换的，是蚂蚁的庇护。蚂蚁们尽职地守护在蚜虫周围，驱赶那些会在蚜虫体内产卵的寄生蜂和寄生蝇，赶走入侵的瓢虫或其他捕食者，蚜虫甚至可以报警信息素"通知"蚂蚁迅速搜寻和攻击捕食者。它们如此尽责，还会将蚜虫从一个地方搬迁到另一个地方，移走死亡的蚜虫，调节蚜虫的密度，甚至在冬季还会帮助蚜虫越冬。在保定，玉米毛蚁会在春季活动后不久，将守护下的蚜虫搬出来。那是一些黑褐色的"母舰"蚜虫，有大约 3 毫米长，在当地蚜虫中已是巨人，它们看起来很像棉蚜，但我的蚜虫分类知识极为有限，未能鉴定出种名。这些"巨大"的"母舰"蚜虫被蚂蚁隐藏在枝叶的基部重点保护，而在"母舰"外围则大量繁殖出了小蚜虫。

在美洲，整个冬天黑毛蚁（*Lasius niger*）都会守护美洲玉米根蚜的卵，来年的春天，它们会将新孵出的蚜虫放置到附近植物的根部，如果植物根系枯萎则会将其搬迁到新的植物根部。黑毛蚁以一种极为热情的姿态接受蚜虫，它们将蚜虫的卵和自己的卵放在一起。当它们迁移巢址时，会小心地搬迁蚜虫的卵、若虫和成虫，呵护备至，完全如同自己的成员一般。

然而蚂蚁的行为似乎不止于此，它们的某些行为看起来似乎在迎合某些特定的需要，为蚜虫挑选植物，把处于特定发育阶段的蚜虫运送到植物相应的部位。这种情况有时候给我们超过了一般合作的感觉，我们似乎看到了牧民与牛羊的关系，这种感觉更像是蚂蚁在放牧"奶牛"——我们也称蚜虫为"蚁牛"。

可以作为蚁牛的并非只有蚜虫，一些蚧壳虫、蝉和蝴蝶的幼虫也是"放牧"的对象。其中，以蚧壳虫最为普遍，这是一种和蚜虫沾亲的小昆虫，看起来也有些相似，不过外形上更加修长一些，但运动能力更差。少数蚁种的雌性生殖蚁在离巢婚飞时仍然将蚧壳虫含在嘴里，落地以后，它们不仅要创建一个新的王国，还带来了一个共生的合作伙伴，这种堪比带着嫁妆出嫁的行为在条蚁（*Cladomyrma* spp.）和尖尾蚁（*Acropyga* spp.）中均有发现。

更为引人注目的是在马来西亚生活的凸尖臭蚁（*Dolichoderus cuspidatus*）以及几个近缘的蚂蚁物种，它们完全是游牧的种族——从一个牧场迁移到另一个牧场，完全依赖蚁牛生存。它们生活在雨林下层，放牧的是蚧壳虫中的蚜粉蚧（*Malaicoccus* spp.），后者完全依靠植物的汁液为食。这些蚂蚁在适合放牧的地方驻扎下来，工蚁并不花大力气建造巢穴，而是紧密地聚集在一起，将蚁后、幼虫和粉蚧保护在内部。一个成熟的群体一般包括一个蚁后，一万只工蚁，大约四千只幼虫和蛹，还有五千多只粉蚧。蚁巢和放牧点之间通过浓重的气味相连，其中有些能离开蚁巢二十多米远。在任何时刻，路线上都有 10% 的工蚁衔着粉蚧奔跑运输。由于粉蚧喜欢的嫩枝消耗很快，蚂蚁们不得不时常寻找新的放牧点，然后将它们转移过去。

在放牧点，工蚁们负责照料粉蚧并收集蜜露。这种粉蚧并不像某些蚜虫那样等待蚂蚁的拍触才释放蜜露，它们随时会本能地喷射蜜露，肛门外的毛会阻止蜜露损失，以便蚂蚁舔舐掉。整个牧场是如此忙碌，看起来几乎是粉蚧上面覆盖着一层蚂蚁。当放牧点受到干扰时，粉蚧和蚂蚁都会亢奋起来，较大的粉蚧将身体摆成显然是邀请蚂蚁将其夹住的姿势。蚂蚁会带着粉蚧迅速撤离，这时粉蚧蜷缩起身体，保持不动，只是触角偶尔会触碰蚂蚁的头部。

在经过一段时间的放牧后，整个群体会不时迁移，工蚁们会先寻找到一个目的地。然后，将要搬运的卵、幼虫和粉蚧等"货物"堆放于沿途各个"储存点"，然后再往前挪动，最终达到目的地。只是，

狡臭蚁（*Technomyrmex* sp.）正在从蚧壳虫那里获得蜜露，可能是因为其他原因，它受了点轻伤，后腹部凹下去一小块，但不影响它生存。（刘彦鸣摄）

红头弓背蚁（*Camponotus singularis*）放牧蚜虫，这种蚂蚁的脑袋和身体好像来自不同的生物一般，但它们确实就是这个长相。（刘彦鸣摄）

引起这种大规模迁移的原因似乎不只是放牧资源的问题，还有可能是温度或者湿度的变化，目前还没有发现明确的规律。

螳螂与黄雀，灰蝶的诱惑

蝴蝶和蚂蚁共生或寄生关系的模式图（王亮改绘自网络）

　　蛾蝶，特别是蝴蝶，是美丽的传粉昆虫，被视为爱情的象征。蝴蝶成虫和幼虫仿佛是完全不同的动物，蝴蝶的幼年却是在贪婪和无耻中度过的，它们的幼虫就是寄生在植物上，啃噬叶子的各种毛虫和蠕虫。人们往往一方面赞美蝴蝶是大自然的舞姬，另一方面又对毛虫恨之入骨，全然不顾两者本为同类的事实。

　　幼虫食量大得惊人，并且充满了各种狡猾的求生手段。不少毛虫身上都长有毒毛，让捕食者难以下咽，它们色彩鲜艳，炫耀着自己的化学武器。另一些虽然没有毒毛，但拥有极佳的保护色，使自己在外观上和植物几乎没有差别，甚至有些还能拟态树枝和树叶。更有一些幼虫长出了蛇脸，遇到鸟类不仅不逃，还扬起"蛇头"使捕食者吓出一身冷汗……

毛虫为了生存想尽了办法，有一些想到了向强大的蚂蚁王国寻求保护。和蚂蚁关系最密切的是小灰蝶（Lycaenidae）和小灰蛱蝶（Riodinidae）两大类蝴蝶，其中小灰蝶是喜蚁动物中的一个主要类群，它们和蚂蚁维持共生关系的目的，主要是为了获得保护。小灰蝶之所以能够和蚂蚁建立共生关系，主要是因为在它们身上具有许多喜蚁器官（myrmecophilous organs），这些器官大致上可分为三大类：

首先是遍布幼虫身体的蜜腺（dorsal nectary organ），可分泌蜜露供蚂蚁取食，因此获得蚂蚁的保护，这和蚜虫分泌蜜露的作用相当。

还有触手器（tentacle organ），似乎是这些幼虫和蚂蚁进行化学沟通的渠道，有关它的作用目前还没有达成共识，在不同蝴蝶身上功能也有所区别。目前推测其功能有四种：一是具有标识气味的作用，告知蚂蚁自己能产生蜜露供它们取食；二是如果蚂蚁过度频繁想要获得蜜露，触手器会分泌挥发性物质，干扰蚂蚁索食，避免蜜露被过度利用；三是分泌忌避物质，以避免其他小型昆虫窃取蜜露；此外，部分触手器似乎还有召集作用。例如 *Aloeides thyra* 的幼虫在受到蚂蚁刺激时，触手器会扩展开来，此时围绕在旁边的蚂蚁会非常兴奋，并尾随小灰蝶幼虫离开巢穴到寄主植物上取食。幼虫不时快速且不断地扩展、缩回触手器，分泌挥发性物质，以确保蚁群们和它一起前进，就如同一个将领带着一群士兵，并且在不断催促它的士兵不要掉队。更有趣的是，经过化学分析这些挥发性气体的成分后得知，其和蚂蚁的警戒信息素有相似的成分。

而第三种器官则带有欺骗性质了。研究发现，一些不具上述两种腺体的小灰蝶幼虫如橙灰蝶（*Lycaena dispar*）仍然会获得蚂蚁照顾，这可能和幼虫表皮上的许多**表皮腺体**（epidermal glands）所产生的化学物质有关；这些表皮腺体称为钟状孔，会分泌挥发性的气体。有时候，蚂蚁专注在这些腺体上的时间，甚至超过对蜜腺和触手器的关注程度。这让人非常难以理解，钟状孔到底散发了什么物质让蚂蚁如此执着？最后，现代精密科学利用气相色谱法分析这些物质，结果是小灰蝶与蚂蚁幼虫的化学传信物质（chemical cues）成分极为类似。因此，这些灰蝶的幼虫是在模拟蚂蚁幼虫从而骗取蚂蚁的照顾。

大多数小灰蝶的幼虫期取食为植食性，它们身上的蜜腺会分泌蜜露，供蚂蚁取食；蚂蚁则保护它们，使其免受寄生蜂等天敌的威胁，双方各取所需，可说是宾主尽欢。不过即使在没有蚂蚁的状况下，此类小灰蝶仍能完成整个发育过程。

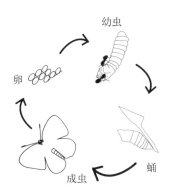

幼虫

卵

成虫

蛹

与蚂蚁相互作用的小灰蝶科蝴蝶生活史（一般情况）。（林祥绘）

然而，还有部分小灰蝶却利用这种合作关系为自己谋取更多的私利，干了很多见不得人的勾当，同时也和蚂蚁绑定在了一起。如淡青雀斑小灰蝶（*Phengaris atroguttata*），这种蝴蝶的成虫翅长大约 20 毫米，翅膀腹面有黑斑，是淡蓝色的小蝴蝶。

淡青雀斑小灰蝶喜欢将卵单颗产在中间寄主植物的花苞上，幼虫孵化后很快地躲进花苞内并以花内物质为食。此时的幼虫还不受蚂蚁青睐，或者说，如果和蚂蚁遭遇，结局不会太好。幼虫蜕两次皮后（也就是三龄幼虫），蜜腺才会发育完成，能够泌出蜜露了，这时才会受到蚂蚁的青睐。

　　此时，它们会离开植物来到地面，准备进入蚁巢。这也是幼虫生死存亡的重要时刻，如果它们不设法进入蚁巢，会在 2~4 天内死亡。一旦蚂蚁发现幼虫，会先以触角探索幼虫，此行为会引发小灰蝶幼虫分泌蜜露。很快，蚂蚁开始开怀畅饮蜜露，但实际上，这只是小灰蝶幼虫所布下的陷阱，在化学物质的作用下，蚂蚁如着了魔般地开始探索它的胸部，然后也会如获至宝般地咬住幼虫胸部，将之带回巢中。

　　诡计得逞的幼虫在进入蚁巢后，肥嫩多汁的蚂蚁幼虫和卵便成为雀斑小灰蝶幼虫的营养午餐。淡青雀斑小灰蝶除了会取食寄主蚁的幼体期外，也会主动接触蚂蚁的口器，模拟蚂蚁幼虫乞食，引发蚂蚁喂食。

　　最后，吃得肥肥胖胖的幼虫即将化蛹，吃完最后一餐后，仿佛早已被设定好的程序般，开始偷偷地向蚁巢出口处逼近，然后选择一个最有利的位置化蛹，以便成蝶羽化时，能以最快的速度离开蚁巢。因为在没有喜蚁器掩护的情况下，原来和蔼可亲的蚂蚁就会变成可怕的杀手！顺利羽化的小灰蝶会迅速地找到攀附物，以便伸展它的翅膀，迎接外面缤纷的世界。

　　但是，蚂蚁巢中也非绝对安全。欧洲的秀丽霾灰蝶（*Maculinea rebeli*）也做着其他同族类似的事情，它们的幼虫会不时从树上掉下来，通过气味伪装成蚂蚁的幼虫，让蚂蚁搬回家，一种姬蜂（*Ichneumon eumerus*）却盯上了它们。雌蜂想要把卵产在蝴蝶幼虫体内，好让自己的宝宝也吃上肥美多汁的蝴蝶幼虫，于是蜂妈妈决定闯闯蚂蚁这一关。它们有一个绝妙的办法，能够产生一种化学物质，这种化学物质能够暂时麻痹蚂蚁间相互识别的能力。失去了识别能力的蚂蚁就会相互厮打起来！而蜂妈妈就趁乱冲到蚁巢内，将卵产在蝴蝶幼虫的体内，真可谓螳螂捕蝉，黄雀在后！

巢穴谍中谍

巢穴在蚂蚁的打理下拥有适宜的温度和湿度，并且拥有强大的安全部队，还有大量没有自卫能力的蚁卵和幼虫，这对很多昆虫来讲都充满了诱惑。但如果不供奉蜜露，要融入其中却并不容易，必须想办法破解蚂蚁的信息模式——化学信息和肢体动作，成为蚂蚁世界中的一名间谍。

从某种角度上来讲，蚂蚁是容易被愚弄的——它们只靠气味来识别同伴，而这种气味物质往往由少数烃类构成，只要能够破译它，就能被当成一只蚂蚁——尽管间谍的体型和长相可能与蚂蚁大不相同。威尔逊指出，这就如同一群夜幕下的盗贼，输入了正确的口令，关掉了报警系统，悄悄潜入了主人的庄园。

螨类是相当常见的寄生者，它们爬上蚂蚁的身体，获取蚂蚁的气味，并固定在蚂蚁的身上吸食体液，却被蚂蚁当成了身体的一部分。螨是一大类节肢动物，和蜘蛛的亲缘关系很近，除了寄生蚂蚁等昆虫，一些种类还寄生在其他动物上，但它们并不都是寄生性的。和蜘蛛一样，它们的头和胸长在了一起，有类似结构的还有蟹类。

螨和蚊子一样，在变换宿主的过程中还往往传播了疾病。一只蚂蚁被大量螨寄生也可以直接导致死亡，一旦群体被大量寄生，巢穴就面临灭族的危险。刘彦鸣在野外就发现过这样的情景，一窝巨首蚁巢外堆积了很多大型兵蚁的残骸，相当不正常。于是就靠近观察，结果发现，在这窝巨首蚁中，几乎每只活着的兵蚁头上都爬满了这些寄生虫——那些残骸都是非正常死亡。

雷氏巨螯螨（*Macrocheles rettenmeyeri*）则达到了一种巅峰状

态，它们将毕生心血都投入到了从行军蚁——悦人游蚁（*Eciton dulcius*）——兵蚁的足尖吸取汁液的事业上。它的大小差不多恰好有蚂蚁整个足那么大，或者说类似一个拖鞋那么大的水蛭粘在人的脚上。但这种粗野的寄生方式并没有给寄主带来残疾，它让兵蚁将自己整个身体作为足的延长部分使用，使寄主不会产生明显的不便。不仅如此，它们还发挥了足更为复杂的功能——游蚁在休憩的时候会通过足爪互相钩住抱成一团，当这种情况发生时，螨会将自己的四对足弯成刚好的曲率，并使之严格到位，完全发挥了蚂蚁足爪的作用。这种充当寄主肢体的现象即使在整个动物界也不多见，恐怕能与之相提并论的，只有吃掉鱼类舌头，并且在口腔中寄生下来，发挥舌头作用的缩头水虱了。

这是在带鱼口腔中找到的缩头水虱，它吃掉了带鱼的舌头，充当起了假舌头。（冉浩摄）

　　吸附在蚂蚁身上获得好处的，除了螨，还有很多其他节肢动物，如一些甲虫、衣鱼等。这些在蚂蚁巢内游荡的小动物，有时或多或少提供一些服务，有时却也不怀好意。如卡良阁虫（*Euxenister caroli*）一方面为布氏游蚁（*Eciton burchelii*）的成年工蚁做修饰工作，另一方面又以布氏游蚁的幼虫为食，说是当面奴才，背后蛀虫都不为过。

　　另一些则干脆什么也不做，只是骗吃骗喝，甚至偷猎一些蚂蚁的卵或幼虫。2011 年，科学家发现了一种衣鱼（蠹虫）（*Malayatelura ponerophila*）能够"偷窃"裂细猛蚁（*Leptogenys distinguenda*）巢中的气味而瞒过工蚁，在蚁巢中骗吃骗喝。这些小偷们通过与毫无防御能力的裂细猛蚁幼虫摩擦，获取气味，穿上了一件"化学迷彩"伪装。但这种化学迷彩是有风险的，衣鱼需要通过各种途径与蚁巢中的个体接触，不断强化这种气味。如果衣鱼被从蚁巢中隔离，气味会渐渐挥发殆尽，这时它的处境就危险了。

不光衣鱼，在蚁巢中还生活着很多小动物，被称为"蚁客（myrmecophiles）"，主要有各种甲虫、螨类、蝇类、细腰蜂类、蝶类、跳虫和蚜虫等，目前已知约有 4000 种。这些小动物中多数是来占便宜的。当然便宜也不是那么好占的，如果被发现，就会被当作奸细杀死、吃掉。

有类奇妙的隐翅虫（*Dinarda* spp.）堪称江洋大盗，这些小甲虫主要寄生在林蚁们的巢中，它们不停地游走于刚刚返回巢的工蚁和留守的工蚁之间，以寻找机会实现它们阴暗的目的。因为，外出觅食归来的蚂蚁会将肚子里的食物吐出来，形成很小的食物滴喂给巢内的同伴，这些小甲虫会抓住这个机会，从两个蚂蚁之间偷走食物。如果没有机会偷，那就直接骗，它们会模仿蚂蚁的乞食动作，让回巢的蚂蚁吐食物给它吃。但是被愚弄的蚂蚁很快就会发现这个骗局，并愤怒地要攻击它。这时甲虫就会翘起尾巴，让蚂蚁舔舐腺体里面的安抚性化学物质，一般都能够阻止蚂蚁的进攻，甲虫则会趁机溜走。如果遇到了死脑筋的蚂蚁，事情危急，甲虫还有一个具有强烈驱虫作用的臭腺作为最后的防线。

巢内间谍很多，巢外依然如此，无数动物在想尽办法接近蚂蚁，

蚁蛛外观类似蚂蚁，你认真观察就可以发现这种蚁蛛和蚂蚁在外形上还是有细微区别的。（刘彦鸣摄）

从中谋取好处。其中，最著名的可能就是蚁蛛（*Myrmarachne* spp.）了。目前已知蚁蛛大约有 80 种，但是我坚信其中还有很多可能并未被发现。它们是极好的伪装者，即使在众多模拟蚂蚁的蜘蛛中，蚁蛛家族仍算优秀，它们八条腿中的前两条一般会举起来，被模拟成了蚂蚁触角的样子。蚁蛛中的大部分通过模拟成蚂蚁的样子获得保护，躲过天敌锐利的眼睛，它们几乎和某种蚂蚁看起来一模一样，甚至在它们的领地和队伍中跑动，只不过它需要注意和周围的蚂蚁保持安全距离。另一些则是游荡在蚁巢外的杀戮者，它们伪装成同类去接近蚂蚁，在双方"碰触角"的瞬间，痛下杀手，饱餐一顿后则扬长而去。

蚂蚁愚弄蚂蚁

尽管各类动物混入蚂蚁王国的手段都很高明，最了解蚂蚁的还是蚂蚁，施氏客蚁（*Teleutomyrmex schneideri*）就是一个很好的例子。这种蚂蚁缺乏工蚁，完全依赖寄主工蚁过日子，这在社会性昆虫中是独一无二的。

施氏客蚁的蚁后只有 2.5 毫米长，它们骑在寄主蚁草地铺道蚁身上度日，它们的腹部底面向内凹陷，使得它们能紧紧贴在寄主背上。

而它们六肢的爪和爪垫也不成比例的巨大，能使它们牢牢抓住寄主。它们有强烈抓握东西的本能，尤其喜欢寄主群体的蚁后，甚至曾经发现多达 8 只寄生蚁后骑在寄主蚁后的身上，它们拥挤的身体和紧抓的肢体布满了后者的身体，使之无法动弹。

它们获得巢穴的食物，并且释放出对寄主工蚁极具吸引力的信息素，甚至能够获得工蚁反哺给蚁后的精美液滴，借助这样的营养，它们疯狂生殖，"较老的个体腹部被卵巢撑得鼓鼓的，每分钟就能产下两枚卵"。寄生蚂蚁削弱了寄主的群体，群体通常比没有被寄生的草地铺道蚁群体要小，但仍然能够保持数千只工蚁，日子也还算能过得去。

如果说这种方式是通过寄主混吃混喝的话，悍蚁（*Polyergus* spp.）的行动则更加冷酷，它们采取了斩首行动，鸠占鹊巢。悍蚁新蚁后拥有镰刀一般锐利的上颚，完成婚飞后它要做的就是尽快找到一个寄主巢穴，然后在寄主工蚁的阻挠下突入其中，找到寄主的蚁后。接下来，悍蚁后与寄主蚁后扭打在一起，通过密切的身体接触，窃取寄主蚁后的气味。一旦这一步成功，原来疯狂阻止它的工蚁们就会停下来，茫然地看着自己的母亲被悍蚁后杀死——它们无法区分谁是敌人，蚁巢易主。整个过程看似简单，但充满风险，很多悍蚁后在找到寄主蚁后之前就被工蚁解决掉了。

风险之后的回报也颇为丰厚，一旦得手，雌蚁就受到了原有工蚁的悉心照顾，包括新生悍蚁工蚁的保育也被一并承担了下来。而悍蚁的上颚除了刺穿敌人的身体外几乎不合适做任何事情，即使是工蚁也从不筑巢，更不会照顾后代，甚至它们连寻找和进食的能力都没有，它们需要寄主工蚁来喂！但是，那些原有的寄主工蚁迟早要老死，巢穴如果没有了这些工蚁，单凭悍蚁就要走上绝路。它们需要更多的仆人——去抢！

　　于是悍蚁们表现出了截然不同的另一面，它们从巢穴里需要喂养的寄生虫变成了骁勇善战的武士。

　　在中国，生活着两种悍蚁。一种我较熟悉，生活在中国北方到岛国日本的一片连续区域中，叫佐村悍蚁（*Polyergus samurai*），是一种长为 6.5~6.7mm 的深褐色或深红色的蚂蚁。1911 年，佐村悍蚁在日本首次被记录和描述。但这个中文译名可能有很大的问题，"samurai"很接近日语中"佐村"的发音，但实际上似乎和"佐村"这个姓氏没有太大的关系，更可能是"samura（武士、斗士）"的意思，我更倾向于称之为"斗士悍蚁"。另一种则是红悍蚁（*Polyergus rufescens*），主要分布在欧洲地区，西方研究较多，2004 年才发现在我国新疆也有分布。

　　斗士悍蚁在中国奴役掘穴蚁，在日本奴役日本黑褐蚁（*Formica japonica*），两种奴隶都属于林蚁家族，亲缘关系很近。尽管日本黑褐蚁在中国也有分布，但是目前还没有被斗士悍蚁寄生的正式报道。斗士悍蚁每年 7 月底到 8 月外出掠夺"奴隶"，有时一天高达三次，我和聂鑫一直都在关注这种蚂蚁并且与它们有多次接触，在 2011 年到 2012 年，我们还曾尝试饲养了这种蚂蚁。

　　2003 年 8 月，是我第一次邂逅它们，目击了一次掠夺行动，至今难以忘怀。当时我的动机是挖开掘穴蚁巢，寻找茧子（蛹），因为我正饲育着一些掘穴蚁蚁后。这些茧子一经羽化就可以立即成为我蚁后的劳动力了，可以增加蚁后的成活率。在我挖掘"掘穴蚁巢"时，除了掘穴蚁，我还挖到了"奇怪的蚂蚁"——黑褐色的蚂蚁。不久，我又挖到了一只雄蚁，体长只有大约 4 毫米，除了体型很小以外，腿和翅膀更都是乳白色的。我就意识到事情很蹊跷，更奇怪的是，若大一个巢穴怎么见不到多少蚂蚁？看来只能换个巢穴挖了……

才走开不远，答案已经揭开。因为一支大军赫然在目！我遇到了一次打劫，我刚才挖掘的正是它们的大本营的边缘，那根本不是一巢掘穴蚁，而是一窝悍蚁，我恰巧挖到了斗士悍蚁的工蚁和雄蚁……

此时，斗士悍蚁的主力军团正在攻击一个掘穴蚁巢，并且已经突破了一个入口，正在从里面往外运掘穴蚁的茧子。尽管一个巢口失守，掘穴蚁还是在其他巢口组织了大量的兵力进行疯狂反击，它们是那么的亢奋，甚至会误伤同伴。但这种反攻收效甚微，悍蚁的上颚可以轻易刺穿人的皮肤，更何况掘穴蚁的身体！不过，悍蚁并不刻意杀死掘穴蚁的工蚁，只要它们不碍事就好。

悍蚁军团的进攻明显带有批次性，工蚁一批一批杀过来，大量的工蚁集团式地涌入掘穴蚁的巢口。之后，略为平静，随后就有大批的茧子被携带出来。在这些茧子中，我注意到有 2 枚是裸蛹，显然，在哺育过程中，掘穴蚁并没有试图杀死没能顺利结茧的幼虫，而悍蚁在掠夺的时候也没放弃它们，看来，在蚂蚁世界里，能否顺利结茧并非判断幼虫是否健康的标准。我还注意到，搬运出来的只有茧子，没有幼虫和卵。这有两种可能，一是这个季节里掘穴蚁后蚁已经不再产卵，另一个可能则是悍蚁只选择了蛹。后者的可能性大，悍蚁可真是精明到了家，它们连一点点哺育的成本也不肯投入。当然，我的目的也达到了，悍蚁携带出的茧子也被我截流了一些，真是"强盗"打劫强盗……我还粗粗测量了一下悍蚁袭击位置和它们老巢之间的距离，大约 14 米。也在它们的老巢，除了我掘开的地方，那些掘穴蚁"奴隶"仍在有条不紊地工作，没有随悍蚁部队行动，也没有任何兴奋的举动，似乎一切都平常得不能再平常。

掘穴蚁的茧子被悍蚁俘获，羽化成工蚁后将成为悍蚁巢的一员，并承担相应的工作，而悍蚁们继续过着它们的逍遥生活，这种赤裸裸的寄生行为让悍蚁得了一个"蓄奴蚁"的头衔，而掘穴蚁则被称为"奴隶"。但实际上"奴隶"的说法带上了人的主观思想，并不确切，掘穴蚁并没有在巢穴中被虐待或轻视，它们和悍蚁工蚁一样可以围绕在蚁后周围，至少在我观察看来，在人工巢穴内，两种工蚁相处得很好。威尔逊在描述红悍蚁的生活时更是指出被"奴役"的工蚁偶尔会拒绝向乞食的悍蚁喂食，悍蚁也不会表现任何强迫行为，而是无可奈

聂鑫帮我研究查看斗士悍蚁的巢穴，经过两天奋战，终于到底了，于是聂鑫跳了进去……

斗士悍蚁的锋利上颚无视人的皮肤防御，不过被咬的这个人是聂鑫……（聂鑫摄）

何地寻找下一个乞食对象。这些现象都充分说明了被寄生的工蚁已经完全融入了这个群体，并且自愿地承担了相应的工作。

同样的寄生现象不仅发生在悍蚁中，但是大多数蚂蚁不像悍蚁那样特化，没了"仆人"就没法过日子。如背上长着尖刺的叶形多刺蚁（*Polyrhachis lamellidens*）也会以类似的方式占领日本弓背蚁巢。林蚁家族既是被奴役的大户，也是"奴隶主"大户。如凹唇蚁（*Formica sanguinea*）体长可以达到1厘米，是一种具有侵略性的蚂蚁，它们袭击林蚁家族的其他蚁种（如*Formica fusca*和

Formica lemani），并缴获幼虫、蛹，甚至还会劫掠一部分成年工蚁，但它们也有杀死全部工蚁的纪录。

在林蚁家族中还有一种蓄奴蚁，称为惠氏蚁（*Formica wheeleri*），是凹唇蚁的近亲。它使役不止一个蚁种，而对待每一个蚁种又遵循不同程序，产生了一种类似分工体系的"奴隶制度"。在它的巢穴中，威尔逊找到了两种"奴隶"，一种是新红林蚁（*Formica neorufibarbis*），另一种是丝光褐林蚁（*Formica fusca*）。新红林蚁具有攻击性，在抢劫过程中与惠氏蚁一同出动，作为战争力量，而丝光褐林蚁则极少参与这种"军事行动"。新红林蚁也参与上层巢穴的防守任务。而丝光褐林蚁集中在巢穴中下层，主要从事巢穴的保育、食物储存等工作。威尔逊认为，这样的分工发挥了3种蚂蚁（包括"奴隶主"）各自的长处，有利于巢穴的高效运行。不过后来还有研究表明，惠氏蚁接受和抚养的"奴隶"种类比原来预想的还要多，甚至会孵化林蚁家族外的蚂蚁，看来，这其中需要我们进一步了解的内容还很多。

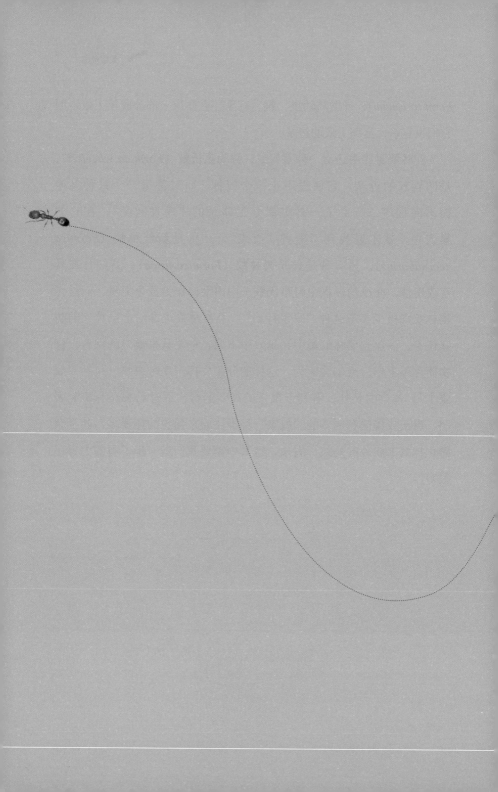

第二部分
蚁界百族

曾经与现在，最古老的蚂蚁

蚂蚁已经有 1 亿多年的进化史，我们对它们最初的样子了解最多的是来自一块琥珀化石——也可以说是两块——它不幸地摔碎了，但是又万幸地没有伤到里面的蚂蚁标本……

化石是大自然赐予生物学研究者的礼物，但是由于昆虫比较小而且没有内骨骼，它们不会像恐龙那样留下巨大的化石。昆虫的身体会很快被环境分解、腐化，只会留下原来埋藏昆虫的空间，也就是一个如同模具般的印痕，再经过数百万年甚至更长的时间完成石化，成为"压模化石"。除了昆虫残存的痕迹和偶尔遗留的残破形态外，这种化石真是糟透了。但是琥珀则不同，它们是来自树脂的化石。

当树皮被划上一道口子，有的植物就会有黏稠汁液流出来，这些汁液在空气中风干、硬化，并且能形成一块褐色的物质将伤口保护住，如同动物皮肤结痂一般。这些黏稠的液体有时会包裹住路过的昆虫，将其活埋，经历几百万年甚至上千万年后，逐渐石化，但仍然透明，成为琥珀，而里面的昆虫也被原封不动地保留下来。

1966年，在美国新泽西州的克利福屋（Cliffwood）海滩，弗瑞（Edmund Frey）和妻子正在海边散步，他们看到沙滩上有一块透明的石头，弯腰捡了起来，发现里面居然有两只蚂蚁一样的昆虫，这是一块琥珀化石。他们决定将化石交给昆虫学家研究。于是，这块化石先被交给了普林斯顿大学的唐纳德·贝尔德（Donald Baird），贝尔德敏锐地发现了化石的价值。然后将其转寄给了哈佛大学的古昆虫学家弗兰克·M. 卡彭特（Frank M. Carpenter），也就是威尔逊的老师。卡彭特则通知同一栋楼上的威尔逊来查看标本。之后，这个经过长途辗转的珍贵标本，终于在威尔逊激动的目光中，从他兴奋得哆哆嗦嗦的手上滑落，掉在了地上，摔成了两半……

幸运的是，里面的两只蚂蚁被完整地分别保存在了两个半块琥珀中，而且威尔逊也没有再犯错误。经过抛光，琥珀中的蚂蚁被完整地展现了出来，它们距今已有9000万年，有着介于现代蚂蚁和蜂类之间的特征。它的上颚仅有2颗牙齿，与蜂类类似，触角的末端长而灵活，也是蜂类的特点，再加上胸部具有独特的甲状软骨和小盾片，这些都是蜂类的特征。但是，它们又具有了蚂蚁独有的腺体特征，加上长长的触角第一节，还有刚刚进化出的结节，这些都说明，它们已经确确实实是蚂蚁了。弗瑞夫妇很慷慨地将珍贵的琥珀捐献给了科学事业。为表彰琥珀发现人弗瑞夫妇的功劳，这种蚂蚁被命名为弗瑞蜂蚁（*Sphecomyrma freyi*）。

古蚁已大都灭绝，但确实还有一些孑遗在角落里安静地生活着，保留了各种古老物种的澳大利亚，就是它们的保留地之一。其中大眼响蚁（*Nothomyrmecia macrops*）堪称古老，这种蚂蚁依然具有蜂类祖先敏锐的视力特征和部分身体特征，但是它却让蚁学家们几乎抓狂，因为它失踪了将近半个世纪。

最初，是在 1931 年由几个旅行者顺路采集到这种蚂蚁的。1934 年，经过约翰·克拉克（John Clark）研究，定名为大眼响蚁，并最终由蚁学大师布朗确定为极为古老的珍贵蚂蚁物种。大眼响蚁是其小家族（*Nothomyrmecia* 响蚁属）中的唯一一个幸存物种，其两个姐妹宗族 *Archimyrmex* 和 *Prionomyrmex* 都只剩下化石，于是这个孤零零的物种被亲切地称为"恐龙蚂蚁"。蚁学家们理应为找到了"已知最古老"的蚂蚁而兴奋不已，但之后却发生了一件无比郁闷的事情——当时没有记录具体的采集地点，大量的昆虫学家热切地重走了当年旅人的道路，但一无所获，他们找不到它了……

直到 1977 年 10 月，因为一场意外的行车故障才带来转机。当时一支昆虫学家小队的车辆正在奔向大眼响蚁可能存在的遥远之地，但车辆途中抛锚了，他们不得不在野外露营。营地周围是古老的澳洲油桉树丛（mallee）。这是一种低矮的树木，生长速度极为缓慢，是当地很多动物的庇护所。

当天晚上气温只有 10℃，昆虫学家们认定这时几乎不会有昆虫活动了，更不要说蚂蚁。罗伯特·泰勒（Robert Taylor）却在百无聊赖中拿起手电去探索油桉树丛，期望能打发时间，顺便看看能否有所收获。

没多久，同事们就发现他兴奋地跑了回来，还大声嚷着："坏小子在这儿！"

他找到了大眼响蚁！

人们在预测地点以外 1000 公里的地方找到了它们，而且，它们还是一种典型的低温夜行性蚂蚁，根本就和普通的蚂蚁格格不入！

但是，这种蚂蚁确实极为稀少，正因为如此，它随即就被世界自然保护联盟（International Union for Concervation of Nature and Natural Resources，IUCN）列入红色保护名录。随后，昆虫学家纷纷来到此地，但是这种蚂蚁又再次消失得无影无踪，即使在寒冷的黑夜再也没有被发现过。这种古老的蚂蚁给昆虫学家们开了一个大大的玩笑。

直到 1995 年，南澳大利亚博物馆（South Australian Museum）的考察队沿着一条高速公路（Eyre highway）进行了地毯式的搜索，终于发现了 20 处巢穴并最终确定，这个挑剔的家伙原来是只栖息在澳洲油桉树丛中的蚂蚁。

2003 年，沃德（Ward）和布兰迪（Brady）将大眼响蚁归入了犬蚁大家族（Myrmeciinae 犬蚁亚科）。犬蚁家族也被音译为"蜜蚁"，但这很容易和另一类捕猎白蚁的蜜蚁弄混，而且犬蚁是强大的掠食者（尽管它们也确实喜欢蜜露），颇有几分恶狗的气势，因此，我倾向于使用犬蚁的说法，这本书也是这样做的。新的犬蚁大家族依然是人丁零落，尽管它们曾经分布在世界各地，但现在大都已经成为化石物种，只剩下另一个支脉和响蚁同病相怜——犬蚁家族（Myrmecia 犬蚁属）。犬蚁的情况略好，约有 90 来种，它们和大眼响蚁这两个硕果仅存的支系，主要分布在澳大利亚地区，唯一的例外就是加拿大的 *Myrmecia apicalis*，但它极为罕见。

虽然可能比响蚁稍微"年轻"一些，犬蚁也是非常独特的蚂蚁，它们还有一个名字叫"跳蚁（jumper ants）"，但是实际上只有一部分犬蚁能够弹跳，比如"杰克跳蚁（Myrmecia pilosula）"。犬蚁拥有长而强大的上颚和厉害的尾刺，这尾刺中的毒液在蚂蚁中也是极为出众的，它们甚至能够因此击杀黄蜂或者更大的动物，甚至可能是一只倒霉的青蛙或者小蛇。

包括响蚁在内的整个大家族在行为上也具有原始的特征，如没有列队行动，工蚁在蚁后死亡后可以和雄蚁交配等。

然而事情并未就此结束，就在中、南美洲的丛林里，也生存着另一种活化石蚂蚁——子弹蚁（*Paraponera clavata*）。子弹蚁的体长超过2.5厘米，是当今世界上最大的蚂蚁之一，也是该家族中唯一一种幸存的蚂蚁。按照沃德在2007年提出的进化理论，子弹蚁似乎比响蚁还要原始一些，属于一支被称为"拟猛蚁（Paraponerinae）"的蚂蚁家族。子弹蚁拥有让人恐惧的毒刺，它们因此在土著中非常出名，在那里，它最常被提到的名字是委内瑞拉发音"hormiga veinte-cuatro"，意思是"24小时蚁"，大概是指它的毒液能在24小时内将人杀死，不过事实没有这么夸张，至少被一只子弹蚁蜇伤还不至于致命。但剧毒蜇伤后的痛楚是绝对难熬的，被其蜇伤后的症状包括剧烈的疼痛和灼烧感，数小时的发烧、发抖、无力，有时还可能有个大包。有人形容这种蜇伤如子弹击中般难受，子弹蚁因此得名，土著印第安人也常利用它测试年轻人的胆量。

在沃德的进化树上，细蚁（Leptanillinae，细蚁亚科）是其他蚂蚁的姐妹分支，从这个角度上来讲，细蚁带有其他蚂蚁所没有的祖先特征，并且独立进化出了类似行军蚁的行为（详见"千万大军！超级兵团围猎"），但是这个蚂蚁族群已然没落，变得极为罕见，大多数种类我们知之甚少。

但到了2008年，更为戏剧性的事情发生了。《美国科学院院刊》（*Proceedings of the National Academy of the Sciences of the United States of America*，*PNAS*）刊出了克瑞斯·瑞柏林（Christian Rabeling）等

人新发现的一种蚂蚁，这种蚂蚁只有一个模式标本，而且这个标本还残缺不全，半只触角和一条腿都不知去向，发现者甚至表示他们"假定（assume）"它是一只工蚁……这在蚂蚁新物种的命名上实在不多见。但是，这个标本的确太重要了，因为它和所有已知的蚂蚁，包括化石蚂蚁，都不同，它们仿佛凭空出现般，是所有蚂蚁的姐妹支，很可能是1亿多年前一支蚂蚁先祖的孑遗。这种"来历不明"的蚂蚁被戏称为"外星来的蚂蚁"，结果有了一个不太严肃的正式名字——火星蚁（*Martialis heureka*），还获得了一个不太严肃的大家族名——火星蚁亚科（Martialinae）。其实，这之前还有两只火星蚁的标本，但是被弄丢了，幸好又在发现地附近重新捉住了一只，从此，这只残破的蚂蚁扛起了地球上唯一已知"外星物种"的大旗……

这只火星蚁体型很小，只有2.5mm长，身体呈黄色，没有眼睛，但是却有一副很显眼的上颚，加上修长的前肢，估计它很可能是一种捕食性的蚂蚁。不过这身行头却不大适合用来挖土做巢，所以推测它可能更喜欢居住在稍加改造就能作为巢穴的地方——比如腐烂的木头或者是树叶堆，事实上这仅存的标本正是来自树叶堆。

瑞柏林等人还认为，随着火星蚁的发现，弗氏蜂蚁的老祖宗地位可能要改一改，弗氏蜂蚁可能只带有一个蚂蚁支系的祖征。但是，到目前为止，还没有白垩纪或者更早出土的化石来支持他们的进化观点。

大眼响蚁的工蚁。（Alex Wild摄）

喀嚓，蚂蚁中最强的攻击力

有这样一类蚂蚁，它们巨大的上颚如同一把烧火钳，更有趣的是它们的上颚可以张开到 180°，而平常蚂蚁大约只能张到 120°甚至更小。而且这种张开的姿势可以保持很长时间，一旦展开攻击，上颚瞬间闭合，然后就是"啪"的一声脆响，这种力道，足以瞬间将小昆虫杀死。它们就是凶猛的掠食蚂蚁——大齿猛蚁家族（Odontomachus）。

在中国，这个家族的成员，山大齿猛蚁（Odontomachus monticola），在大江南北都有分布。但是，只有在适合的环境中才能找到它们，那里必须若干年没有受到过破坏才行，它们群体的发展需要充分的时间。那些热火朝天的建筑工地或者小区是找不到它们的，古朴的小镇或者天然森林中会有它们的足迹。

我最初接触山大齿猛蚁是在大约八九岁时，具体的情形已记不太清了，随着父母搬迁到一座土坯房宅子里，现在这座宅子已经变

成了宽阔马路的一部分。那是父亲辞去了外地的工作，和母亲一同回
到家乡后，全家度过的最艰苦的一段日子。房子很老旧，但房租很
便宜，一个月只收10块钱，而且晚上可以透过屋顶看到星星——那
时我的眼睛还没有近视——但是居然不会漏雨。这样的结果是，院落
里有各种天然动物——偶尔会出现的蛇，晚上会出来、在地上爬的蝎
子，我还见过不少于3种的壁虎……这种混乱的情况在母亲养了一些
鸡换钱、我在院子里种上了一小片几十厘米高的杂草以后变得更加混
乱……在这种状况下，唯一变得冷清的动物就是蚂蚁，它们因为各种
莫名其妙的遭遇而发生莫名其妙的战争，不断减员——谁让有个对它
们很感兴趣的小家伙在作怪呢！

　　也就是在这段时间，我和山大齿猛蚁在院子里相遇了，它是我
接触的第一种大型猛蚁。我惊讶于它们奇怪的上颚和上颚合拢时清
脆的"喀嚓"声，将它们捏在手上反复把玩，但是我发现如果把玩
它们时间太长了，手会隐隐作痛，但我明明已经避开了它们的上颚。
我终于发现，它们的屁股上有一根弯弯的长刺，一直试图扎在我的
手上——原来我被蜇了。很长时间后我才知道蚂蚁能蜇人，而且有
些蜇人是很疼的，只能说我是幸运的，没有一开始遇到那些蜇人很
痛的蚂蚁。

　　为了验证我当时认为的蚂蚁会用毒刺蜇人的推论，我选择了一个
可怜的实验品——蛆。我将山大齿猛蚁的后腹部掐下来，用那根刺去
扎那可怜的蛆虫，虽然蛆没有表情，可那强烈的扭动告诉我，这想法
不仅是正确的，而且毒液看起来对虫子的杀伤力还挺强的。

　　就在那个时候之前约50年，在美国亚拉巴马州靠近摩尔比的
一个院落里，13岁的威尔逊在几乎同样长满杂草的院落里，对另

一种大齿猛蚁产生了浓厚的兴趣——岛生大齿猛蚁（*Odontomachus insularis*）。50 年后，也就是在我刚刚接触大齿猛蚁的时候，在他和赫尔多布勒所写的书中就对这类蚂蚁做出了详细的描述。遗憾的是，当时我没有能力阅读到他的著作。赫尔多布勒等人研究的是另一种源自中美洲和南美洲的大齿猛蚁——鲍氏大齿猛蚁（*Odontomachus bauri*）。据说赫尔多布勒也同样被迷得"神魂颠倒"……他们借助超高速摄影技术，以每秒 3000 格的速度记录蚂蚁上颚闭合的细节，他们发现，这可能是我们所知的最快的生物动作！完整的一咬，从完全张开的上颚开始合拢的一刹那到完全闭合，只需 1/3 毫秒到 1 毫秒！而过去已知的最快速的动作包括跳虫在 4 毫秒完成的跳跃、蟑螂 40 毫秒的逃跑反应、螳螂 42 毫秒展开的前肢攻击，甚至跳蚤 0.7~1.2 毫秒的起跳都无法企及。要知道，这种大齿猛蚁的上颚仅 1.8 毫米长，以此计算，它那有刺的尖端是在以每秒 8.5 米的速度运动。如果是人打出的一拳，这一拳的速度能达到每秒 3 千米，是子弹速度的数倍！一旦攻击对象处在攻击范围内，将一击命中，避无可避！

　　但是，真的到此为止了吗？ 1/3 毫秒是赫尔多布勒等人测量技术的极限，因为他们的胶片最多只能每秒拍 3000 格，这动作有没有可能比 1/3 毫秒还要快？ 2006 年，美国加利福尼亚大学伯克利分校的生物学家施尔拉·派德克（Sheila Patek）领导的研究小组再次完成了对鲍氏大齿猛蚁的研究，更先进的高速摄影技术得到了更精确和震撼的否定结果，这一结果发表在了 9 月的美国《国家科学院院刊》（*PNAS*）网络版上。

　　根据他们的测定，关闭上颚的速度可以达到每秒 35~64 米，单次的攻击时间只需 0.13 毫秒，比眨眼快 2300 倍。它们上颚闭合的速

度可以造成 10 万倍重力的冲击，相当于每个上颚产生自身体重 300
倍的力度。这次修正，转化到人的尺寸，将每秒 3000 米的拳速提升
到了 20 多千米，这个速度已然超越火箭，甚至可以无视太阳系的引
力了。以此作为动物界中最有相对力度的主动行为，当之无愧！美
国图森市亚利桑那大学的神经生物学家武菲拉·格罗那伯格（Wulfila
Gronenberg，他曾经研究过蚂蚁咬合的控制机制）指出，这和该蚂蚁经
常捕食白蚁有关，"这些白蚁会喷射出一种有毒的液体。因此蚂蚁必须
在白蚁使用它们的武器之前就将后者杀死或使其失去自卫能力。"正如
派德克本人所说，"上颚的运动速度和加速度已超过生物界已知的极限。"

　　而产生这一行为的生理基础则在于其口内一块类似门闩的外骨
骼，张口时，蚂蚁使它的上颚分开，然后利用"门闩"将其撑住。而
在咬合的瞬间，这根"门闩"会移到旁边，下颚便在肌肉的拉动下，
"砰"地合上。这种门闩样的外骨骼在该属蚂蚁中应该普遍存在，即
使在山大齿猛蚁上也存在。在做标本整形的时候，我将酒精处死的山
大齿猛蚁的上颚向两侧推，大约到完全张开的时候，可以明显地感觉
到上颚卡在了一个特殊的结构上，即使松开手，这个张开上颚的姿势
也不会改变。

　　这样张开的上颚好比一个捕猎陷阱，大齿猛蚁拥有蚂蚁中较为发
达的视力，借助眼睛和敏锐嗅觉的帮助，大齿猛蚁可以锁定猎物，并
缓慢地靠近它们，张开上颚。接下来，大齿猛蚁猛地向前，上颚基部
伸出的灵敏感觉毛，大量的神经元枕戈待旦，当感觉毛接触目标的一
刹那，达到攻击范围内！8 毫秒内，神经兴奋到达脑并传达至上颚肌
肉，喀嚓！下一个 0.1 毫秒，攻击结束！只要让大齿猛蚁能充分接近
猎物，则弹无虚发。即使是能力稍弱的山大齿猛蚁，我也曾观察到它

们直接潜进、击杀苍蝇，只要能接近，猎物则毫无逃跑可能，一击毙命。

　　这种神奇的咬合力还给了大齿猛蚁一种特殊的逃生技巧——当遇到更大的敌人时，例如一只蜥蜴，这些蚂蚁会通过用下颚击打地面，从而利用反弹力迅速脱身。我曾在观察山大齿猛蚁时发现了这个现象，但山大齿猛蚁的上颚咬合力度差很多，最多不过将自己反弹出数个厘米。而且山大齿猛蚁似乎并不热衷于这种逃命方式，我曾经多次挑逗它们让它们跳跃，但是很少成功，即使成功，也是它们在进攻姿态的时候，与其说是主动逃跑不如说是进攻失败被反弹。最重要的一点是，似乎但凡上颚力气巨大的蚂蚁，都可能做到一点。我在其他亚科的蚂蚁身上也发现了类似的现象，宽结大头蚁兵同样是上颚发达的蚂蚁，我曾经见到兵蚁在进攻一只大青虫（鳞翅目昆虫幼虫），张口一击失败，反而被弹出数厘米。但赫尔多布勒遭遇的鲍氏大齿猛蚁却夸张得多，他曾经见到数十只蚂蚁如空中芭蕾般迅速离他而去——至少在鲍氏大齿猛蚁中，这确实是一种求生技巧。

　　派德克的研究显示，鲍氏大齿猛蚁向后的弹射可达到 39.6 厘米，足以躲过快速飞来的蜥蜴舌头。另一种"逃命跳跃"是向上弹射，能够将蚂蚁弹起 8.3 厘米高并落在几厘米远的地方。许多只蚂蚁在连续不断的"喀嚓"声中轰然跳起的场面一定会让掠食者感到困惑。Patek 表示，如果这些蚂蚁是身高达 1.7 米的人类，那么他们绝对有资格成为"超人"，因为"跳跃防御能够让这些超人向后弹出 40.2 米；而逃命跳跃则能够把他们送到 13.4 米的空中。"也许像格罗那伯格所说，防御跳跃可能是蚂蚁的强力捕食下颚进化出的一个"副产品"。格罗那伯格指出："一旦生物拥有了这种特别快速的上颚，蚂蚁直觉上就会利用它来完成一些其他的使命，例如逃跑。"

　　类似长夹子一样的上颚并非只存在于大齿猛蚁家族中，在热带和亚热带地区还有不少蚂蚁家族也有类似的结构，并且很多类是在进化中独立起源的。世界上约有 24 个家族（属）250 种蚂蚁具有类似的结构或者行为，它们之间在大小、结构和行为上各有差别，捕捉着小型到中型的昆虫猎物，如跳虫、苍蝇、蜂类或者是蝗虫。其中有一组最喜捕食跳虫的蚂蚁，如瘤蚁（*Smithistruma*）、鳞蚁（*Strumigenys*）和鳞毛蚁（*Trichoscapa*）等。这些蚂蚁的体型普遍较小，但是有着类似大齿猛蚁的雷霆手段，是少数能够将跳虫这样反应迅速的昆虫"玩弄于股掌之间"的动物。威尔逊等人认为这些蚂蚁的祖先只局限于捕捉泥土中的小动物，结果在进化中走向了极端，身体剧烈变小，成为专食性的昆虫。为此，它们的生活变得拮据，群体变小，也变得脆弱，最终成为几乎只能躲躲藏藏的

威武的山大齿猛蚁，头顶的 3 个点是它的单眼，单眼只有感光能力，真正赋予它优秀视力的是两只复眼。（刘彦鸣摄）

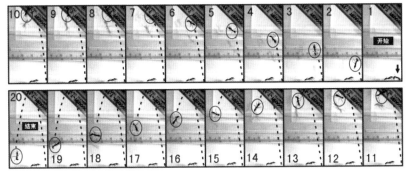

鲍氏大齿猛蚁依靠上颚弹跳的录像截屏。（Sheila Patek 等摄，2006）

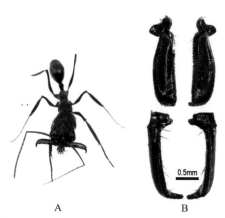

A. 鲍氏大齿猛蚁工蚁张开上颚的姿态；B. 鲍氏大齿猛蚁的上颚的腹面和背面观。（Sheila Patek等摄，2006）

小昆虫社团，外出的工蚁成为隐秘的游荡者，甚至放弃了利用气味踪迹召集同伴的能力，而我们想要见到这些昆虫也变得极为困难。

昆虫死神？执"镰刀"的蚂蚁

有拿"烧火钳"的蚂蚁，自然还有拿"镰刀"的蚂蚁，它们叫"镰猛蚁（*Harpegnathos* spp.）"，其上颚微微上翘，如同镰刀一般。镰猛蚁以其群体的特殊关系结构出名，这些蚂蚁的群体较小，也是少有的几类工蚁能够和雄蚁交配并且储存精子的蚂蚁之一。

镰猛蚁的蚁后与工蚁差别很小，最初的巢穴由带翅膀的蚁后建立，但是蚁后死亡后，剩余的工蚁将展开争斗，力争成为"生殖等阶（gamergates）"的一员。最后，几只工蚁将取代原来母亲的地位，开始产卵。研究显示，这时它们所产生的激素也开始发生变化，变得像一只只真正的蚁后。一般来讲，这些工蚁是与外来的雄蚁交配，但是，也有与自家"兄弟"交配的情况。于是，巢穴在没有了蚁后的情况下仍可以继续存在下去，产生新的有翅生殖蚁，这一方式延长了镰猛蚁巢群的寿命。由于巢穴规模极小，这些掌握了生育权的伪蚁后也不会发生分群的现象。

舞镰猛蚁是国外研究最多的镰猛蚁，主要分布在印度和东南亚地区。它们拥有发达的复眼，可以发现猎物，喜欢在清晨捕猎。舞镰猛蚁有时也叫"哲顿跳蚁（Jerdon's jumping ant）"，它们确实能跳。这些蚂蚁可以依靠中足和后足的弹力跳跃出 2 厘米高、10 厘米远的距离。

舞镰猛蚁生殖等阶产生的过程目前研究得也较为详细，它们的成员间因为互相玩弄花招而显得关系紧张。它们的群体要经历三个阶段，初期由一个蚁后和少数不育的工蚁组成，中期虽然还有蚁后但是已经出现了已交配或者未交配的工蚁，到了后期，则形成了一个约 300 只甚至更多的成年蚁群，而且已经没有了蚁后，完全由工蚁组成。

在这种舞镰猛蚁的社群中分化出了三个阶层，最高一层是统治者，也就是生殖等阶，它们都具有完全发育的卵巢，并且全部都产卵；中间阶层是未受精的相对弱势阶层，其中一些最终会进阶，并在那时与雄蚁完成受精；其余的则属于最低的阶层，它们承担巢穴的日常事务，包括育幼和觅食等，那些被从高阶层击败而拉下马的蚂蚁也会坠入这个阶层。

工蚁之间通过复杂的斗争仪式来确定地位，一种方式用于稳固同阶之类的关系，重申社会平等，另一种则是挑战式较量。在重申平等的仪式中，工蚁们挥舞着鞭子一样的触角互相抽打，先是第一只蚂蚁逼迫第二只蚂蚁后退，之后翻转过来，第二只蚂蚁迫使第一只蚂蚁后退，之后往复，大约经过二十多次这样的往复后，两只蚂蚁彼此分开，没有明显的胜利者。而在挑战仪式中，低阶工蚁会挑战高阶工蚁，挥舞着触角向对方逼近。被威胁的工蚁可能不会回应，如果回应的话，要么演变成一场申明平等的仪式，要么就会出现一次竭尽全力的压制式交锋——用上颚夹住对方，并将其猛地掀翻在地……

在中国也有舞镰猛蚁变种的记录，叫舞镰猛蚁大眼亚种（*Harpegnathos saltator* subsp. *cruentatus*），但是只记录到一次，而且是在新中国成立以前，这很可能存在着某些误会，也许就是一次错误的鉴定，很可能是中国的另一种镰猛蚁——猎镰猛蚁（*Harpegnathos venator*）的记录。

猎镰猛蚁在我国的广东、广西、福建、香港、澳门和海南都有记录，也分布在印度和菲律宾。猎镰猛蚁体色为黑色，六肢、触角、上颚等颜色较浅，为褐色或红褐色，体长 15~17 毫米。这种蚂蚁也是我们较为熟悉的一种蚂蚁，广东的刘彦鸣早在 10 年前就已经熟识它们了。

刘彦鸣第一次与它们遭遇是在树林路边，他一眼就瞅见了这古怪的大蚂蚁。于是他凑近观察，这只大蚁足足有 15 毫米长，身体瘦长，头部长着镊子一样的上颚和一双大黑眼，头部特征有些近似澳大利亚特有的犬蚁。这是一只工蚁，它并不像一般的蚂蚁探着触角走动，而是每走几步就停下来，似乎利用眼睛观察地面前方的情况。很快它就察觉到刘彦鸣的出现，马上静止不动，有了戒备的样子，当刘彦鸣再靠近时，它便转身以头对着他，并用巨大的眼睛死盯着他。刘彦鸣伸手尝试捉住这只工蚁的时候，它突然后跳做出惊人的动作，连续 3 级的跳跃消失在草丛里。由于动作太突然，刘彦鸣没有看清它是怎么跳动的，想来和它的姐妹物种舞镰猛蚁差不多。这第一次的遭遇可谓非常短暂，但是有了第一次，接下来就好办多了。

不久，在有意无意地搜索下，幸运之神再次垂青。当时，刘彦鸣和两位昆虫爱好者朋友在山间小道搜索，无意间发现一只身体奇怪的修长蚂蚁背着一条大虫蹒跚地走着，这只工蚁用上颚举起一只比自己粗壮的成年的蠼螋。蠼螋还带有少许挣扎，但是这并没有影响工蚁把它搬进巢穴。这一次，刘彦鸣学乖了，他一直远远跟踪它，最终发现了它的巢穴——原来巢穴就在路旁一个大石头边。刘彦鸣这次打算不惊动它们，慢慢靠近观察。这个蚁洞外面有很多新挖出来的泥土，洞口比较宽大。有着镊子一样上颚的工蚁再次出现在刘彦鸣眼前，不时有工蚁钳着小团东西往巢外搬。没错，它们就是上次遇上的长相奇特的蚂蚁——猎镰猛蚁。

刘彦鸣细细观察发现，被工蚁搬出来的是一些类似蜘蛛残骸的东西，工蚁把一个个的圆形的残骸往巢外远处堆放。估计这些就是它们吃剩的废物，就在这个时候，另外一只工蚁用上颚举着一只蜘蛛回巢——它们的捕猎能力很强。狼蛛是大部分蚂蚁的天敌，蜘蛛利用蚂蚁视力弱的缺点，挑选一些单独无助的蚂蚁下手。但猎镰猛蚁视力非常好，它们有一双大眼睛，双眼视力能集中在前方，再配备一对长长的上颚，还有爆发力强的六肢，这些组合成一个高效捕猎机器，捕食者与被捕食的关系顷刻发生了倒转。

他突然想做个试验，便随手在草丛里找了一只小蟑螂，放到其中一只猎镰猛蚁旁边，蚂蚁很快被正在移动的蟑螂吸引过去，蟑螂四处逃窜，终于躲到小石头

猎镰猛蚁在搬运这蝗蝮归来。（刘彦鸣摄）

搬运卵和幼虫的猎镰猛蚁工蚁。（林杨摄）

底下的空隙里。这只猎镰猛蚁马上跟上,在靠近时它每走几步就停下来,确定蟑螂的位置。当猎镰猛蚁距离蟑螂只有大约 1 厘米时,它调校了一下位置,上颚张开至大约 30°,对准蟑螂,突然扑上去,瞬间便把蟑螂钳住,蟑螂开始痛苦地挣扎,猎镰猛蚁随即伸出尾针弯起腹部向蟑螂蛰了几下,蟑螂开始失去知觉了。整个过程完成得干净利落,如同鹭鸟在水边捕鱼。

猎镰猛蚁善于跳跃,除了为逃避天敌,有时候也为了突袭猎物,如同一潜猎的猫科动物。从这个角度上来讲,猎镰猛蚁同澳洲的犬蚁有几分相似,但还没有犬蚁强壮、凶狠。

低调而庞大的弓背蚁家族

这是一类看起来有点驼背的蚂蚁，或者似乎是背上被谁捏了一下，弓起来的感觉，所以得名"弓背蚁（*Camponotus* spp.）"。它们是非常大的家族，包括超过 1000 种蚂蚁，是蚂蚁中最成功也是最多样的类群。总体上来说，在蚂蚁中，弓背蚁并非十分好战的类群，而且也不张扬。

在国外，它们还有一个俗名，叫"木匠蚁（carpenter ant）"，因为它们中很多物种喜欢在木头里做巢。但它们只是单纯的利用和挖掘而已，因为它们可不像白蚁那样肠道内有共生的微生物，可以把木头里的纤维素转化成营养。但令人惊异的是，在弓背蚁以及近缘的蚂蚁如多刺蚁（*Polyrhachis*）和海胆蚁（*Echinopla*）的一些物种中，确实发现了共生菌（*Blochmannia*），并且估计它们之间已经共生了 3000 万到 4000 万年了。研究证明，这些细菌能够合成氨基酸，以补充食物中氨基酸的不足，起到了"营养升级"的作用。这可能使得弓背蚁相对其他类群的蚂蚁更能在营养缺乏的环境中生存，也曾提高了它们的竞争力，这也是弓背蚁兴盛的原因之一。

在中国，分布最为广泛的当属日本弓背蚁（*Camponotus japonicus*），可能在你住地周围就能找到它。这种黑色的大蚂蚁分为大小两型工蚁，小型工蚁中仍有体型差异。大工蚁体长超过 1.2 厘米，有一个宽大的脑袋，而中小工蚁的脑袋则较狭窄，体长一般不超过 1 厘米。在我国大部分省份的稀林地、林缘、路边及林间空地都能发现它们的身影，是我较为熟悉的蚂蚁，也是当前宠物蚂蚁饲养的入门蚂蚁之一。2013 年 4 月，还有 3 位上海高中生爱好者因研究日本弓背蚁等蚂蚁的筑巢行为而被同济大学提前录取。不过，由于其是在 1866 年首先由迈尔（Mayr）在日本描述，因此得了一个"日本"的名头，实际上在我国全境、苏联地区、日本、朝鲜、韩国和东南亚地区均有分布记录。

日本弓背蚁在地下筑巢，每巢有巢口 2~5 个，它们巢穴的入口非常的小且隐蔽，入口的大小往往只能够工蚁匍匐着通过，而有时这甚至不一定是真的蚁巢，它们可以在主巢的四周再分离出好几个副巢。巢周围一般有扇形堆积的土粒，巢深 0.36~1.40 米，工蚁数量可达 5000 只，一些巢穴存在多蚁后的情况，但蚁后数量不会太多，一般为 1~3 只。巢穴中的有性生殖蚁是在秋季产生，第二年春季婚飞，在河北，它们的婚飞时间在 5 月，但是其婚飞时间受气温影响，在海拔 1000 多米的八达岭，我曾在 7 月也发现过它们婚飞。

日本弓背蚁是较为强大的捕食者，其食物为小昆虫、蜜露和植物的分泌物，对松毛马尾虫有较强的捕食能力。其在捕捉这些大毛虫的时候有时采取的是先在树上与之扭打成一团，然后将其从树上一同惊落下来，然后在地面解决战斗的模式。我也曾观察到日本弓背蚁的大工蚁和一只未成年的小壁虎抱成一团从树上落下来的场景，那只可怜的小壁虎的尾巴已经在先前的战斗中折断，但依然没有逃脱被猎杀的命运。但日本弓背蚁也接收那些灰蝶幼虫的诱惑，例如其会把黑小灰蝶（*Niphanda fusca*）的幼虫搬回洞里，并口对口饲喂它们度过冬季。

日本弓背蚁虽然谨慎，但也绝对是战争的好手，尤其是它腹部可以喷射酸雾，杀伤力很强，而且它们也相当有谋略。如猛蚁类善战且装备精良，它们是蚂蚁界的角斗士，但不够聪明，行为鲁莽。最重要的是，它们对日本弓背蚁的子民构成了威胁！任何被弓背蚁发现的猛蚁巢穴都会被当做重点攻击对象。有一年春天，正好是蚂蚁婚飞繁衍自己种族的时节，林祥观察到一只日本弓背蚁发现了一处猛蚁巢的入口，于是它守在入口，只要里面的家伙敢冒头，弓背蚁就会给予当头一喷，蚁酸会腐蚀敌人的外骨骼和节间膜，如果直接碰到伤口或嘴会造成致命的伤害，这逼迫它们缩回自己的巢穴内，之后这只弓背蚁用树枝泥土掩埋入口，将敌人封锁在穴内。

日本弓背蚁之间的社交也值得一提，不仅仅是因为弓背蚁是社会性昆虫，更是因为它们的社交还显示出一定的策略性。例如，如果一只小工蚁遇到一只闯入自己领地的同类大家伙怎么办？也许你们会觉得要么小工蚁选择逃跑，或者干脆冲上去为国捐躯。然而事实更加有趣，闯入者实际上更加心虚，如果没有意外，它一般都会选择尽快离开是非之地，但如果不巧被小工蚁发现了，它会怎样应对呢？首先，小工蚁会尝试威慑或者拖拉敌人，如果遇到抵抗的顽固分子，小工蚁会先示弱，用自己的头去顶大工蚁的"下巴"，缓解大工蚁急躁的情绪和敌对行为，如此，小工蚁可得脱身或者等到援军到来。

有时它们的行为更加有趣，一次初春的时候，也就是在竹笋刚刚开始冒出尖角的时节里，林祥发现一群不安分的小精灵开始在巢穴中蠢蠢欲动。它们聚集在蚁窝里"商量"着什么，一段时间后，开始三三两两地出来几只工蚁，在我们看来，它们似乎互相用触角传递着自己的思想，一边又紧张地探索着空气中飘来的异味。不一会儿，这一小分队就趁着晨光鬼鬼祟祟地出发了，一路上不停的有斥候从远处返回，每次接触都能使这组小分队迅速地兴奋起来，加快了朝竹林深处进发的脚步。

"越是接近竹林的地方，同类就越发地多起来。它们看起来不像是在开宴会，毕竟也没有香喷喷的食物来款待到来的朋友。这些小弓背蚁看起来很兴奋、很紧张，它们迅速地用触角交流着，挥舞触角的速度极快，似乎迫不及待地要讲清楚什么，随即又突然地跑开，急匆匆地朝着竹林深处狂奔而去。小分队也随即跟上了，毕竟，路上全是同伴留下的指路信息，而空气中也弥漫着警戒者的气味。

"日本弓背蚁小分队终于抵达了目的地，一个战场！然而这里并没有血腥的杀戮，只见到几只工蚁围着一只其他窝的同类互相摩擦着肢体，张牙舞爪，看起来更像是在互相谩骂。偶尔会见到有只胆子大的尝试去咬住敌人的肢体，但是随即又松开。它们互相威慑着，逼迫着，然而又没有真正的开战，这种既热闹又环保的'战争'一直持续到第二天下午，然后在一切不为人察觉的时候，又悄无声息地结束，各自回家去了。"

这种"仪式化"的战争普遍存在蚁亚科蚂蚁的生活中，通常只有两窝蚂蚁在实力差不多的情况下才会出现，倘若其中一方特别羸弱，那么很有可能会被强大的另一方立刻歼灭。其实被很多学者所津津乐道的并不是战争本身，而是这种国与国之间的谈判似的社交方式只存在于此亚科蚂蚁中，让人惊叹于蚂蚁与我们人类的行为如此相似！

　　日本弓背蚁由于体型较大，显微镜下操作容易，也具有一个和身体比例对应的、比多数蚂蚁稍微大一些的脑子，是国内研究蚂蚁脑结构和行为的好材料，也有一系列的论文发表。而它的同族也在国外被重视着，如另一项脑发育研究使用了佛罗里达弓背蚁（*Camponotus floridanus*）作为实验材料。启动这项研究的原因之一是蚂蚁的行为会随着年龄而发生变化，因为"年长"的蚂蚁能够表现出更多的经验，而且蚂蚁具有一定后天学习能力的事情也是证据确凿的，另一个原因则是虽然我们知道幼虫期昆虫的脑在不断发育，但是却很少有人通过实验来验证成体昆虫脑的变化情况。格诺伯格（Gronenberg）等人的研究表明，佛罗里达弓背蚁的脑量是变化的，随着年龄的增加，体积有明显增大，特别是一个被称为蕈形体（mushroom body）的脑结构，其形状看起来颇似一个带柄的蘑菇。过去的研究仅显示其与蚂蚁的行为表现有关，格诺伯格等人的实验则进一步显示，蕈形体的增大，除了与时间相关外，与蚂蚁的活跃程度也有关。这一结果暗示，很可能蕈形体与蚂蚁随着环境积累"工作经验"有关，并且实验也发现蕈形体最大的工蚁正好是适应性行为最为复杂的那些。

　　较发达的脑子使弓背蚁家族的蚂蚁在行为上具有多样性和复杂性。如在弓背蚁中的有些物种中有很突出的声音报警信号行为，该行为被生动地称为"击鼓示警（drumming）"。塞尼弓背蚁（*Camponotus senex*）是一种利用幼虫的丝做巢的编织蚁（weaver ant），它们生活在美洲大陆的热带森林中。在15~20厘米远的地方，它们就能对敌人做出威胁性动作，它们张开上颚，将腹部向内弯曲，使喷口对准敌人，说明它们确实有着不错的视力。当受到惊扰时，它们还会在巢上以及靠近巢穴的树枝或叶子上，通过腹部撞击，表现出

"击鼓示警"的行为。很多原因都能诱发这种行为，如落到巢上的果实或者树枝。"击鼓"行为一般由工蚁表现出来，但有时蚁后也会表现这一行为，这些"鼓声"即使人耳也能听到。

一旦"鼓声"响起，巢穴立即就被惊动了，工蚁们变得警觉并且开始在巢穴中巡视，如果有工蚁正在巢外叼着幼虫吐丝做巢，则立即会把幼虫带回巢穴内部。直到"鼓声"过后5~10分钟，整个巢穴才回到正常状态。事实上，还有赫氏弓背蚁（Camponotus herculeanus）和林尼氏弓背蚁（Camponotus ligniperta）两种弓背蚁上也有类似的示警行为。

根据蚂蚁的表现分析，"鼓声"可能有示警和召集作用，而且有可能塞尼弓背蚁是在模仿一类黄蜂（Polybia）的报警信号——因为它们的巢穴形态非常相似，而且"鼓声"也很相似，这种情况下双方可能会通过互相了解对方的报警声而彼此获益，以便更早发现和逃避共同的敌人或威胁。甚至黄蜂Angiopolybia pallens的上颚和翅膀发出的报警声在8米以外也能听到。这一点颇有些类似在高等动物中，猴子和其他动物充当报警员的时候，能够彼此从中受益，毕竟多一双眼睛，发现敌人的机会就会多一分。

如果说防御的话，最经典的行为是"自爆"。在东南亚，有一个特殊的弓背蚁家系，被称为"Cylindricus complex"，其中至少有9种弓背蚁，如桑德氏弓背蚁（Camponotus saundersi），具有极为发达的上颚腺（mandibular glands）。这个上颚腺从头延伸到胸部，最后一直到后腹部，贯穿了整个蚂蚁的身体。当遇到捕食性的蚂蚁，或者与其他巢穴的蚂蚁发生战争时，工蚁们可以通过突然"自爆"来杀伤敌人。"自爆"的时候，它们从头部裂开，将腺体里的毒液整个喷洒出来。这些喷出物因为物种不同而有区别，颜色从白色到乳白色，更深一些还有黄色、橘黄色和红色，里面含有包括脂质、芳香族化合物在内的有毒物质，可以毒伤敌人。当然，自爆的结果就是蚂蚁自身的死亡。像这种以自我牺牲为代价换取对敌人有效杀伤而捍卫群体利益的行为，在社会性昆虫中并不鲜见。如蜜蜂、美收获蚁（*Pogonomyrmex* spp.）和一些黄蜂类（*Epiponini*、*Polistini* 和 *Ropalidiini*）的毒刺在蜇伤敌人后，因为带有倒钩，会从身体分离而残留在敌人身上，这样，昆虫的所有毒液被"赐给"了敌人，最终被完全注射进去，对敌人造成了远远超过快速蜇刺一下的伤害。但是，这样的代价则是这些昆虫会因此失去一部分内脏或者受重伤，从而无法存活太长时间。不过这种防御方式对对付小型无脊椎动物掠食者来讲是有些奢侈的，因为有时候只需一点毒液，它们就会被杀死。

这些弓背蚁所采取的自爆则更为高效，它们只有在打不过的时候才自爆，而且自爆的主要是小型工蚁，这些工蚁对巢穴来讲无关紧要，但是它们的自爆却是在一对一杀伤大型对手的时候才频繁使用，从战争角度上来讲是划算的。有的时候，这些巢群能够凭借小工蚁们不畏死的自我牺牲，吓阻或重创原本实力强横的大蚂蚁，为自己的巢穴赢得更多的领地。无独有偶，在白蚁中也有类似的行为，灰白蚁（*Globitermes sulphureus*）和腹爆白蚁（*Ruptitermes* spp.）采用了类似的自爆防御手段，并且被一些白蚁研究者认为是"白蚁所有防御机制中最有效的行为"。

外出巡视的日本弓背蚁大工蚁。（聂鑫摄）

"大力士"铺道蚁

如果你在公园边或者草地上行走玩耍，很多时候会发现有一些蚂蚁聚集在一起，黑压压一层，那么，恭喜你，你极有可能看到两窝铺道蚁（*Teramorium* spp.）正在发生着战争。铺道蚁家族（铺道蚁属）曾被唐觉等译为"路舍蚁"，是迈尔（Mayr）在1855年建立的，包括了最开始的 *Macromischoides*、*Triglyphothrix* 和 *Xiphomyrmex* 三个家族。铺道蚁家族起源自旧大陆，全世界各动物地理区均有分布，以非洲区种类最多，其次为东南亚、东亚和澳大利亚一带，唯一缺乏土著种的美洲热带地区也已经传入4种。在我国共记录了至少46种之多。

在中国，分布最广的铺道蚁就是草地铺道蚁（*Tetramorium caespitum*），它也是铺道蚁家族中最典型的（模式物种），几乎全国分布，北京、辽宁、吉林、黑龙江、内蒙古、河北、山西、陕西、山东、上海、江苏、浙江、安徽、江西、四川、福建、广西、湖北、湖南、西藏、云南、贵州和新疆等地区均有分布记载。草地铺道蚁也是我最熟悉的蚂蚁，是我蚂蚁之行的启蒙老师，它在本书第一部分的引文故事中作为主角出现。

草地铺道蚁在一些不规范的资料上有时被称为"小黑蚁"，但也难以肯定。一些资料、商品、译文、观察记录或者医学论文中，像"小黑蚁"、"大黑蚁"这样的称呼几乎让人抓狂，因为大多数蚂蚁非黑即褐，黑色几乎是普遍特征，而"大"和"小"这样的相对概念更是毫无价值。虽然有些记录和研究的内容很有趣，但是由于很难考证是何种蚂蚁，几乎没有任何参考价值。所以，如果朋友们在写观察记录、甚至有发现的时候，如果当时不能鉴定，可以同时保存下标本，或者拍下细致图片，等将来有机会了再做辨认，切勿随便起上一个"通俗名字"，标本的保存方法和拍摄方法，我将在下文为大家介绍。至于翻译文字资料时，保留原文的拉丁学名是个好习惯。

这些黑褐色、只有3毫米大小的蚂蚁，即使营养状态好一些，也只有4毫米的样子，非常不起眼。它们的工蚁也只有一型，也没有兵蚁。草地铺道蚁的巢穴规模可大可小，可以达到数千甚至近万个体，一般只有一只后蚁。

简·多布萨思科（Jan Dobrzañski）等曾经试图研究草地铺道蚁的工蚁是否在行为上有不同分工，但是研究结果显示，似乎工蚁们都是多面手。正在建巢的工蚁如果发现同伴运来了食物，也会丢下手上的工作，前来帮忙，而那些外出觅食的工蚁在遇到了巢穴严重被破坏等事件时也会丢下食物，先参与巢穴的建设。作为一种切叶蚁家族中看似较原始的类群，它们在自然环境中并不占优势，但它们在人类环境中的适应性却非常强。往往在新建的小区，因为原先的土壤环境被破坏，所有蚂蚁被剿灭后，它们第一个来到这里，接管这里的土地。因此，在频繁施工的地段，如果有一种蚂蚁存在，往往就是这种蚂蚁，不仅如此，它们在农田等人造环境中也非常常见。

草地铺道蚁是杂食性蚂蚁，取食植物碎屑、小型节肢动物尸体、小型植物种子，当然，还有人们丢弃的各种垃圾。它们在土中营巢，也喜欢在石块下、石隙、砖缝中营建穴巢。巢穴外面经常堆放着新翻出的土壤，围绕着巢口，呈火山状，一般一个巢穴有若干巢口，巢口直径 1.3~1.5mm，巢穴的地面控制范围为一到几个平方米。我曾经见到过一个非常特殊的巢穴，蚂蚁们把巢驻扎在了一块红砖内的空隙中，整个砖头成了绝妙的保护伞。

它们确实是很特别的蚂蚁，它们非常好战，出征时队伍整齐，却又密密麻麻纠缠在一起，厚厚的一层覆盖整个战场，很有特色。而且它们是一种在战争结束后，会将尸体清理出战场的蚂蚁，这是一个好习惯，至少不会把贪图尸体的掠食者吸引到巢穴附近，平白增加活蚂蚁外出的风险。

草地铺道蚁的力气很大，远胜同阶，甚至比稍大的对手也要强上一分。它们也是少数几种我在收集蚂蚁时敢连土带蚂蚁一起装的蚂蚁之一，根本不用担心它们会被土压死或者无法爬上来，相反，这是一个让它们快速筑巢的好方法。只要土没有压实，它们就会用头拱土，用足支撑，然后硬顶出一条通道来达到地面，身后则自然形成了一条巢穴通道。但是，如果换成了掘穴蚁、日本弓背蚁或者是真毛收获蚁，那就是惨剧了，这些蚂蚁会被活埋在里面，动弹不得。

草地铺道蚁的力气可能来自它们粗壮的 6 条腿。当它们设法举起一个重量远超自己的重物的时候，比如食物，它会试着用口衔起物体，试着举起来，但是往往食物太重了，自己反被掀起。这时，它的 2 条前肢还抓着地，但另外 4 条腿（中足和后足）则到了空中，不过这 4 条腿会在空中挥舞，寻找一个合适的着力点，往往一旦抓到什么东西，它们便有很大机会六肢用力，将重物举起来！这个过程可能只需 5~15 秒。

如果东西确实够大，它们弄不动，则会返回巢穴寻找帮手。这些应召的"帮手"会跟着它出发，在"领队（leader）"的带领下寻找它回来时留下的气味标记。不过这需要花点时间，有时甚至会花上 10 来分钟才能找到来路。如果拖延时间过长，"帮手们"可能会返回巢穴，那它就要再去找帮手。不过一旦它找到来路的气味标记，很快就能带领"帮手"们找到食物。这种存在"领队"的情况在蚂蚁中不能算少见，但是在铺道蚁中极为突出，特别是在双隆骨铺道蚁（*Tetramorium bicarinatum*）中更为突出。这种在全世界热带和亚热带地区都有分布的黄褐色小蚂蚁只有大约 2 毫米长，但是巢穴中可以有数万只蚂蚁，它们的"领队"能够迅速带领出大队人马。

一旦找到食物，草地铺道蚁会一起将食物举起、运回，如果食物过大，也会先将它们分解成小块，这样能够增加运输的效率。回来的路途往往不会有太大波折，但问题出在"进门"。可能是因为洞口附

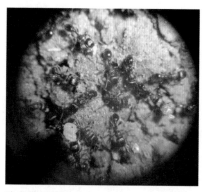

近的气味太过庞杂，它们有时候需要在洞口周围绕上很大一会儿才能找到洞口，并把食物运进去。当然，有时候洞口太小，它们要换个洞口或者把食物进一步分解。当然，如果不太难，也可以拓宽洞口。研究发现，找到合适洞口所需的时间会随着外出经验的积累而缩短，这说明草地铺道蚁有

津岛铺道蚁 *Tetramorium tsushimae* 在外观上和草地铺道蚁都非常相似。（冉浩摄）

一定的学习能力，并且能记住各个洞口的大概情况。

如果食物过大，而且离巢穴很近，那铺道蚁则会采取另一种策略，它们会用土粒将食物覆盖起来，以防止被鸟类、流浪猫或者其他动物发现。它们甚至能够将一个完整的桃子或者鸡翅用土完全包埋起来。这在其他蚂蚁中也是较少见的行为。

而且，在草地铺道蚁中，我发现了它们对待偷渡到自己领地上的新生草地铺道蚁后的手段也较为特殊和残酷，而且并未在对待雄蚁时发现。刚刚完成婚飞的草地铺道蚁蚁后大腹便便，会战战兢兢地四下寻找藏身之处，一旦它们身处在其他草地铺道蚁的领地中，杀戮随之来临。这些草地铺道蚁的工蚁会将其拖住，杀死，并且将其当作食物，但是它们并不把被杀死的蚁后当作猎物抬回巢穴，而是就地处理。它们会直接从蚁后的肚子下口，咬开它腹部的体壁，取食其中的营养和鲜美的卵巢，最后剩下一个腹部的空壳，而头胸等部分则保存完好。这和处理其他猎物时，草地铺道蚁连猎物脱落的翅膀都抬进巢穴的吝啬行为大不相同，我也没有在其他的蚂蚁物种对待同类时发现类似行为，可能其中包含了一些草地铺道蚁古怪的传统，或其中另有原因。

这只桃子几乎完全被草地铺道蚁掩埋起来了，只露出一角，其工作量不亚于我们堆起一座小山……（冉浩摄）

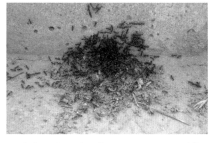

在路边，草地铺道蚁展开了一场小规模战争，高度密集就是其战争的特点。（冉浩摄）

大头蚁，脑袋大，照样不冷静

大头蚁（*Pheidole* spp.）是中国最常见的蚂蚁家族之一，也是极容易引起关注的蚂蚁。大头蚁的职虫分成两型，其一是普通的工蚁，一般 3 毫米左右长，另一型则是具有大脑袋的兵蚁，也是大头蚁名字的来源。兵蚁几乎专为战斗而生，巨大的头颅和身体比例极不相称，两片强健的上颚使得它们在面对敌人时游刃有余。强大的兵蚁建制使它们成为一支极为强大的蚂蚁力量，势力遍及全球，种类也极为多样。蚂蚁分类大师鲍顿（Bolton）在 1995 年时统计到了全世界已知 545 种大头蚁，而 2001 年沙塔克（Shattuck）和巴奈特（Barnett）统计时则上升到了898 种（含 3 种化石），因此该蚂蚁类群还有发现新物种的很大潜力。在中国，已知 50 种（含亚种）大头蚁，估计还有数十种未被发现。种类的多样性和兵蚁头部的特化，使得大头蚁具有很多特殊的行为，它们同样使蚁学家着迷，威尔逊甚至曾经专门写过一部介绍大头蚁的著作。

一般来说，大头蚁在土壤中做巢，有略微隆起的蚁冢，巢穴入口处零散有些土壤。在这些巢穴的入口往往还有许多工蚁忙里忙外修葺巢室。这使得它们的巢穴非常容易辨认。还有一些种类在石头下做巢，少数种类是树栖的。热带雨林中的一些种类则在腐朽的树干中做巢。

我最熟悉的是宽结大头蚁（*Pheidole nodus*），这种深褐色的蚂蚁在中国从南到北均有分布，是最常见的蚂蚁之一，但这并不意味着我可以随意把经常见到的大头蚁都指认成宽结大头蚁。鉴定蚂蚁常出错，我也曾把一只宽结大头蚁兵蚁残骸当成了别的大头蚁。我曾看过一篇描述宽结大头蚁生态和行为的学术论文，但从那篇文章的特征描述上看，对方显然是鉴定错了，更糟糕的是，我最后也没通过他的描述搞清楚那到底是一种什么大头蚁……

总体来说，大头蚁是极为暴躁和敏感的类群，绝非和平主义者，它们具有极为迅速的作战动员能力。在宽结大头蚁群体中，除了少数跟随工蚁觅食外，兵蚁都在巢穴特定的据点休息，如同待命的战车。当我偶尔从这种休息室的正上面突然掘开时，就能看到它们在巢室内列兵的方阵，当然，接下来就是士兵们惊慌失措的逃窜了……

强烈的战斗意识使得大头蚁在即使强敌环伺的环境下也能生存。在南美洲，臭名昭著的红火蚁几乎能够清剿周围所有的蚂蚁，惟独尖齿大头蚁（*Pheidole dentata*）能在狭缝中生存。双方的力量对比是几十万对几千，但尖齿大头蚁的暴躁和敏感却成就了它独特的生存能力。

蚁群依靠探路的工蚁了解周围的世界，红火蚁也不例外，如果探路的小分队发现了大头蚁的巢穴，它们立刻就会折返回巢穴调来十倍于敌人的兵力。但如果不能被发现就会是安全的，或者，将这些侦察兵杀死，让它们没有机会将消息传递回群体，大头蚁选择的就是后者。

一旦红火蚁的侦察兵踏入了大头蚁的领土，它们的气味往往会被大头蚁察觉。大头蚁会立刻兴奋起来，派出小分队，沿着气味搜寻并追捕到它们，将它们杀死。一两只闯入者几乎在瞬间就会被解决掉，少量探路的蚂蚁很难逃脱。不仅如此，大头蚁的"暴行"还不会结束，大批亢奋的工蚁会把地面反反复复进行梳理，确保将敌人清除干净。结果，尖齿大头蚁就在红火蚁兵团的眼皮底下安然生存。

有时，红火蚁有侦察兵能侥幸逃脱，而它会带来洪水般的部队。大头蚁则必须一战，这一战是兵蚁们为了群体生存的殉葬之战。兵蚁们会极度亢奋，为保卫巢穴拼杀到最后一刻，直至全军覆没，只为群体争取足够的时间，能及时撤离。在兵蚁奋战的时刻，整个群体化整为零，工蚁们携带着卵和幼虫各自逃命，即使是蚁后也是独自逃跑的。但是，随着红火蚁兵团的撤退，大头蚁还会回到原来的巢穴，如果在一两个月内不受干扰，它们就又能产生出一批兵蚁而继续正常的生活，仿佛什么事情也没有发生过。群体的生存，这些兵蚁功不可没。

事实上，在小规模冲突中，往往数只兵蚁就能立刻扭转战局。我曾经将一批铺道蚁"空投"到宽结大头蚁巢口附近，数量足有数百。铺道蚁没有兵蚁，工蚁和大头蚁工蚁差不多大，一开始，双方就扭打在了一起，互不示弱。但是，随后出现了几只大头蚁兵蚁，它们砍瓜切菜一般咬掉了不少铺道蚁的脑袋和肚子，铺道蚁很快就察觉到了局势的变化，随之瓦解溃败。而当角色反转的时候局面让人哭笑不得，当几只大头蚁兵蚁被"空降"到铺道蚁巢口时，偌大的铺道蚁巢群在几只兵蚁面前居然都采取了守势，闭门不出。而且这些嚣张的兵蚁们似乎还不依不饶地开始攻打铺道蚁的巢口，兵蚁的自信和铺道蚁噤若寒蝉的表现让人瞠目结舌，直到兵蚁们觉得实在无趣，离开了巢口，铺道蚁才出来活动。这已经不是力量对比所能解释的了，只能说，在长期与霸道的大头蚁接触中，铺道蚁已经"学"乖了……

而当大头蚁遇到大头蚁的时候，战争就格外有趣了，一位叫尚伟的朋友就曾经观察到过这样一战。

大约七八年前，他家楼下的一个花盆中有一群大头蚁，它们完全以那个花盆为家，种群很大，体色发黄，极其凶猛，如果向花盆中投放半死不活的苍蝇，它们能在2~3秒钟内炸营似地倾力出动，整个花盆一下子遍布蚂蚁，而且兵蚁很多，一下子就能把苍蝇肢解掉，它们个头虽小，然而力量却很可怕。

在放花盆的栏杆下面，也有一种大头蚁，它们是黑色的，体形比花盆中的黄色大头蚁要小，大约有黄色的四分之三到三分之二大吧！种群也要小一些，似乎没有黄色的活跃。

有一次，不知是谁在栏杆下面丢了一块甜点心，争夺战的引信被点燃了。黄色的大头蚁先发现了点心，它们出动了大概三十多只工蚁，很快就占领了点心。稍后，黑色的大头蚁也发现了点心，它们出动了五六十只蚂蚁，有工蚁也有兵蚁，将点心包围了起来，但有意思的是它们都不敢进攻，远远地围了一圈，身子都趴着，嘴张得大大的。

点心靠着栏杆，黄色的大头蚁从花盆中顺着栏杆下来，很快增强了兵力，同时也把取得的食物运走，几只黄色的兵蚁也下来了。

这时，黑色的大头蚁受不了了，几只工蚁冲了过来，想迅速地咬下些饼屑带走，却被一只守护在点心外的黄色兵蚁发现了，它转过身去，一口就将一只黑色的工蚁咬死了。

它还向其他的工蚁追了过去，十分勇猛，一直冲到包围圈边上，一只黑色的兵蚁迎了上来，不顾自己的个头小，和黄色的兵蚁咬在了一起，一时间居然还不分胜负，但另一只黑色的兵蚁跑了过来，也咬住了黄兵蚁，随后黑色大头蚁都冲了过来，十几秒钟后这只黄兵蚁就被肢解掉运走了。

　　奇怪的是，在黄兵蚁被杀死的同时，其他黄色大头蚁都无动于衷，依然在点心上取食，根本没有同伴去营救，蚂蚁求救的外激素信号真的存在吗？尚伟有些怀疑。当然，故事的结局并不美好，因为那块点心随后就被人扫掉了，两方谁都没有得到好处。至于故事中所说，其他黄色大头蚁的无动于衷的原因，则很可能是一种为避免冲突升级的克制行为，或者说双方都体现出了一定程度的克制。而尚伟的这个观察现象能否在其他情况下重复出现，实在难说，因为大头蚁的有些行为似乎是能够在和环境的相互磨合中发生一些变化的，而且很多时候极难被再次观察到，至少我所接触的宽结大头蚁是如此。

　　宽结大头蚁是河北常见的蚂蚁，采集的时候都很容易，我时常去附近的农田或荒地进行采集，甚至在一些院落和校园也能找到它们。不过因为现在到处都是热火朝天的工地和新兴的建筑小区，我过去的一些采集点已经荡然无存。在这些采集点，我从未遇到过反抗的大头蚁，它们对我的采集行为的反应，只有逃。但是，当我在一座人们不常到访的小山上进行采集时，只有这一次，当我捕捉工蚁的时候，这些小蚂蚁充分暴露出了它们桀骜不驯的本性，它们迅速从巢穴中冲了出来，排着队伍，由兵蚁带队，是真正的由数十只蚂蚁组成的溪流般的进攻队形！它们要惩罚我！但当我将队伍中的兵蚁抓走的时候，它们终于意识到情况似乎不妙，四散溃逃了。想来，在人们常去的地方，那些大头蚁已经学会了如何和这种在它们眼中巨大的离谱的哺乳动物相处，至少不会自大到派兵讨伐的地步。

　　另一次从未再现的景象发生在大约至少15年前。那时，我刚刚随父母从居住着山大齿猛蚁的"百草园"搬迁到另一所院落，这所院落没有大齿猛蚁，但是却多了掘穴蚁和宽结大头蚁。这件事恰好是我和宽结大头蚁的首次接触，印象颇为深刻。那时候，挖蚂蚁已经成为我经常性的活动，特别是在住地周围挖掘蚂蚁……我发现邻居家的门口有一种特殊的蚂蚁，兵蚁头特别的大，也就是现在所说的宽结大头蚁，很欣喜。但是毕竟巢穴是在别人的院子里，我是不敢进去乱挖的。于是，我用小半个苹果做诱饵，钓出了不少的兵蚁，把它们统统都抓起来，放到了装着土粒的小瓶里。这个时候我满心想的就是兵蚁，一只工蚁也没有抓。

之后，我将战利品带回家，放在桌上，认真观察，期望看看这些有趣的大脑袋蚂蚁有什么本领。和过去见过的蚂蚁一样，这些兵蚁开始的时候很是躁动，但不久它们就安定下来了。之后状况出现了，这些兵蚁开始挖土筑巢，显然想挖掘一条隧道，但是，他们的劳动成果却和挖掘隧道背道而驰，仅仅挖出了一个大坑而已。这并非是挖掘过程中出现了坍塌形成的坑，而是它们根本是在我眼皮底下衔土，挖出了一个漏斗——它们，居然不会打洞！

出现这种状况确实有些惊世骇俗，于是我又从同样的巢穴抓来了大头蚁兵蚁来进行重复实验。但这一次被抓到的兵蚁却顺利地完成了隧道的建设，以后数次重复都成功完成了隧道的建设。而第一次抓的那些兵蚁，饲养到死，仍一直是在挖坑……之后若干年，我试图通过不同的巢穴重复出这一实验现象，均未成功。

为什么会出现这样的结果？也许是兵蚁的年龄问题，最初捕捉到的兵蚁应该是巢穴中最老的兵蚁，因为按照蚂蚁王国的规矩，壮劳力放在巢穴中做建设，把那些风烛残年的老蚂蚁派上来在严酷的环境中觅食和战斗。也许最初捕捉到的兵蚁已经是巢穴中战斗经验相当丰富的老蚂蚁，伴随着战斗，它们可能已经积累学习了一些战斗技能，同时遗忘了一些筑巢的技能。当然，这也许仅仅是因为它们都已经老得迟钝了，或者干脆是我的饲养土有问题。不过，现在看来，还是有一些手段可以验证这些想法的，也许写完这本书后，我就会试试看。

　　除了这些已经很有趣的普通大头蚁外，这个家族的进化程度已经超出了我们的想象。1985 年，赫尔多布勒在南美雨林中遭遇了长相颇像一类鼻白蚁（*Nasutitermes* spp.）的大头蚁兵蚁。这类鼻白蚁巢群庞大，兵蚁的头部有一个管状突出，可以喷射出毒液，用以防御敌人。而这种大头蚁的头部居然也有这个结构，当然，只是相似而已，不过更有趣的是它们抛弃了大头蚁家族常有的褐色体色，颜色很浅，非常接近白蚁兵蚁的体色，这在已知的蚂蚁世界是独一无二的。它们对白蚁的拟态，大概可以骗过那些在白蚁身上吃过苦头的动物吧？或者它们已经和某种白蚁建立了某种寄生或者共生的关系？这些都不得而知，因为，后来再没有找到过第二群这样的大头蚁，只知道它的名字叫"敏锐大头蚁（*Pheidole nasutoides*）"。

宽结大头蚁的工蚁和兵蚁。（刘彦鸣摄）

皮氏大头蚁（Pheidole pieli）的兵蚁和工蚁，这种大头蚁工蚁的头形接近方形，和其他大头蚁工蚁椭圆形的脑袋不同，很容易识别。（刘彦鸣摄）

千万大军！超级兵团围猎

时常有人会向我提到一种"军蚁"，给我讲它们凶狠无比的文学故事，我也在一个读本中曾看到过关于人蚁大战的文章，有一群可怕的蚂蚁进攻某农场，场面描写极为盛大，蚁群铺天盖地将农场团团围住，展开了疯狂的围攻，最后农场主将大水引入才避免了灭顶之灾云云。这些故事的主角是在蚂蚁中声名显赫的行军蚁，它们以雄壮的行军队列著称，被看作是终极捕猎者。可以想象，一个最多拥有千万成员的蚂蚁群体如同潮水一般前进时给对手带来的压力，绝大多数动物就只有逃跑的份儿了。有人甚至说行军蚁"追上并杀死一切比它们跑得慢的动物"。

但是需要注意的是，蚂蚁很小，即使上千万成员的行军蚁群体，总重量也不过几十千克。虽然它们能击败某个人，但围攻农场或者追杀大群的牛羊等等却实在是不现实。即使是奔跑，它们也不可能赶上我们的步子，除非你站着不动，否则，只要你能稍微走动，它们追上并吃掉你的可能性几乎为零。

具有行军特性的蚂蚁并非只有一个家族，至少有 6 个大蚂蚁家族（亚科）可以被看成行军蚁类（行军蚁型亚科群Dorylomorph Subfamilies）的成员，根据布兰迪（Brady）2003 年的核基因分析，行军蚁家族和其他蚂蚁在大约 1 亿 1 千万年前就分道扬镳了。截至 2011 年 6 月，全球共记录行军蚁大家族有 696 种（含亚种），中国有 43 种（含亚种/变种）。作为行军蚁家族的成员，它们巢群大小从数万蚂蚁到数千万，巢群平均数量远高于其他蚂蚁，同大多的蚂蚁确有不同之处。例如因为大量产卵，这些后蚁都变得非常臃肿；工蚁对视觉的需求极大降低，大多都不再长有眼睛；周期性的哺育和狩猎交替的生活方式，等等。瑞特弥尔（Rettenmeyer, 1963）列出了它们的一些专有特征：

（1）它们几乎完全以大规模行动所获得的猎物作为食物；

（2）它们的捕猎队列从驻地不中断地绵延而出，而且至少有一个这样的队列；

（3）巢穴生活具有周期性，并且经常迁移；

（4）迁移常取决于巢穴大小、种类、年龄以及卵和幼虫的情况；

（5）巢穴的建立方式是新蚁后带走一部分工蚁而形成两个或多个子巢穴。

行军蚁型亚科群大多数蚂蚁都带有这些特征，其他蚂蚁有些也具有类似的特征，但不会全部具有。如其他蚂蚁往往是先派出侦察蚁，找到食物后再去召集同伴，但行军蚁的工蚁从不单独行动，侦察和猎杀同时进行，大规模的集群活动使得行军蚁可以获得其他蚂蚁无法获得的资源——小型脊椎动物和其他社会昆虫，而这些猎物对小股的蚂蚁来说是几乎无法获得的。

主要的行军蚁包括三个类群：行军蚁家族（行军蚁亚科 Dorylinae）、双节行军蚁家族（双节行军蚁亚科 Aenictinae）和游蚁家族（游蚁亚科 Ecitoninae），前两个主要分布在欧亚非等"旧大陆"，游蚁亚科则分布在美洲，也叫"新域行军蚁"。所谓"新域"和"旧域"是在哥伦布发现的美洲"新大陆"之后，充满了欧洲殖民主义自傲的称谓。这三支行军蚁的祖先在大约一亿多年前就已经带有了行军蚁的特征，并随着古大陆分裂为南美大陆和非洲大陆时彼此分离，各自独立演化。在中国，可以找到行军蚁家族中的三个，它们分别是行军蚁亚科、双节行军蚁亚科和粗角猛蚁亚科（Cerapachyinae），其中，粗角猛蚁亚科的行军蚁行为特征并不明显。

行军蚁亚科的蚂蚁，也称"矛蚁"，在距今 5000 万年前的时候演化成功，目前是一支单传，即行军蚁属（Dorylus），在中国只有 3 种。徐正会教授 2000 年在云南发现的云南行军蚁属（Yunodorylus）蚂蚁曾一度被列为行军蚁亚科，但最终被分类学家判定为粗角猛蚁家族成员。行军蚁巢群中有数百万以上的个体，其蚁后更可能是地球上所有社会性蜂类、蚂蚁中个头最大的。非洲行军蚁蚁后生殖力惊人，一个月就能产下三百万到四百万枚卵，而且其蚁后存在着频繁的反复交配现象，这种情况不止存在于行军蚁中，在蜜蜂中也存在。克若纳尔（Kronauer）等人认为，来自不同父亲的精子被使用，使得群体中的遗传多样性较大多数蚂蚁类群要高，能够使群体在遗传上更加健康。

尽管行军蚁名声恐怖，但土著往往还喜欢它们光临，当行军蚁到来的时候人们就撤离，等再搬回来的时候，屋里各种讨厌的虫子都被打扫一空了。行军蚁的威力过于巨大，往往会引起猎物的罕见行为：在西非，大型蚯蚓发现行军蚁大军迎面而来，它们会钻进土里吗？不，它们会溜上最近的树。有些蜗牛会吹泡泡，足以掩饰并保护自己。即使脊椎动物也不得幸免——非洲尖鼠的长腿和惊人的跳跃能力，发展为快速逃避行军蚁群的方法。

在中国分布的东方植食行军蚁（*Dorylus orientalis*）是行军蚁亚科在我国的代表，群体内可以有数百万到两千万只蚂蚁。它们是体长在4~8毫米间的黄褐色蚂蚁，视力极差，但是雄蚁的视力很好，个头也很大，有25毫米，大大的肚子容易让人产生误解。刘彦鸣初见到它们的时候就曾经误把它们当蛾子喂给蚂蚁，外国人则形象地叫它们"香肠蚁"。东方植食行军蚁常在地下活动，是土栖白蚁的劲敌，对黄翅白蚁和黑翅白蚁有重要的抑制作用，能将整巢白蚁歼灭。但这些蚂蚁不止吃荤，还吃素，在我国发现其对西瓜、幼树造成危害，尤以萝卜、苔菜、豆类、茄子和西瓜受害最为严重，短期内死株率常达71%以上。你可以在湖南、广东、广西、云南、贵州、福建、四川、江西、浙江、海南、重庆等地找到它们。

双节行军蚁亚科的蚂蚁在进化时间上稍晚于行军蚁亚科，分布上与行军蚁亚科有重叠，主要分布从伊朗到澳大利亚的热带和亚热带地区，是体型较小的行军蚁类群。它们善于猎杀其他蚂蚁，但却是我们知之甚少的蚂蚁。甚至双节行军蚁的分类和鉴定都颇为混乱，如目前已知至少116种双节行军蚁，但是其中有大量的物种是只用工蚁或者雄蚁定名的，很多蚂蚁物种的品级都无法对应。换言之，很可能出现这种情况，用雄蚁定名的A蚂蚁，其实和用工蚁定名的B蚂蚁是同一个物种。布哈提（Bharti）在2003年曾对当时已知的113种双节行军蚁进行统计，其中同时知道工蚁和雌蚁样子的只有12种，而只知道雌蚁的有 1 种，只知道雄蚁样子的则多达 51 种——我们期待这样的情况能很快改观，但是就目前而言，还需要一段时间。

而远在美洲大陆上，游蚁家族的蚂蚁耀武扬威。游蚁大约在 6000 万年前演化成功，该亚科在分类特征上类似粗角猛蚁亚科，不过后者上颚有齿，可以将它们明确地区分出来。粗角猛蚁还曾被发现混杂在游蚁的队伍中盗取食物，因此，在观察和采集游蚁的时候一定要注意把那些粗角猛蚁区分出来。

游蚁亚科有 5 属，约 170 种，其中 3 属——游蚁属（*Eciton*）、邻游蚁属（*Neivamyrmex*）和诺游蚁属（*Nomamyrmex*）没有明确的分类界限，因此不少学者认为后两者可并作游蚁属一属处理。

游蚁属的群体可以达到大约 100 万，这和行军蚁属 2000 多万的群体规模相比是小了许多，但它们却是研究得比较透彻的蚂蚁类群之一。游蚁属的蚂蚁兵蚁那巨大的钩子样上颚给人极为深刻的印象，这种上颚专为战斗而生，它们从外观上看犹如猛犸象牙一般突出，能够对空中觊觎的鸟类造成伤害。土著们更是利用它们作为伤口的缝合针，只要把它捏痛，上颚就会张开，然后对着伤口的两边咬下去，"钩子"就会嵌入到皮肤里，把伤口咬合，再揪掉蚂蚁的身子就行了，而且随着伤口的愈合，蚂蚁头会脱落，不会造成很难看的大疤痕。

布氏游蚁（*Ection burchelli*）是被研究的最为透彻的行军蚁之一，这种蚂蚁广泛分布在巴西、秘鲁和墨西哥的雨林地区。布氏游蚁的一天从黎明开始，当第一缕阳光射过雨林的缝隙，这时候整个群体还抱成一团，工蚁和兵蚁用腿脚将彼此连接起来，形成外围保护层，在群体的核心是一个蚁后以及成千上万的不成熟个体，或许在特定的季节还有一些雄蚁和处女蚁后。这样的集团是头一日天黑之前形成的。当周围的光照强度达到 0.5lux 的时候，"蚁团"开始解体，脱落下来的部分迅速成为奔向前的蚂蚁洪流，从基地辐射出一个或几个方向，每个方向每小时都能向前推进 20 米。整个过程没有人发号施令，所有的个体都在后继部队的鼓舞下信心满满地向前推进，每一条前进的路线都像大树一样分出枝杈，树冠就是先头部队，它们和猎物接触并将其杀死搬运回营地。

威尔逊共享了找到这些小恶霸的迅捷方法，那就是在上午 9~10 点的时候在雨林中悄悄地、慢慢地前进，而且要竖起耳朵倾听。说不定你就会听到"吱吱、唧唧、咕咕"的叫声，这是跟随布氏游蚁的鸟儿们的叫声，它们在伺机捕食被行军蚁们驱赶出来的昆虫。接下来，你将听到寄生蝇的嗡嗡声，它们盘旋在蚁群的上空，不时俯冲下来在忙于逃命的猎物身上产卵。再往后，便是各种昆虫的嘶鸣声，所有的昆虫都在和行军蚁队列抢时间，混乱和歇斯底里充满在逃命的昆虫中。很少有节肢动物能够直接抵抗游蚁的进攻，蜘蛛、蝎子、甲虫……它们也许是丛林中的捕食者，但是此刻，却沦为了猎物，被逮住，杀死甚至撕碎，运回行军蚁的驻地。到了中午，行军蚁队列的主力颠倒了过来，袭击的大部队开始流回营地。当最后一缕阳光消失的时候，所有的蚂蚁都回到了营地，再次构筑起"蚁团"，为第二天积蓄力量。

布氏游蚁群体在固定的地方安营扎寨的生活持续 2~3 周，在这个阶段，蚁后的体型发生变化，它的腹部膨大，开始充满卵，在最开始的一周，它可以产下 5.5 万~6.5 万枚卵，随后几天它进入生育高峰期，将产下 10 万~30 万枚卵，卵在数天之后孵化成为幼虫。新增加的幼虫使得群体的食物需求量直线上升，周围的资源被迅速消耗。此时蚁后已经变得苗条，是时候启程了。在随后的 2~3 周里，群体四处游荡，为新生的幼虫寻找食物，不再有固定的驻扎地，直到新一批工蚁出现，蚁后肚子里又充满卵时，群体又会在一个食物资源丰沛的地方安顿下来，进入下一个周期。

在一年的绝大多数时间里，蚁后都是工蚁眼中极具吸引力的存在，也是群体最关注的角色，直到群体里出现了几只特殊的幼虫——蚁后幼虫，相伴而生的还往往有千余只雄蚁的幼虫。游蚁的幼虫外形细而长，颜色苍白，前端呈微弯曲形，它们的头部相当大，但是口却很小。与其他蚂蚁幼虫的样子略有区别，游蚁的幼虫身上可以看到一些小丘状结构对应着未来将发育形成的肢体。尽管游蚁一窝王室幼虫的数量只占工蚁幼虫的1%，但是它们消耗的食物总量却更多，有研究认为王室幼虫具有"独特的分泌物质"，能够强烈地吸引工蚁，使它们获得更多的关照。

从幼虫期开始，这些小小的蚁后幼虫就开始了它们的夺权计划，在哈氏游蚁（*Ection hamatum*）中，这个现象被认真进行了研究。游蚁在迁徙的时候，幼虫总是会被工蚁搬运着，它们被工蚁拦腰抱起，拥在自己的怀里，这非常类似母猴行走时将幼仔吊在怀中。此时，工蚁的口部正好和幼虫接触，以便于进行喂食以及随时抚慰幼虫、交流信息等。施奈尔拉认为，这样的接触能够增强群体的凝聚力，有助于尽快把新生个体融入到群体中。但对蚁后幼虫来讲，这可能是引起群体分裂的开始。

蚁后幼虫散发出气味，开始对工蚁们产生影响，每晚王室的幼虫转移到新的营地后，被放置在离老蚁后很远的地方。越来越多的工蚁分别聚集在各个蚁后幼虫周围，用口与幼虫接触，传达出对新女王的敬意和宠爱，它们的侍从不断增加。而那些忠于老蚁后的工蚁则在另一侧。工蚁们面临选择，要么继续保持对老女王的忠诚，要么转移到另一个正在生长发育的女王那里，整个群体暗潮涌动。

随着幼虫的发育，斗争会变得激烈，甚至有时候，如果可能的话，那些忠于老女王的工蚁们甚至会对正在化蛹的新女王痛下杀手，虽然大多数情况并非如此。当第一只处女蚁后羽化成熟，破茧而出的时候，斗争将达到白热化。最开始的时候有几十只忠诚的工蚁涌上去舔舐新的处女蚁后，争相献媚，接下来是数百只……这些工蚁们被新生蚁后魅力四射的气味吸引着，抛弃了原来的母亲……

如果此时老蚁后仍然具有足够的吸引力，它将和最优秀的新生蚁后各自带领着忠于自己的蚂蚁分成两群，从此老死不相往来。而其余的新生蚁后将被双方各自的势力清剿，它们的追随者或逃跑或叛变，或者和主子一同被禁闭起来，直到全部叛变，最后孤零零的蚁后将在大自然中悲惨死去。如果老蚁后已经没有了足够的魅力，它的王朝将被两只新蚁后瓜分，老蚁后将同样迎来悲惨的命运。"获胜者总是那些身体最强壮，并具有人类并不知晓的最动人的笑容和魅力的。"

邻游蚁属虽然没有游蚁属的蚂蚁那样出名，它们也是一群让人感兴趣的小蚂蚁，这些蚂蚁在体型上较小，分布在从阿根廷到美国南部和西部的广大地区，在雨林甚至住户后院和空地上到处游荡，相对游蚁，它们更容易被爱好者和观察者接触到，体型类似于双节行军蚁。它们的群体可以达到千万，性情凶猛，同样会从一个营地迁徙到另一个营地，同样进行分群式的生殖。这些小蚂蚁有时甚至会向尚未完全成熟的切叶蚁群体发动进攻。一位美国的蚁友就曾向我们描述了这样一场战斗。

"1994 年 1 月 20 日，上午 9 时 1 分，我发现一窝切叶蚁（*Atta*

cephalotes）正在遭受进攻。这窝切叶蚁的巢从表面看不是很大，有一个有 4 个入口的主蚁丘（main central mound），还有小一些的两个辅蚁丘（side mound）有 5 个入口。行军蚁（*Nomamyrmex esenbeckii*）沿着切叶蚁的蚁道奔袭而来。几分钟内，入侵者已经汇集成横向 8~10 只蚂蚁的蚁流。沿途所有的切叶蚁都遭到了入侵者的攻击和包围。

除了一些入侵者进入辅蚁丘外，大军分三路涌入了切叶蚁的主蚁丘。当下，并没有观察到切叶蚁有什么动静。但是，在一分钟之内，超过 100 只切叶蚁大工蚁从主蚁丘冲出（与此同时，有 20~30 只大工蚁从入侵者进入的其他入口冲出来了）。切叶蚁大工蚁中许多衔起了碎叶片，并且通过向内拖曳碎片成功封住了一些入口。另一部分则在主入口处将那些碎片垂直地衔起，形成一个环形的防御阵形（之后另外两个入口也形成了防御阵形）。防御队伍向前推进，9 时 12 分，主入口处的切叶蚁大工蚁数量大约 300 只，防御规模达到最大，整个防御圈直径达到 20 厘米。防御圈有效地阻止了入侵者进一步的突袭。

但入侵者的部队依然覆盖了整个主蚁丘。每个被从防御圈中拖出或分割出的切叶蚁大工蚁都被 3~15 只入侵者围攻。没有被攻击到的切叶蚁大工蚁依然坚持它们的防御阵形。

同时，后继的入侵部队已经开始涣散了……一些入侵的蚂蚁开始原路退回……

这种僵持一直持续到 9 时 23 分，防御圈被突破，一股入侵者再次冲入切叶蚁巢。入侵者的队伍再次变得有序起来。有的洞口依然被干枯的叶子阻塞。在被清理了的入口处，相当数量的入侵者急切地等待进入。随着之后 10 分钟的等待，入口处入侵者工蚁触角摆动的频率在增加，它们越来越焦急。战斗似乎仍然在地下进行，没有更多切叶蚁大工蚁出来，但是入侵者的队伍依然受阻。

9 时 53 分，伴随着入侵者的突然涌入，看起来蚁巢内部最后的防线已经被突破。我观察到入侵者几乎每秒每个洞口进入 10 只，仅仅是因为通道大小的限制，总共大约每分钟可以进入 1800 只入侵者。

9 时 59 分，第一只满载的入侵者出来了，衔着一只 3 毫米长的幼虫。到 10 时 33 分，平均每 10 只出来的入侵者才衔有 1 只幼虫或蛹了。掠夺已经基本结束了。战斗结束了。双方在蚁丘下丢下了数千尸体。

除了真正的行军蚁外，行军行为在其他的蚂蚁类群中也不鲜见。有一类长相极为接近大头蚁的蚂蚁叫巨首蚁（*Pheidologeton* spp.），这类蚂蚁在我国南方及东南亚地区都比较常见，也是我较为熟悉的蚂蚁，特别是全异巨首蚁（*Pheidologeton diversus*）具有明显的行军行为。顾名思义，这些红褐色的蚂蚁脑袋不成比例得巨大，而且大小不一，最大型的超级兵蚁与蚁后的体型相仿，可以达到 1 厘米多，是工蚁体重的 500 倍。全异巨首蚁的巢群规模也可以达到很大，足有数十万。大小不一的脑袋和上颚可以使全异巨首蚁猎杀不同级别的小动物，从而大大增加了群体的捕食范围。

全异巨首蚁虽然不像真正的行军蚁一样具有频繁的迁徙周期，但是它们确实实施群体突袭。当一些工蚁朝着陌生的方向出发时，包含上万只全异巨首蚁参与的进攻就此开始。先导部队为侦察工蚁，中小型兵蚁尾随其后，当进攻的队伍前进到离巢一段距离以后，队伍便像扇面一般展开，潮水般向前推进，形成了覆盖地面的搜索队形。队伍的外形很类似真正的行军蚁，只是它们的速度要慢得多。在队伍中，经常是工蚁先拖住猎物，然后兵蚁再跟上来给予致命一击。群体中的超级兵蚁数量很少，是群体投入了大量营养才培养出的至宝，大多数情况下并不需要它们出手，它们就如同军队中的战象，除了给那些觊觎的捕食者足够的威慑外，还要帮助队伍清理石块和路障。超级兵蚁方便的时候也作为工蚁前进的公共汽车，这种顺路载客的情况对双方都有好处，对工蚁来说节省了体力，而对超级兵蚁来说，则可能防止那些窥视的寄生蝇趁机产卵。

还有一个极特别的例子就是中型蚂蚁细颚猛蚁家族（*Leptogenys spp.*），它们在东南亚地区生活，因为这里的行军蚁更倾向于土下活动，而双节行军蚁则主要针对其他蚂蚁发动进攻，反而衬托得细颚猛蚁比行军蚁更像行军蚁了。马什维兹（Maschwitz）等曾经在东南亚一个叫"Malayan Peninsula"的热带雨林中对该类蚂蚁进行了数年的研究，他们研究了12种细颚猛蚁，发现其中有5种具有行军蚁性质的觅食特征。在那里，他们找到了一种与穆塔细颚猛蚁（*Leptogenys mutabilis*）外观非常类似的细颚猛蚁较为典型，但没能确定其具体物种。无法确定具体物种的情况在生态学和行为学研究中是比较常见的。事实上，在12种细颚猛蚁中有两种他们无法确定，分别记为sp1和sp2，这种写法在我们做研究和观察记录的时候都是很有意义的，只需保留标本，可以在将来搞清楚具体物种以后再将其名字补充完整。他们所记述了行军行为的就是这个"sp1"物种，或者叫"物种一"。

这种细颚猛蚁巢群规模不大，成熟的巢穴大约包括3万只或者更多的蚂蚁，但蚁后只有一个，不过有趣的是蚁后的身长和工蚁差不多，虽然腹部和胸部更发达一些，但远没有行军蚁那样夸张。它们有固定的居所，往往在倒伏树木的洞中、竹子的空节中或者是落叶层中居住，而且几天就可能迁移一个地方。它们主要以昆虫等的肉类为食，对于植物性食物并不感兴趣，但是也不会拒绝鱼罐头或者狗粮……队伍外出觅食时往往分成若干个纵队，在高峰时一分钟可以通过上千只蚂蚁，少数工蚁会负责留下气味标记。如同行军蚁一样，它们探测到猎物的同时即发动进攻，不会有蚂蚁回去搬兵这样的过程，而且数分钟之内就可以聚集数百同伴，之后便是潮水般的攻击。猎物很快被杀死，并被肢解搬回，即使小型猎物的腿和翅膀也会被切下。

这种细颚猛蚁搬家的时候同样也纪律严明，工蚁们负责衔着幼虫、卵块和"王子"雄蚁。不过意外的是，蚁后很平民化，它会随着队伍迁徙，但是却没有特别的卫队在这个过程中保护它。

细颚猛蚁的名字有时也被简称为"细猛蚁"，在中文名称上极容易和细蚁（*Leptanilla* spp.）混淆，有趣的是后者也是具有行军特性的蚂蚁，而且还是非常特别的一类。这是一类非常罕见的小蚂蚁，虽然在我国也有分布，但我没能和它们有过接触。威尔逊曾经自嘲"没有见过一只活的细蚁"，他甚至调侃起了亦师亦友的蚁学家布朗唯一的一次活体遭遇，他"凝神观察了一会儿才发现，他看到的（微型昆虫）是蚂蚁，又过了一会儿，他才意识到它们是细蚁"。

这种微小的蚂蚁足够小，几乎是蚂蚁中最小的家伙，需要凝神观察，我自问恐怕不能在野外及时辨别出他们，甚至有可能有眼无珠地擦肩而过。从细蚁的生理结构上人们曾推测它们可能是微缩版的行军蚁，但是直到大约 20 年前，人们才在日本细蚁（*Leptanilla japonica*）上得到了肯定的答案。很难想象，这个小小的行军家族的巢穴只有大约 100 只蚂蚁，但它们确实是行军蚁般的猎手，而且它们的对手是比自己大不少的蜈蚣，而且似乎只钟爱这些可怕的家伙，这恐怕才是这种蚂蚁如此少见的主要原因。

日本细蚁还有着类似于行军蚁的迁徙周期，工蚁们携带着幼虫从一个捕食点搬迁到另一个捕食点，饥肠辘辘地寻找蜈蚣。幼虫们吃着蜈蚣快速生长，在迁徙过程中蚁后身材苗条，也不产卵。当幼虫长大时，蚁后表现出了吸血鬼一般的行为，它挤压幼虫身体的一个特殊器官，从中获取幼虫的体液作为营养，同时腹部开始膨大，准备产卵了。这时群体进入了稳定状态，不再迁移，蚁后产卵，幼虫化蛹，食物的需求量减少，群体也不再外出寻找蜈蚣。当卵再次孵化成幼虫后，群体也补充了新的工蚁，下一个周期则再次开始。

在游蚁兵蚁护卫下的行军队列，这些兵蚁尖锐的上颚能对包括小动物在内的很多捕猎者起到震慑作用。（Alex Wild摄）

游蚁的工蚁可以彼此铰链在一起形成"链子"、"桥"或者是"墙壁"。（Alex Wild摄）

细颚猛蚁归来时的行军队列。（刘彦鸣摄）

全异巨首蚁的大兵蚁、中型兵蚁和工蚁，工蚁和大兵蚁的体积可以差上数百倍。（刘彦鸣摄）

各色白蚁猎人

　　白蚁也是社会性昆虫，而且历史比蚂蚁还要久远，它们可能在侏罗纪甚至更早的时候就已经在这个星球上出现了。但它们是两类完全不同的昆虫，白蚁是蟑螂的近亲，它们刚刚经历了近几百年来最惨痛的事件——它们曾经引以为傲的宗门，昆虫分类学上的名门——等翅目（Isoptera）在 2007 年被因伍德（Inward）等人撤销，所有的白蚁被归入了蟑螂家族，成为名副其实的社会性蟑螂。蚂蚁则是由蜂类演化而来的。尽管蚂蚁和白蚁起源不同，但社会结构却极为相似，这类不同起源的生物向类似的方向演化，称为趋同进化。

　　除了较原始的白蚁，如大洋洲的达尔文澳白蚁（*Mastotermes darwiniensis*），白蚁几乎完全是素食主义者。正如其名，白蚁的体色一般为乳白色或淡黄色，少数黑色。高等的土栖白蚁是伟大的建筑师，这些矗立在非洲和大洋洲的巨大的蚁山成为当地的标志性建筑。它们甚至可以高出地面十来米，里面生活着数百万只白蚁。如果把白蚁放大到人类的尺寸，那整个白蚁冢就有一万多米，远远超过了珠穆朗玛峰。这样一个庞大的巢穴竟是白蚁口衔泥土混合唾液，一点一点堆起来的！

　　建造是一方面，维护这个庞大帝国的正常运转更具挑战性。巢穴中白蚁的密度很高，每天都会产生大量的二氧化碳和其他有害气体。如果不能及时排出污浊的空气，所有成员都可能窒息死亡。聪明的白蚁不仅做到了随时都有新鲜空气，更让人惊叹的是整个巢穴的温度也被极为精确地控制着：尽管当地的温度在3~42℃之间变化，但白蚁巢穴内的温度始终维持在31℃左右。实际上，白蚁建造了一座"会呼吸"的大厦！这个大厦通过庞大的通气管网，不断吸入富含氧气的新鲜空气，排出带有二氧化碳的污浊空气。

　　这种"呼吸"依赖的是一个叫"烟囱效应"的物理原理。在那些结构类似烟囱的水塔、楼梯间等建筑中，都会发生烟囱效应。因为冷空气重，热空气轻。室内的热空气就不断上升并从顶部排出，而室外新鲜的冷空气则不断从底部被抽进来。烧着的锅炉就是典型的烟囱效应。热空气随着烟囱向上升，富含氧气的新鲜空气则从底部抽入炉内，使炉火烧得更旺。巢穴内外温差越大，巢穴越高，通风降温效果就越好。

　　白蚁巢穴的这种特殊通风体系被建筑师视为珍宝，他们仿照白蚁巢建造了不少"会呼吸"的大厦。这其中，位于津巴布韦首都哈拉雷的东门购物中心是建造较早，也是最著名的一幢。尽管地处热带草原气候地区，但这家购物中心却没有安装制冷空调，因为它充分应用了白蚁冢的通风体系的原理。大厦的顶部设置了很多用来排除热风的烟囱，底部则有大量风扇。清新凉爽的冷空气不断从底部抽入，由于烟囱效应,通过垂直的管道,输送到各个楼层,热的混浊空气不断从顶部排出。因为这项设计,大楼的能源消耗只有同等建筑的10%,光空调费每年就能节约350万美元。因为环保、高效,类似的通风设计层出不穷。在上海莘庄工业园区内,由上海建筑科学研究院设计建造的生态示范办公楼也有类似的通风结构。此外,法属新喀里多尼亚的吉巴欧文化中心,德国新国会大厦和英国BRE环境楼等也是比较著名的类似建筑。

但是白蚁的名声确实不太好,还有一点臭名昭著的感觉,因为它们蛀蚀木头,而且胃口颇大,对木结构的器具和建筑破坏很大。非洲草原上的民族大多没有像样的木制房子,这和白蚁就有很大的干系。由于一般的房子根本抵挡不了日晒、雨淋尤其是白蚁破坏,以至于非洲部落居民需要不停地盖房、迁居、补墙、换柱、加草……不客气地讲,如果把中世纪木制结构为主的伦敦城搬到中非,相信不出5年,整个城市就会被啃食得如同被洗劫一样,一定比当年那场大火后的景象更让人生畏。

但热带自然条件下的白蚁却是地球景观的有力改造者,它们将倒下的树木搬运到地下,清除了大量的地表废物,热带雨林才得以健康发展。而雨林是全球气候的调节枢纽,对全球环境意义非常重大。可以说,白蚁在维持全球气候稳定的过程中发挥了不可小觑的作用。

不同种类的白蚁群体有很大差别。在较为低等的种类中,一窝大约有几百到数千只白蚁。在较高等的种类里,如黑翅土白蚁,个体数目可以多达200万。白蚁巢穴的创立者是交配后的雌蚁和雄蚁,分别称为原始蚁后和原始蚁王。和蚂蚁只留下雌蚁不同,白蚁王和白蚁后则将厮守一生。很多时候,白蚁群体也会有多王多后的现象,但是一般是王的数量少于后的数量，原因尚不清楚。在一些群体中还发现了候补蚁王和候补蚁后，它们的生殖力弱于蚁王和蚁后，而且在群体中的数量不固定。除去这些外，还有一些其他类型的可生殖蚁。白蚁社会中的各种大小蚁王和蚁后系统相当的复杂。

在非生殖蚁中，有兵蚁和工蚁，除无兵白蚁属（*Anoplotermes*）外，所有白蚁都有兵蚁，从这点上来看，白蚁的社会化程度比蚂蚁还要高上那么一点。另外，白蚁的兵蚁和工蚁并非只是雌性，而是雄性和雌性并存。在白蚁家族中，除象白蚁这一类外，都具有发达而强壮的上颚；但是象白蚁的上颚发生了特化，成为管状，如同象牙，"象牙"可以向外喷射毒液，杀伤力不可小觑。兵蚁的装备能够保得一域平安，在出事地点往往能看到大批的兵蚁来回跑动。

白蚁与蚂蚁是夙敌，在全世界范围内，蚂蚁都是白蚁的天敌。在长达1亿年的相互征战中，双方都变得更加适应，蚂蚁的进攻更加犀利，而白蚁的防御也更加纯熟。但是，白蚁在和蚂蚁的军事对抗中一直处于守势，很少主动攻击蚂蚁巢穴。这倒并非白蚁家族中没有能与蚂蚁抗衡的种类，更大的原因可能是因为生活方式——蚂蚁进攻白蚁是为了食物，白蚁却没有同样的理由去进攻蚂蚁。但白蚁却不得不警惕满脑袋都是食物念头的蚂蚁，而且有些蚂蚁已经达到了一种非常高的战略、战术水平。实验表明，一些种类的蚂蚁进攻某种白蚁巢的概率大于其他巢穴。蓬莱乳白蚁（*Coptotermes formosanus*）具有额腺（frontal gland），可以喷出毒液，具有化学防御能力。蚂蚁在交战过程中能够发现这一点，并不再进攻它们，转而去进攻更好对付的散白蚁（*Reticulitermes* spp.）。

战斗力最为强大的莫过于拥有非常坚硬、壮观的蚁山的高等白蚁，百万雄师枕戈待旦，普通的蚂蚁要想攻入其中，难度颇大。大多数情况下，这些蚂蚁只敢在边缘骚扰，捕杀那些外出巢穴的白蚁或者袭击分散在巢穴边缘的白蚁"哨卡"。但是，它们必须赶在白蚁的兵蚁大军集结反击之前撤退，否则就会遭到重创，得不偿失。

即使如此，这些庞大的白蚁帝国仍然有可能遭受来自蚂蚁的灭顶之灾，因为在亚洲和非洲存在着力量更为庞大的行军蚁。尽管这些蚂蚁可能没有能力像传闻中那样可以杀死犀牛或者大象，但是它们确实是庞大白蚁王朝的天敌。面对行军蚁的进犯，白蚁所依仗的是对家园的熟悉，但它们也必须立即做出反应——白蚁的工蚁必须回避，它们没有任何的防御能力，兵蚁必须在第一时间聚集起来面对蚂蚁的进攻。

坦白地说，对上蚂蚁，大颚型的兵蚁是占劣势的，它们除了头和第一节胸板比较坚固外，后面的身体太过柔软。好在它们是守方，在狭窄的洞穴里，行军蚁无法绕到它们的身后去进攻，这样明显的防御缺陷在开阔地将是极为致命的。洞穴内的另一个好处是，行军蚁无法发动冲锋，它们必须一个一个地进入隧道并在隧道的各个入口和白蚁兵蚁反复纠缠，大军的主力实际滞留了外面。绝大多数情况，漫长的拉锯战将使行军蚁失去耐性而撤退，但是如果白蚁力量不足或者出现防御失误，行军蚁也可能很快突破隧道防线，长驱直入。一旦进入巢穴内部宽敞的空间，白蚁巢穴就告失守。

一旦这种情况发生，局势就立刻变得危急，兵蚁将拼死进行最后的抵抗，同时，工蚁开始封堵通道，在蚁王和蚁后周围的工蚁用唾液混合泥土将巢穴封死，这些泥浆很快变硬，足以让行军蚁无法攻破。这取决于白蚁战士能否赢得足够的时间，一旦在行军蚁突入前没能形成有效的防御，整个王朝就会从此覆灭。那些得手的蚂蚁会冲上去把白蚁的蚁后和蚁王杀死，连同其他白蚁的尸身搬回基地，作为幼虫的营养。

蚂蚁是如此钟爱白蚁，以至于有数个蚂蚁家族如厚结猛蚁（*Pachycondyla*）、细颚猛蚁等中相当多的蚂蚁物种几乎依靠白蚁为生，特别是厚结猛蚁中一类曾被称为"*Megaponera*"的蚂蚁，它们刚刚被划入厚结猛蚁家族，完全以白蚁作为食物。大头蚁中的泰坦大头蚁（*Pheidole titanis*）也是白蚁的专性捕食者，甚至于入侵物种红火蚁也猎杀庭院中的白蚁，这也许是这种红火蚁入侵人类社区（第二部分"蚂蚁，也可以是入侵物种"相关内容）以后带来不多的好处之一。

厚结猛蚁属于大型蚂蚁，一般体长都能超过 1 厘米，它们几乎有偏爱白蚁的传统，这种嗜好值得大书一笔。在非洲生活的安纳氏厚结猛蚁（*Pachycondyla analis*）也叫"马塔贝列蚁"，得名自一个四处征战而且战果赫赫的非洲祖鲁人部落——马塔贝列部落（Matabele tribe）。将安纳氏厚结猛蚁比喻为狂暴的祖鲁战士是因为它们很强大，体长可以达到 2 厘米，在蚂蚁中算是大个子了。动物学家和摄影师皮奥楚·纳斯科瑞克（Piotr Naskrecki）也认为其实至名归，因为它们尾部那个有毒的长矛实在太厉害了，只要被少量的蚂蚁叮咬，接下来的一天就什么也不要指望做了，只能躺在床上哼唧……

安纳氏厚结猛蚁会进攻白蚁巢，但更多时候是捕捉蚁路中外出觅食的白蚁。纳斯科瑞克在莫桑比克戈龙戈萨（Gorongosa）国家公园曾经认真观察过安纳氏厚结猛蚁猎杀白蚁群体的行为。整个进攻活动从一只蚂蚁开始，这只侦察蚁四处游荡，寻找土白蚁（*Odontotermes* spp.）或蛮白蚁（*Microtermes* spp.）的巢穴。它经常会空手而回，但是一旦它找到了猎物，它便会以几乎最短的距离直线跑回巢穴，同时留下化学气味。它会留下两种化学气味，一种对同伴有强烈的召集作用，另一种则作为气味路标。一旦到达巢穴，它就会释放出强烈的召集信息，一分钟内，这些战士们就列队出发了，它们不畏路途遥远，甚至可以将队伍开动到百米以外，这相当于人长跑 16 公里去捕猎。一旦到达白蚁山，它们便立刻展开行动，杀死那些白蚁，在数分钟内，便有数千白蚁丧命，是收获的时候了。每一个工蚁用上颚尽可能多携带白蚁的尸体，返回巢穴，整个攻击行动高效而有序，厚结猛蚁几乎不会有任何伤亡。

"在克戈龙戈萨的一天晚上，我注意到蚁群以一种非常紧密的队伍通往白蚁山。我可以听到数百只蚂蚁持续不断地发出声音。1994年，赫尔多布勒和他的同事推断这种声音有警告潜在敌人的作用，但是没有起到将蚂蚁聚集在一起的作用。当我用比当年更敏感、频率范围更广的仪器记录这些声音的时候，我认识到这些蚂蚁产生的声音不是一种，而是两种。其中一种声音的频率远高于昆虫中典型的警告声音。这两种声音可能一种是由后腹部摩擦产生，另一种则是由上颚产生……由于最近蚂蚁声音交流研究的提示，我想我会重返那里进行测试，看看被分离出的单个马塔贝列蚁是否会发出声音（来呼唤同伴）。蚂蚁也许进化出了精密的化学语言，但是当你需要大声喊的时候，没有什么比古老的声波更合适了……"这是他在 2013 年初的话，我们期待着他最终的研究结果。

除了捕捉各种白蚁的厚结猛蚁，在生物的进化过程中，甚至出现了高度专性的蚂蚁。在南美洲的棱颚厚结猛蚁（*Pachycondyla marginata*）的上颚具有纵向的棱状突起，使它们很容易和其他厚结猛蚁区分开。

　　这种蚂蚁只有一种猎物——欧氏新域扭白蚁（*Neocapritermes opacus*），后者属于扭白蚁家族。不过它们要想得手也不容易，因为扭白蚁家族的兵蚁比较强悍，其上颚不对称，而且造型古怪，往往有一边或两边是扭曲的，这样的上颚能在咬合的时候将力量集中在上颚的几个点上，增加了攻击力。此外，有些扭白蚁似乎还有别的防御手段来对付蚂蚁，如欧氏新域扭白蚁的近亲塔氏新域扭白蚁（*Neocapritermes taracua*）还被观察到自杀性防御。2012 年，简·斯波尼克（Jan Sobotnik）及其同事研究了它们，并确认许多工蚁中在其胸腹之间有蓝色斑点，而且每个"蓝斑工蚁"的斑点的大小都不相同，而某些工蚁则完全缺失斑点。研究显示，这些蓝色斑点是由专门的腺体分泌的一对含铜的蛋白晶体。当蓝斑工蚁受到敌方攻击时，它会使自己"爆炸"，同时蓝色晶体与在其身体破裂时唾液腺分泌的产物发生反应，喷射出一滴有毒的黏稠液体。研究显示，随着工蚁年龄老化，它们的口器会变得较钝，但它们"背囊"中的晶体增大，随着年龄的增加，这些白蚁似乎加强了它们发动自杀性战斗的军械库。

　　棱颚厚结猛蚁所在的地方往往具有丰富的欧氏新域扭白蚁资源，这些白蚁在树根里或者腐烂的木头里营巢，到处都是。1995 年，卢卡（Inara Lcal）等人沿着一条 700 米长的小径进行搜索，他们发现大约每 3 米就能遇到一窝欧氏新域扭白蚁，这种情况下，30~40 米就能遇到一窝厚结猛蚁。棱颚厚结猛蚁发现和袭击白蚁的最初部分与前面提到的安纳氏厚结猛蚁几乎相同，但是可以同时发动两场针对白蚁的战争，当然有的时候两窝蚂蚁还可能从不同的方向同时洗劫一窝白蚁，那只能说后者太倒霉了。巢穴大约 20% 的工蚁会参与掠夺，并且夜以

清晨，非洲博茨瓦纳草原上的白蚁丘。
（图虫创意）

翘鼻象白蚁（*Nasutitermes erectinasus*）的兵蚁头部如同锥子一般，可以发射毒液，但是它们没有了锋利的上颚。
（冉浩摄）

黑细长蚁趁着白蚁婚飞得到了一道大餐，它们并非职业的白蚁猎手，但也非常乐意接受这样一个礼物。（刘彦鸣摄）

继日地进行，在炎热的雨季比在干旱寒冷的天气持续的时间更长。

棱颚厚结猛蚁也会迁徙，通常迁徙从下午开始，一直持续到第二天早上，蚁后会在工蚁们的簇拥下到达新的巢址。但是这种迁徙似乎受到季节的影响，在炎热潮湿的季节，蚂蚁迁移的距离较干燥凉爽的时候要短得多，这可能与秋季白蚁的活动减少有关，它们不得不跋涉更长的距离来寻找白蚁。而且它们的迁徙方向也受到季节的影响，在炎热湿润的夏季它们没有什么方向偏好，但是在凉爽干燥的日子里，它们却偏向于向南方或者北方迁移，这种定向源自于其体内的纳米级磁粒，这些磁粒能够帮助它们感应地磁场，从而辨别方向。磁场感应能力并非棱颚厚结猛蚁所独有，红褐林蚁（*Formica rufa*）和红火蚁（*Solenopsis invicta*）都曾被证明能够感应到地磁场的变化。但是为何棱颚厚结猛蚁会表现出这种季节性的方向偏好性，则有待进一步研究。

捡种子的蚂蚁与植物智慧

在童话故事里，蚂蚁把秋季收集来的食物储存在巢穴里，而懒惰的蝗虫却没有这样做，结果在冬季来临的时候，蚂蚁们在温暖的家中觥筹交错，而蝗虫却冻饿而死。蚂蚁确实是冬眠的动物，但是，大多数的蚂蚁并不像童话中那样将食物储存在洞穴里，因为在潮湿的洞穴里食物非常容易发霉和腐烂，尽管蚂蚁们确实能够使用一些抗菌物质和手段防腐。

那些被拖进洞穴的食物，将在洞穴中很快被分解、咀嚼，最终变成汁液储存在它们的社会胃中——蚂蚁将自己变成了储存食物的"罐子"。现在我们认为，它们不能直接从自己的这个社会"罐子"里取食，只能将这些汁液反哺给同伴，或者接受同伴的反哺。

但有些蚂蚁却是例外，它们以收集植物的种子为生（seed-harvesting ants），其中一些甚至能够将种子分门别类地存放在相应的巢室里。这种收获种子的行为在不同的蚂蚁家系中均有发生，在起源上并不唯一，全球至少有100个蚂蚁物种以此为生。这些蚂蚁主要集中在切叶蚁大家族（*Myrmicinae*，切叶蚁亚科），包括收获蚁家族（*Messor*）、小家蚁家族（*Monomorium*）、大头蚁家族（*Pheidole*）和美收获蚁家族（*Pogonomyrmex*，或者叫红收获蚁）中的部分或全部物种。这些蚂蚁在各种生态系统中收集各种各样的种子，但总的来说在温带和热带的干燥地区，如沙漠和草地，这种行为尤为突出。由于种子中富含淀粉、油脂和蛋白质，营养丰富，蚂蚁们进化出收集种子的行为并不意外。

但是，可能因为种子中存在的一些物理防御和化学防御"装备"，收获种子的蚂蚁和杂食性蚂蚁，甚至是其他收获种子的蚂蚁的种子食谱却不大相同。种子和蚂蚁之间存在相互选择，其中决定是否被收走的因素有种子的大小、形态以及出现的概率。事实上，确实有很多植物也反过来利用蚂蚁这种取食行为，并为此专门设计一番。有超过3000种植物借助蚂蚁传播种子，这些植物的种子通常为蚂蚁准备了富含营养的小颗粒——营养体，以此来吸引蚂蚁捕食，而真正的种子部分则较为坚硬，以防蚂蚁将其咬破。营养体本身的气味和成分都很接近于蚂蚁的昆虫猎物，如在营养体上含有的脂肪酸非常类似昆虫脂肪，而非植物脂肪，它也是绝大多数营养体的主要成分，除此以外，不同植物的营养体还有氨基酸成分的差异。而植物所图的，则是蚂蚁将种子能够带到远方，并在那里生根发芽。

如在云南，报道了伊大头蚁（*Pheidole yeensis*）和舞草（*Codariocaly motorius*）之间互惠共生的关系。舞草是我国亚热带地区常见的一种植物，也是生态恢复的先锋物种，它们生存能力强，可以保持水土，为其他植被的生长创造条件，随着时间的流逝，舞草数量逐渐减少，当森林出现后，舞草则功成身退，只生活在林地的边缘或者林木较稀疏的地方。舞草的种子上面有一个小小的营养体（elaiosome），这是给蚂蚁的报酬，蚂蚁将种子搬回巢穴后取食它的营养体，然后将种子完好无损地丢弃在巢口或巢穴内，这些种子就这样被带离了母体，它们将在这个新的地方萌发，形成新生命。

在这些蚂蚁中，广布于世界各地的收获蚁家族和主要分布于美洲大陆的美收获蚁家族最为典型，它们既是种子的捕食者，也是植物传播后代的协助者。在中国，共已知10种（含亚种）收获蚁家族的成员，虽然主要集中在新疆地区，但仍有一种针毛收获蚁（*Messor aciculatus*）分布在从东北到湖南的广大地区，而且还有一种"上海收获蚁"被看成是针毛收获蚁的亚种，不过上海收获蚁的分类地位还有待于认真评估。

针毛收获蚁的工蚁是6~7毫米长的黑色蚂蚁，外观普通，颇像放大版的草地铺道蚁，也是一种我比较熟悉的蚂蚁。它们在四月份就开始在河北婚飞，是我所常观察的蚂蚁中婚飞时间最早的，可能是因为此时昆虫活动还较少，天敌也比较少吧。而在荒漠地区，此时的气候也相对温和。不过这些蚂蚁是如此低调，即使是蚂蚁王国最为隆重的起飞仪式中，露面的蚂蚁护卫的数量也不超过百只，而且警觉异常，我只能在下风口观察，否则身上的气味就会惊扰了它们。

针毛收获蚁的巢穴一般只有一个出口，但是偶尔也能发现有两个出口的巢穴，巢穴中一般有几百到数千只蚂蚁，数量不多，但是巢穴却很深。山东烟台的王志刚曾经试图探索针毛收获蚁的巢穴结构，结果制造了一个深达近2米的大坑……他还摇头叹息说，他挖的这窝针毛收获蚁的巢室还多少有些微微上扬，很难发现。

针毛收获蚁平时是非常低调的蚂蚁，但是当秋季到来，其他蚂蚁的活动都在逐渐减少的时候，它们却开始活跃起来，因为这是收获植物种子的季节。收获蚁对种子也是有选择性的，据说如果是它们喜爱的种子，收获的程度可以达到100%。收获的种子被搬运到巢穴里特定的小室储存起来，作为群体的粮食。但是这些粮食往往不能为蚂蚁完全享用，有些会幸运地留下来。来年如果遇到潮湿的天气，这些种子就会发芽，从土里长出来。这样，蚂蚁就充当了一回播种者的角色。有时候，蚂蚁还不得不把种子送回地面。因为如果巢穴的环境过分湿润，大批的种子就会发芽，种子发芽就要消耗大量的氧气，如果放任不管，蚂蚁的地下王国就会面临全面缺氧。这时候，蚂蚁就要把发芽的种子送回地面，丢弃在巢口附近。但这未必是件坏事，这些被丢弃的种子会生根、长大，新结出的种子就能成为收获蚁下一年生活的保障。

我所观察到的针毛收获蚁，还有另一个现象：随着深秋的逐渐落幕，那些老残的蚂蚁，大批聚集在巢口附近，似乎放弃了回归群体的权利，抑或是被群体驱赶出来了。但我更倾向于前者，因为它们偶尔还会收集几颗种子送到巢里，没有别的蚂蚁阻止它们进巢。更多的时候，那些蚂蚁们就闲呆在巢穴附近，静静地等待着死亡的降临。它们似乎已经知道了自己来日无多，主动脱离了群体，把宝贵的食物资源留给了家族的年轻生命，而自己游荡在巢穴附近，主动为大部队向地下转移越冬而殿后，大有遇到入侵者还要拼命一战的气势。这些无私的生命，把自己最后的能量也为群体燃尽了。

这并非唯一有这样行为的蚂蚁。更极端的例子是生活在巴西的一种黄色小蚂蚁（Forelius pusillus），它们的巢穴中几乎每天都发生着这样的事情。日落时，总有几只老残工蚁留下来，用沙土将巢穴的洞口掩埋，遮蔽好，而它们则在夜晚暴露在了捕食者危险的目光下，往往无法活到天亮。

对于针毛收获蚁，有一个人可能比我更加了解它们。聂鑫曾经生活的中国地质大学长城学院，校园里有一块空地，那里布满了大大小小的针毛收获蚁巢穴，几乎不存在同等体型的其他蚂蚁物种。在那里，他和这些蚂蚁有过数年的接触，并且目睹了它们大规模的婚飞。遗憾的是，这块良好的观察之地已经在校园未来的建设规划之中了。

通过观察，我们发现针毛收获蚁虽然和大头蚁亲缘关系很近，但却是一种较为隐忍和克制的蚂蚁，它们之间的行为也较为复杂。聂鑫认真观察了针毛收获蚁同族之间的战争，这些战争很多时候并非致命的，而是仪式化的，战场上的个体之间相互游走比试，那种在蚂蚁中常见的拳击现象也被他发现了。而且聂鑫为针毛收获蚁拍摄了一些视频，在一段视频中，一只误入同类领地的针毛收获蚁，在对方的压力下，躺倒，做出了任由处分的臣服姿态，尽管看起来它的姿势就如同装死一样，但是，蚂蚁们不会这么理解，这些嗅觉灵敏的小家伙除非嗅到了死亡的味道，否则它们是不会相信的。于是，它一动不动地被对方拖曳，直到较远的地方，对方松开口，走开了。而这只蚂蚁从地上爬起来，也若无其事地走开了。这种同类之间只进行驱逐的宽容行为，在蚂蚁世界中虽不罕见，但也相当有趣。

但是，即使是收获种子的"素食者"，生活比较低调，它们依然是蚂蚁，骨子里深藏着战斗的热情。在面对异种蚂蚁时，它们也不时会表现出很强的进攻性。我曾见到在宽结大头蚁迁徙的队伍中，游离出来了一只工蚁，正巧此时有一只针毛收获蚁工蚁路过。大头蚁工蚁毫不犹豫地上前挑衅，结果被一口咬下头来。不过针毛收获蚁似乎很不喜欢这个感觉，它停在那里，长时间对自己的上颚进行了梳洗。

另一类著名的收获蚁家族——美收获蚁，也是著名的种子收集者，它们大多都是红色的中型蚂蚁。它们的巢穴往往会形成火山状的小蚁丘，里面掺杂着一些碎石或者残骸，其中一些种类还会清理掉巢边的植物，使巢穴非常显眼。和旧大陆的收获蚁一样，它们会爬上植物，将种子用上颚采集下来，也捡掉落在地面上的种子，偶尔也会捕捉一些小型节肢动物作为食物补充，但是它们的捕食能力更强，而且有令人生畏的尾刺，里面拥有强力的毒液。尽管如此，它们依然是美洲角蜥眼中的美味。

髭美收获蚁（*Pogonomyrmex badius*），也称为"佛罗里达收获蚁"，是比较吸引人的。和大多数的美收获蚁物种不同，髭美收获蚁拥有至少2种不同类型的工蚁品级分化，其中，大型工蚁强力的上颚非常适合破碎种子，但是它们并不经常外出活动，在外面巡逻和收集种子的多半是小型工蚁。

为何这种蚂蚁独有这样的分化？这引起了蚁学家的兴趣，克里斯·史密斯（Chris R. Smith）等人对此进行了研究和探讨。首先，遗传分析表明，不同品级间的遗传物质存在差异，也就是说与遗传有关。但是，研究也发现，幼虫期食物的供应对髭美收获蚁品级的分化也有很重要的影响。当幼虫食物中昆虫营养或者来自种子的蛋白质营养增加时，巢群中会出现更多的有翅生殖雌蚁，大工蚁的比例也会上升，进一步研究表明，食物中的碳元素和氮元素（主要由蛋白质提供）的比例能够对幼虫将来的品级分化产生影响。但有趣的是，这一情况在雄蚁体型上的效果却正好相反，这也暗示了雄蚁在发育机理上和雌蚁存在着某种区别。

由于仅仅是收集种子，很少需要合作猎杀猎物，髭美收获蚁最初被认为是分散行动，各自为战的，而且缺乏协调。但是，进一步的研究则表明，它们能够在觅食过程中与同伴进行气味交流，也从它们身上的毒腺中找到了召集素。不仅如此，诺瓦（Noa Pinter-Wollman）等人还发现髭美收获蚁的一个特殊的"情报"交换模式，远比我们想的要复杂。

诺瓦等人将主要的研究位置放在了巢穴内部的入口处。这里存在一个小室（entrance chamber），对蚂蚁来说则是一个大厅——一个可以打探信息的大厅——所有外出归来的蚂蚁和即将外出的蚂蚁都将在这里交换外界的信息。诺瓦等人在人工条件下模拟了"大厅"场景，并用摄像机拍摄录像，之后再分析蚂蚁之间触角接触的次数，每次接触算作一次"情报交流"。他们发现，在"大厅"，有些蚂蚁非常活跃，似乎是"万事通"的样子，这些少数的蚂蚁参与了大多数的"情报交流"，而大多数蚂蚁则只参与少数交流，看起来，似乎在蚂蚁中存在一些"情报贩子"。而且根据他们计算机模拟的结果，他们认为这样的蚂蚁的存在能够增加信息传播的广度和深度。这将帮助群体加快对食物资源、捕食者或其他突发情况反应的速度，增强群体的生存能力。而且，这种"情报贩子"并非只在蚂蚁中存在，在蜜蜂中也存在，不过，关于何种个体，因为什么原因才会承担起"情报贩子"的任务，却知之甚少。

针毛收获蚁的巢穴入口，这种蚂蚁较为低调，一般只有1~2个巢口，而另一些蚂蚁种类的巢穴有时会有多达数十个入口。（冉浩摄）

千奇百怪的蚂蚁花园

　　植物为蚂蚁提供食物，也提供生存场所。众多蚂蚁将巢址选在植物上，小群蚂蚁可以利用植物的果实，将果肉掏空作为自己的巢穴，一个果子里就包含了包括蚁后在内的全部成员。对大群来说，现成取材难以满足要求，经过它们的加工和建造，出现了悬空巢。

　　这些悬空巢有用叶子黏合而成的叶巢，也有咀嚼植物枝叶和根，利用这种"纸浆"建造成纸巢；还有一类则是泥巢形成的"蚂蚁花园 (ant garden)"，这恐怕是蚂蚁和植物之间最复杂的合作之一了。

　　成熟的"蚂蚁花园"直径一般 6~60 厘米，如同一个长满植物的大皮球挂在树上。六条腿的园艺家在着手建立奇妙花园时，首先在树杈上选个好地方，然后大家齐心协力将小土块向上搬运，用唾液和排泄物将土块粘起来。等堆积了相当多土块时，蚂蚁便去寻找合适的植物种子，把种子埋好。它们继续运土，种子发芽生长时，它们便用土将新根埋好。花园越来越大，由大量错综的根形成的土团也越来越大。土团内部便是蚁巢。蚂蚁对栽种何种植物以及栽在何处都有自己的规划，尽管在我们眼里可能有点凌乱，但绝非杂乱无章。蚂蚁的粪便以及各种生活垃圾滋养着植物，同时，庞大而密集的植物根系将土壤紧紧束缚在一起，又保证了土巢的坚固，此外，蚂蚁也会取食植物结出的种子，这是一个双赢的合作。

"蚂蚁花园"多见于中美洲和南美洲的热带，举腹蚁家族（*Crematogaster*）、火蚁家族（*Solenopsis*）、阿西得克蚁家族（*Azteca*）、摩蚁家族（*Monacis*）和弓背蚁家族（*Camponotus*）中都有成员会建造"花园"。南美洲的"蚂蚁花园"里种植了大约不下 16 个类群（属）的若干种植物，而且有一些格外受到蚂蚁偏爱，比如一种草胡椒（*Peperomia macrostachya*）竟然在大约 76%的"花园"中都能找到。这些蚂蚁家族起源不同，因此建造"花园"的技术可能是各自独立进化出来的。热带雨林地区冲刷比较严重，在树上做巢和地面相比，更不容易被水淹没，安全一些，可能有部分躲避水患的蚂蚁迁移到了树干上，促成了这一行为的出现。

在亚洲，"蚂蚁花园"并不多见，但戴维森（Davidson）也在亚洲找到了类似的"花园"。虽然我们没有在国内找到这些长满植物的"蚂蚁泥球"，但确实发现有举腹蚁在我国南方用泥筑成巢穴挂在树枝上，但它们也确实没有栽种植物。这些没有种植物的泥巢也许是蚂蚁花园进化的一个中间环节，我们可以想象这个进化的过程。最初的时候，树栖蚂蚁在寻找不到理想筑巢场所的时候，就搬运土壤到树木上对栖息地进行改造，并最终在一些种类中演化出了利用唾液和排泄物做泥球的泥瓦匠技术，这样的技术和白蚁巢穴的建造相仿，做成的泥球是动物界的"混凝土",已经足够坚固,能够抵御雨水的冲刷。接下来,蚂蚁的树栖生活必然会和植物发生联系,蚂蚁会从各处搬运植物的种子进入巢穴作为食物。某些带回巢穴的种子可能在这个过程中萌发成为植物,双方的互相选择从此开始,最终植物变得更加适合蚂蚁栽植,而蚂蚁也有了钟爱的植物。

但是,这种"空中花园"的共生形式并非蚂蚁和植物共生形式的极致,就是在这些能够制造蚂蚁花园的蚂蚁中,阿西得克蚁在条件允许的情况下还能和一种长得很优雅的植物——蚁栖树(*Cecropia peltala*)——建立密切的关系,形成了蚂蚁与喜蚁植物的经典楷模。

蚁栖树叶片如同手掌一样分出若干个叉子,干很直,像竹节一样是中空的。蚁栖树为蚂蚁提供了全部的食宿。蚁栖树的树干虽然分节而且有间隔,但是每个节上都有不深的小槽,上端有针眼那么大小的小窝,这个地方的间隔很薄,蚂蚁可以很轻易地将它咬破从而进入到中空的树节中,它们就在那里筑巢。树干的外皮下面还藏有通道,蚂蚁可以通过这些通道来回穿梭。蚁栖树还负责提供可口的饭菜——富含蛋白质、脂肪和维生素的白色颗粒——缪勒氏小体(Müllerian bodies)。

蚁栖树连刚婚飞的蚂蚁如何在树上建立"国家"都计划得非常周到。交配后的蚁后找到没有被占据的蚁栖树,然后先在树干上钻孔,钻入空节。小孔很快被多汁的组织愈合,将后蚁保护起来,而这种组织为蚁后提供营养。当工蚁孵化出来以后,再打开通道和间隔,一个多层驻扎地便形成了。不过有时候,一棵蚁栖树上最初会有多个群落形成,随着这些蚂蚁巢群的发展,它们火并不断,大一些的巢群逐渐将弱小的巢群消灭,兼并它们的领地,最后只剩下一个群体,控制整个蚁栖树。

蚁栖树为什么非要下那么大的血本，煞费苦心地来讨好这些蚂蚁呢？这与雨林中的一种特殊的植食性蚂蚁切叶蚁有关。切叶蚁每年消耗掉雨林叶子总量的1/5，它们经常把一些植物的叶子毫无保留地采集下来，再搬到巢穴里，只留下光秃秃的树干。蚁栖树就是为抵抗切叶蚁的侵袭而"雇佣"了阿西得克蚁。

阿西得克蚁在千百万年来的演化中也非常称职地担当起了这个保卫职责，这些黄色的小蚂蚁昼夜不停地巡逻，变得极富进攻性，并且装备了不俗的毒刺设备，即使拥兵百万的切叶蚁也惧怕三分。不仅如此，它们也当上了专业的"园丁"，会清除一切害虫包括想攀上树的藤蔓等寄生植物，有时甚至到树下去清除那些正在成长的植物幼苗，以防它们和蚁栖树争夺阳光资源和土壤营养，这也使蚁栖树能在茂密的丛林中得到阳光而生存。阿西得克蚁防卫意识很强，敢于攻击任何进犯蚁栖树的生物，据说有的土著把人绑在它们的树上作为惩罚。

同样在亚马孙热带雨林里，还散落着一些当地居民所谓的"魔鬼花园（Devil's Gardens）"，"魔鬼花园"大多呈圆形，面积大小不一，但数量众多。最为奇特的是，"魔鬼花园"里只有一种树木，其他树木都难以存活。虽然以前也有科学家试图解开这个谜团，认为它的形成是植化相克的结果，也就是植物间为争夺领地，释放某种化学分泌物，来将对方杀死。但结论并不令人信服。其实，当地人早就注意到这一现象，不过他们却把这一现象与鬼怪联系起来。

根据当地的传说，控制花园的是一个叫楚亚查奎（Chuyachaqui）的"魔鬼"。它们是神秘的侏儒，而且一条腿长着人脚，另一条腿却长着蹄子。别看楚亚查奎长相丑陋，但神通广大，能够变化成任何人。它经常以朋友或是亲人的身份出现，欺骗那些单独在丛林中行走的人，让他们四处兜圈子，直到迷失方向。当地人认为"魔鬼花园"就是楚亚查奎的家，它们修剪自己的花园，将多余的树木清除。由于人们都怕见到它，所以每次都小心翼翼地绕过"魔鬼花园"。

"魔鬼花园"的秘密最终被美国斯坦福大学生物系的研究生伊丽莎白·弗雷德里克森（Megan Elizabeth Frederickson）揭开。她潜入到雨林中，认真观察了这些"花园"，并准备和"魔鬼"来一次亲密接触。当然，她不幸地而且是意料之中地没有和"魔鬼"遭遇。她很快注意到，在这个花园里的树木上只有一种叫柠檬蚂蚁（lemon ant）的小家伙。它的学名叫 *Myrmelachista schumanni*，但不知被哪个好事者发现，这种蚂蚁尝起来酸酸的，味如柠檬，因此得了这样一个俗名。

弗雷德里克森对我写这本书非常支持，特地发来了两张当年拍摄的照片，虽然还有更清晰的照片，不过那些都是与她同行的BBC摄制组拍摄的，她没有版权，所以不能授权给这本书。饶是如此，本书中展示的这两张照片也非常珍贵。

研究显示，铲除其他植物的"魔鬼"就是这种蚂蚁。它们为了建立自己的专属领地，将侵入领地内的其他植物全都杀死，只保留了它们最喜欢寄生的树种。蚂蚁所使用的"园艺工具"很可能是蚁酸——这在情理之中，蚁酸可以用来攻击动物，并且蚂蚁有尝试攻击任何它们不喜欢物件的习惯，自然也会攻击植物。

基于这些发现和推论，弗雷德里克森辟出一块实验地，在"花园"里面和外面都栽上亚马逊地区最普通的树种，并将这些树木分成几组，她采取措施，允许蚂蚁在一些树上筑巢，而将另一些树木保护起来，不让蚂蚁爬上爬下。结果发现，蚂蚁向未受保护的树木发动了攻击，而受保护的那些树木没有受到任何伤害。蚂蚁发动攻击的工具正是它们自身所产生的蚁酸。蚂蚁将蚁酸注入树叶，树叶很快变成褐色，整棵树 5 天之内就会死掉。当然，蚂蚁将蚁酸当做"除草剂"使用，这还是首次发现。但是，只有一种植物，即使蚂蚁接触，从不试图将其杀死，而是小心呵护起来。

它正是"魔鬼花园"里的那种树，于是这种树被称为"柠檬蚂蚁树（lemon ant trees，学名 *Duroia hirsuta*）"。弗雷德里克森认为，她已经有充分的证据证明"魔鬼花园"是蚂蚁的杰作，因为她很明显地看到，在柠檬蚁占领第一棵柠檬蚂蚁树之后，"魔鬼花园"开始出现。随着时间的推移，花园内越来越多的物种死掉了，通过这种方式，蚂蚁帮助它们的寄生树不断扩大生长的地盘，与此同时它们的"殖民地"面积也就越来越大。

参与这项研究的斯坦福大学的迪波拉·戈登也表示："蚂蚁通过这种方式对它们的环境进行如此严格的控制，在世界上植物多样化程度最高的地区开辟出一块只有单一树种的地盘，这真的非常神奇。"

秘鲁热带雨林中的"魔鬼花园"，在"花园"里只生活着柠檬蚂蚁树。（弗雷德里克森摄）

柠檬蚂蚁在进攻它们不喜欢的植物，如果你细心观察，会发现有些蚂蚁正弯起腹部将毒液注射到植物的体内。（弗雷德里克森摄）

研究人员认为,蚂蚁比较喜欢柠檬蚂蚁树,空心的树干提供了天然的蚁巢。它们躲在树洞里,既不会遭到掠食者的侵袭,也不怕风吹雨淋。"蚂蚁可能是使用化学信息来区分哪个是寄主树,哪些是其他树种。"

一般来讲,有 3 棵以上的柠檬蚂蚁树连接起来就能够形成一个"魔鬼花园",但实际上,根据统计,很多"魔鬼花园"里长有 300 多棵同一树种,上面寄生着数百万只蚂蚁,"魔鬼花园"的历史可达几百年。这些"花园"从一个新生的蚁后在此定居开始,然后巢穴开始清理周围的植物,产生新的蚁后,成为多后的巢穴。接下来,它们占据更多的柠檬蚂蚁树,扩大领地,柠檬蚂蚁树在它们的领地内也茁壮生长,其密度达到了其他地方的 40 倍,最终领地内可以达到 600 株甚至更多的柠檬蚂蚁树。弗雷德里克森在接受采访时说:"最大的一块'殖民地'面积为 1300 平方米,'驻扎'了大约 1.5 万只蚁后和300 万只工蚁,它的历史估计有 807 年。"

800 多年,不得不说,这让人有点咂舌,更让人觉得如同是诈骗的圈套,很多科学家,甚至一些昆虫学家都无法理解世界上有这样荒唐的事情出现在了顶级学术杂志上面。但是,类似的数据却经常从蚁学家的嘴里蹦出来,甚至在欧洲学术会议上,一份研究报告指出一种著名的入侵蚂蚁——阿根廷蚁形成的超集群甚至地跨数个欧洲国家,绵延数千公里……这种科幻小说一样的数据弄得举座皆惊,似乎蚁学家都成了举世无双的骗子和牛皮鬼。很多其他领域的科学家仍然谨慎地对蚁学家的某些数据持有保留意见。我们无意夸大事实,对于多后群体来说,相当长的存在时间在理论上是可以接受的,正因为发现了这样或者那样让人难以相信的事情,蚂蚁才让我们更着迷。但是,这也并不意味着经过无数年后，柠檬蚂蚁树会在蚂蚁的帮助下不断扩大地盘，消灭其他树木，最终将"魔鬼的花园"覆盖满整个雨林——它们同样受到自然选择的制约，就像近年来欧洲的阿根廷蚁超集群似乎正在瓦解一样。

柠檬蚂蚁树在扩大地盘的同时也承受了更大的捕食压力。在雨林，研究人员发现，即使被蚂蚁保护，柠檬蚂蚁树还是会受到各种植食性昆虫的侵扰，而且"花园"的面积越大，这种侵扰就变得更大。弗雷德里克森发现，在雨林中，一种阿西得克蚁（*Azteca depilis*）同样会占据"花园"外独立生长的柠檬蚂蚁树，但是它们只关注一棵树，不会把它变成许多柠檬蚂蚁树组成的花园。

在阿西得克蚁的保护下，这棵柠檬蚂蚁树会茁壮生长，其被植食昆虫取食的情况甚至好于"魔鬼花园"中的情况。在一项统计中，"魔鬼花园"中被柠檬蚂蚁照看的柠檬蚂蚁树会被潜入的植食性昆虫"偷吃"掉16%的叶子，而花园中那些没有被驻守的柠檬蚂蚁树则有约43%的叶子被食草昆虫吃掉了。但在森林里，其他柠檬蚂蚁刚刚开始建立"花园"时，以及被阿西得克蚁控制的那些单独生长的柠檬蚂蚁树，植物被捕食的量只占叶子总数的5.5%。

因此，"花园"的规模越大，树木越多，单个柠檬蚂蚁树付出的代价也越大，代价超过了柠檬蚂蚁树所能承受的极限，"花园"就会崩溃——它无法无限扩大。这背后的原因可能是柠檬蚂蚁树聚集的数量越多，对喜欢它们的植食性昆虫的吸引力就越大，更多的捕食者会潜入觅食，而对掌握了巨大资源的蚂蚁帝国而言，精力有限，已不能细微保护每一棵树，而且少量树木的损失似乎对帝国也无关痛痒，不必那么拼命……

举腹蚁用泥巴做成的"泥球"巢穴。(刘彦鸣摄)

上图是鹤立鸡群的蚁栖树，蚂蚁的力量再次充分展示。下图是在树干中做巢的阿西得克蚁。(Alex Wild摄)

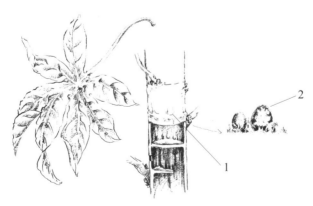

蚁栖树的一部分
1. 茎；2. 缪勒氏小体（Müllerian bodies）（王亮绘）

织叶蚁，蚂蚁中的精灵族

在亚洲、非洲的热带和亚热带森林中，有一群蚂蚁跻身树冠层的统治者之列，可以说是蚂蚁世界的精灵族。它们的巢穴群体巨大，可以包括唯一的一只蚁后和多达50万只蚂蚁，它们就是织叶蚁（*Oecophylla* spp.），目前已知2个主要的现生物种，另外还有若干灭绝物种。这些蚂蚁工蚁8~10毫米长，用叶子黏合形成一个个叶巢，赫尔多布勒曾发现非洲的长结织叶蚁（*Oecophylla loginoda*）群体盘踞了多达17棵大树的树冠层和树干表面，如果将其放大到人类体型，这相当于一个母亲及其子女占据了多达100平方公里的疆域，而实际上，这个疆域将更大，因为树木的叶子、枝条相互重叠，其表面积更大。这些凶悍的蚂蚁在自己的领地中不停地巡逻，猎杀领地内的各种昆虫，抵御鸟类、哺乳动物等入侵者，即使在面对非洲著名的行军蚁时也丝毫不落下风。

在亚洲和澳大利亚，也分布着一种织叶蚁 —— 黄猄蚁

（*Oecophylla smaragdina*），也叫红树蚁，分布于我国的广东、广西、海南、云南等省（自治区），在国外分布于缅甸、印度、斯里兰卡、马来西亚、印度尼西亚、巴布亚新几内亚、澳大利亚等地。这种橘红色的蚂蚁与掘穴蚁体型相仿，也同样在树上做巢。在中国，柑橘树是它们喜欢的植物，我们曾经观察到一个黄猄蚁巢群可以占据多达20棵的橘树。实际上，早在1600年前，我国南方的农民就开始利用这种凶悍的蚂蚁防治柑、柚害虫，虽然它们也做放牧蚜虫这样的事情，但依然具有显著的增产效果，堪称生物防治的典范。如1983年5月，福建省华安县建美乡柚树受橘潜跳甲（*Podagricomela nigricollis*）和多种象甲严重危害，无蚁树的叶片受害率达61%，而有蚁树仅为26%。甚至在过去的时候，每逢集市，还有人贩卖成窝的红树蚁，遗憾的是，它的价值在农药时代逐渐被淡忘了，反而成为喷洒农药的牺牲品。

织叶蚁做巢的过程非常有趣，林杨和刘彦鸣都曾用镜头记录下了黄猄蚁做巢的整个过程。黄猄蚁的工蚁们首先会在枝头来回走动，寻找做巢的地点，当找到一个合适的位置的时候，工蚁们便尝试把叶子拉到一起。但并不是所有的地方都拉得动，这时其他的工蚁会过来帮忙，众蚂蚁齐心协力，一同用力，必要的时候，甚至一只蚂蚁会咬住另一只蚂蚁连成一串，然后一点一点拉拢叶子，将叶子卷了起来！最后，不计其数的工蚁将叶子固定在需要的位置。这时候就轮到大工蚁衔来白白胖胖的幼虫，这些发育到最后一个阶段的幼虫（老熟幼虫）是可以吐丝的。工蚁将幼虫在一片树叶的边缘上点一下，幼虫则配合地吐出丝，然后工蚁再在另一片树叶的边缘点一下，这样就形成了一道丝。工蚁叼着幼虫来回穿梭，就如同织布机一样密密地排满线。最后，幼虫的丝就将两片叶子黏合到一起了。最终，很多片叶子被粘在一起，形成一个球状的叶巢。巢穴的大小可以从人的拳头大小到人的脑袋那么大，一个蚂蚁群可以做十几个到几十个这样的巢穴，而在这样的巢穴中还有用丝分成的小室。

在这样的筑巢过程中，幼虫将自己作为"胶水瓶"贡献了出来，它们放弃了用来结茧的丝，只好在化蛹的时候"裸睡"了，形成所谓的"裸蛹"。可是这又有什么关系？在强大的王朝保卫之下，根本就没有必要构筑茧子这样的防护屏障了。除了寄生性的动物和过于强大的同类，其他天敌要想进入育儿室是极其困难的。没有茧子也一样安全。还有一些蚂蚁采用了类似的筑巢手法，如双齿多刺蚁，也使用幼虫的丝作为黏合剂，但是在其他物质的选材上要求就宽松了许多，不一定要树上新鲜生长着的叶子。

这种奇妙的筑巢行为帮助黄猄蚁进化成了蚂蚁中的"顶级大力士"，它们的力量可以捕杀较大型的猎物，就像拉扯树叶一样，将它们按在地上，动弹不得。这种能力有时候也会带来意想不到的行为，林杨在饲养黄猄蚁的时候就出现了这种状况。

他的饲养装置是个"水牢"——一个巨大的鱼缸。在鱼缸里，他为黄猄蚁搭起了一座孤岛，这样这些"旱鸭子"就没有办法逃跑了！因为曾经有一次黄猄蚁越狱，他为了收回这些凶悍的小蚂蚁，结果被咬的伤痕累累，一些地方还血迹斑斑……骁勇且桀骜不驯是这些小东西的传统特质。在大约40年前，同样的对峙曾发生在威尔逊的办公桌上，来自非洲的长结织叶蚁高高翘起腹部，张开上颚，摆出一副恐吓敌人惯用的姿势，要吓退威尔逊。这个形象最终成为他们那本巨著《蚂蚁》的护封插图。我们也为您送上一幅由刘彦鸣拍摄的同样姿态和气势的图片，只不过主角换成了长结织叶蚁的族亲——黄猄蚁。

为了充分利用空间，也算是美化鱼缸，林杨还在鱼缸里养殖了小小的热带鱼。但是随后怪事发生了，这些小小的热带鱼奇怪地少了许多！这让所有人都百思不得其解。直到后来从黄猄蚁巢中找到了小鱼的尸体才有了答案。经过观察研究发现，这些树栖的蚂蚁竟然适应了鱼缸的环境，这些树上的猎手干起了渔民的营生！它们将不经意间游到岛边的小鱼拖上岸来吃掉了！

这真是意外之极，不过能做这种事情的恐怕也只有黄猄蚁这类力气很大的蚂蚁了，毕竟把小鱼从水里拖出来很不容易。之后，我们试图再造一个环境来重复这个行为，但是没有成功。这应该是一个环境诱导出的生物行为，目前还无人在野外观察到这一现象。诱导出新行为的现象在自然界也并非没有。欧洲巨鲶（*Silurus glanis*）是一种大型鲶鱼，原产地在中亚及东欧地区，现已随人类活动入侵到西欧、非洲和亚洲。它们是陆地上第三大淡水鱼类，也是著名的入侵物种，可以长到 4 米，重近 200 千克，还曾经捕捉到 5 米长的个体，它位于淡水食物链的顶点，对被入侵河流中的生态系统具有强烈的干扰作用。2012 年底，在法国，欧洲巨鲶被发现能伏击鸽子，可能就是当地食物资源匮乏引起的新适应性行为。那里生活着 14 只欧洲巨鲶，小的有 0.9 米，大的有 2 米左右。录像显示它们会在鸽子到河边来的瞬间，从水中冲出，身体的前部探到陆地上，然后咬住鸽子再退回水中。不过这些鲶鱼对不动的鸟没有任何反应，只有鸟儿搅动了沿岸的水，它们才会发动进攻。看起来它们是靠嘴前那几条触须感应水的震动才发动的进攻，视力并不好。但是对蚂蚁这种头脑只有盐粒那么大的昆虫来说，诱导产生这种行为的机制让人好奇，也许是其祖先的生活环境中已经演化出了这种行为，也许就是普通猎食行为的延伸，还有待进一步研究。

但是毫无疑问，织叶蚁家族确实充满了各种复杂的行为。两窝织叶蚁被观察到在交界的地方会发生非常激烈的冲突，以至于它们之间会形成一条狭长的战争缓冲地带，成为一种"无蚁区"。黄猄蚁还会在附近安置"哨戒"巢穴，由老残工蚁组成卫队，时刻准备成为第一批迎战入侵者的力量，它们将为群体争得足够的时间。威尔逊等人还发现，这种边界的划分也很有门道。

普通的蚂蚁一般会在巢穴的某个偏远角落或者巢外的某些区域设置一个或数个垃圾堆，它们在这里排粪或者堆积各种丢弃物，我甚至曾经在那里捡到过其他物种被捕杀的蚁后残骸。但是威尔逊等人却发现长结织叶蚁在排便上却是相当随意，或者说有一种倾向，要将"便便"拉到领地的每一个场所。而且当把长结织叶蚁安置在新的环境中时，它们排便的次数显著增加，远远超过了正常的生理需求——工蚁们动不动就用后腹部轻拍地面，挤出一滴棕色的液体，其要么迅速被

这只织叶蚁张开上额，扬起腹部，摆出了一副威胁的姿态。和威尔逊著作的护封图片不同的是，这是一只来自亚洲的黄猄蚁。（刘彦鸣摄）

黄猄蚁在柑橘树上的蚁巢，由幼虫吐丝粘贴叶子形成。（林杨摄）

吸收，要么最后风干成晶莹的"虫胶"样小颗粒。

威尔逊等人怀疑这样的行为类似于狗通过撒尿来划定地盘，于是，一个创造性的实验产生了。他们先让一群蚂蚁在试验地巡游几天，之后便换第二群蚂蚁来。当第二群蚂蚁到来时，它们明显表现出了怯懦，之后便摆出了那招牌式的威胁性动作，甚至还有工蚁从巢穴中召集了援兵，显然，它们对第一群蚂蚁表现出了极大的警觉。接下来，威尔逊等人又进行了两巢蚂蚁间短兵相接的实验，他发现，在力量对比相似的情况下，那些赢得战争的，总是先到过这里并留下了粪便的蚂蚁群体。看来，后来者被这些粪便弄得有些自觉"理亏"，而先到者则有了几分"主场优势"。

工蚁衔着幼虫在吐丝，幼虫就是一个大"胶水瓶"。（刘彦鸣摄）

黄猄蚁在水边悄悄埋伏下来，等水中的小鱼靠近岸边，痛下杀手，你看，那只黄猄蚁张开上颚，摆出了攻击姿势。（林杨摄）

潜水？游泳？蚂蚁也会!

蚂蚁虽然生活在陆地上，大多数情况下是名副其实的"旱鸭子"，但它们也能短时间涉水。早在 100 多年前，福列尔德（Fielde，1903）就曾胁迫蚂蚁们游泳。他在实验室里将黄褐窄结蚁（*Stenamma fulvum*）的整个巢穴困在一个四周有一条小小护城河的人造"小岛"上，然后静静等待它们"渡河"逃逸。于是，黄褐窄结蚁在饥饿难耐下终于展开了渡河之旅。

小型工蚁在未负重的情况下几乎是可以直接爬过水面的，水面的张力足以支持它们的体重。这和我们不同，我们入水，几乎会没有停顿地掉入水中，但蚂蚁就如同小小的干燥铝片一样会被水面的张力托住——除非铝片另一面也会浸水，否则不会沉入水中。不过，水面对蚂蚁来讲是黏稠的，它们 6 肢的运动会比较吃力。而那些体型大一些的工蚁，或者衔着幼虫的蚂蚁则是连爬带游渡河的，最大型的工蚁几乎很少做往返运动，看来它们渡河是最费力了。最后，蚁后也被工蚁们连拖带拽弄到了对岸。小小的逃生之旅完成，只有一只蚁后和几只工蚁滞留，整个过程无一溺水，这对从未游过泳的黄褐窄结蚁来说，算是相当成功的。不过，这样的胁迫并非每次都能在各种蚂蚁上成功，至少我失败过……

在自然环境中，如果必须过河或者巢穴被水淹没，蚂蚁的策略是抱成团，形成"浮岛"随水漂流，蚁后、卵和幼虫等会被置于"浮岛"上层的中心位置。这样的行动会有牺牲，特别是位于"浮岛"底层的工蚁。著名的入侵生物红火蚁就通过这种方式逃过洪水的威胁，赛氏林蚁（*Formica selysi*）也有类似的方法。但也确有蚂蚁能够在野外通过被水阻隔的区域，如艾迪斯（Adis, 1982）曾经报道有顶美切叶蚁（*Acromyrmex*）在洪水时期觅食时，可以游或者"爬"过水面。

除了偶然情况，有些蚂蚁确实经常和水打交道，比如说红树林中的蚂蚁。红树林是地球上最奇妙的森林之一，位于沿海滩涂，由于经常被涨潮的海水淹没，这里的主体植物，红树，都踩着"高跷"——气生根，这些在低潮时暴露在空气中像叉子一样的根起到了支撑作用，在涨潮时根会被海水淹没但茎叶却得到了保全。红树林中存在大量水陆两栖的动物，比如能够在滩涂上跳跃的弹涂鱼，当然也少不了昆虫——主要是取食红树的植食性昆虫，还有大批的各种蚊子……

红树林的蚂蚁种类相对较少，但数量却很多，是那里数量最丰富而且影响力最大的昆虫类群。蚂蚁们已经适应了涨潮和退潮的规律，并且大多数都将巢穴建造在涨潮海平面以上，我们所熟悉的织叶蚁也在这里筑巢。很多活动的蚂蚁能够感受到海水涨潮时声波的震动，如立毛蚁（*Paraterchina*）、椎蚁（*Conomyrma*）、火蚁（*Solenopsis*）

和滩涂养菌蚁（*Mycetophylax*）（由于没有中文名，目前为参考习性的暂定名）的工蚁，在涨潮前它们会迅速退回安全的地方。如果巢穴被潮水淹没，它们也有应对方法，如安徒生弓背蚁（*Camponotus anderseni*）在红树的枝条中做巢，一旦巢穴面临被淹没，大工蚁就会用脑袋抵住洞口，防止海水灌入。

在澳大利亚，已知至少两种多刺蚁（*Polyrhachis*）会在红树林的泥地筑巢，它们分别是肯氏多刺蚁（*Polyrhachis constricta*）和苏氏多刺蚁（*Polyrhachis sokolova*）。苏氏多刺蚁是近期研究较多的蚂蚁，它们的巢穴带有蚁冢，顶部有一个小小的开口，在涨潮时蚁冢可能完全被海水淹没。澳大利亚的昆士兰红树林，"可能是唯一一个能够同时发现蚂蚁、弹涂鱼和招潮蟹一同捕食的地方"。

在这里，蚁学家们认真研究了这种多刺蚁，他们发现苏氏多刺蚁有特殊的游泳方式，这种蚂蚁前面的 4 条腿可以拨水，特别是用 2 条前腿破开水面，非常类似我们仰泳手臂的拨水方式，剩下的 2 条后腿则相当于舵，用来控制方向。

不过它们在水中游泳却是惊险万分，普通鱼会吃它们，弹涂鱼也会，连招潮蟹也攻击它们。尽管如此，它们依然对水产品情有独钟，它们寻找死蟹取食，单个工蚁也会把里面的蛆虫拽出来搬回巢穴。不过它们回巢的路上会不时受到惊吓——弹涂鱼经常在泥里跳来跳去，溅起大片的泥水。

事实上，还有一种蚂蚁也拥有不错的游泳能力，不过在介绍它之前，我们需要先了解一下它有趣的伙伴——猪笼草（*Nepenthes* spp.）。猪笼草是很著名的肉食性植物类群，大约有 120 种，主要分布在从马达加斯加到澳大利亚的热带和亚热带地区，特别是东南亚地区的种类很多，在我国南方地区也有猪笼草分布。大多数猪笼草的叶子形成了特殊的杯子结构，也叫"猴杯（monkey cup）"，因为一些猴子会饮用"杯子"里接收的雨水而得名。不过这个"杯子"真正的作用大多数情况却是捕猎昆虫的陷阱，因此猪笼草也被称为"肉食植物（carnivorous plant）"。

猪笼草是进化得极为奇妙的植物，它们往往生活在贫瘠的土地上，根系无法从土壤中吸收足够的养分，猎杀昆虫成为它们在贫瘠土地上生存的依仗。猪笼草的茎长成了"叶子"，而真正的叶子则形成了杯状捕虫笼（pitcher），甚至还有一个小"盖子"。猪笼草的笼壁上部有蜡质，可以让失足跌落的昆虫无法爬出来，而在底部则分泌出消化液，来消化昆虫或其他小动物，吸取其中的无机盐营养。为了吸引昆虫，捕虫笼和"盖子"连接的地方还有蜜腺，可以吸引小昆虫来取食，不过这些蜜汁往往带有麻痹成分，结果让取食的昆虫落入其中。

随着生长，猪笼草甚至可以形成带有数百个捕虫笼的大丛，在高处的形成上位笼（upper pitcher），矮处的形成下位笼（lower pitcher），而且上位笼和下位笼结构有区别，是针对不同位置的昆虫设计的。如上位笼主要针对飞虫，下位笼针对爬虫，下位笼具有适宜攀爬的结构，而上位笼则没有，介于两者之间的是中位笼（intermediate pitcher）。不过，捕虫笼上的"盖子"并不能像过去想的那样，一旦猎物掉进去，盖子就会盖上，猪笼草可没有那么灵敏。不过一些猪笼草拥有巨大的捕虫笼，可以陷住蜥蜴、老鼠等小型脊椎动物，还有记录显示一些鸟类也可能深陷其中。

艾登堡猪笼草（*Nepenthes attenboroughii*）就是其中之一，这种巨大的猪笼草可以长到 1.5 米高，拥有 30 厘米以上的捕虫笼，是已知最大的捕虫笼，由罗宾逊（Robinson）等人于 2009 年在菲律宾巴拉望岛的维多利亚山发现，并以英国著名自然历史学家戴维·艾登堡爵士(David Attenborough)的名字命名。83 岁的艾登堡爵士对此评论说："研究小组在发现这个新物种后不久即与我取得联系，询问是否可以用我的名字来命名。我当然很乐意，告诉他们说，'非常感谢'。这对我来说是巨大的荣誉……"艾登堡猪笼草就能"吞下"老鼠，后者一旦贪食蜜露，爬上猪笼草，往往就会在滑溜溜的叶子上摔倒，落进笼中，再也无法爬出，最终在消化液中溺死并被溶解，成为猪笼草的猎物。

但是很多时候，光靠吃昆虫甚至是老鼠肉还是不能满足需求，有些猪笼草的捕虫笼还兼职收集粪便，成了天然的"公共厕所"……克拉克（Clarke）和陈尼（Chine）认为至少有 3 种猪笼草可以收集树鼩（*Tupaia montana*）的粪便。其中，瑞嘉猪笼草（*Nepenthes rajah*）最为典型。

不成熟的瑞嘉猪笼草生长在地面上，可以诱捕蚂蚁和其他昆虫，而成熟的植物却依附在藤蔓和其他植物上，主要依靠树鼩在猪笼草上"施肥"。为了吸引树鼩来排便，猪笼草为树鼩提供了美味的蜜汁，树鼩大概就是一边舔蜜汁一边拉，和我们方便的时候看看报纸有点类似的效果。

加拿大卑诗省皇家路大学的乔纳森·莫兰（Jonathan Moran）还用视频进行了记录，视频显示树鼩在离开猪笼草之前，会用生殖器在叶边上摩擦，留下气味标记，这可能是一种领地行为，之后树鼩便会经常光顾这个"厕所"。莫兰等在猪笼草水壶状的陷阱中并没有发现昆虫的尸体残骸，并认为这种植物到成熟期已失去了捕猎昆虫的能力。瑞嘉猪笼草逐渐改进它的捕虫笼，使它更像一个厕所，比如捕虫笼的边缘就变得不很光滑，便于动物蹲在上面。马林达·格林屋（Melinda Greenwood）和他的研究小组进行了进一步的研究，他们发现还有其他动物也会光临瑞嘉猪笼草，比如一种大鼠（*Rattus baluensis*），看来这还是个公共厕所呢！

而生活在东南亚和澳洲的巴兰猪笼草（*Nepenthes baramensis*）则把主意打到了蝙蝠头上。这种猪笼草曾被认为是莱佛士猪笼草（*Nepenthes rafflesiana*）的一个变种，它只有很少的蜜液，也没有多少气味来吸引昆虫——看起来对诱捕昆虫兴趣不大。但在它的上位笼中有时常有一位房客——哈氏彩蝠（*Kerivoula hardwickii*），它们躲藏在笼的上部，以逃避可恶的吸血寄生虫，同时就把粪便排到笼中了。据统计，猪笼草叶片中的氮素有33.8%来源于哈氏彩蝠的粪便，这是一个猪笼草和动物互相合作的范例。

当然，这些奇妙的植物也没有忘记蚂蚁，除了大多数猪笼草都诱杀蚂蚁外，还有一种猪笼草和蚂蚁建立了很深厚的友谊，当然这个前提是这种蚂蚁要会游泳。这种神奇的植物叫二齿猪笼草（*Nepenthes bicalcarata*）。这种独一无二的猪笼草的捕虫笼带有两个"尖牙"，远远看去非常像张开口且露出尖牙的毒蛇。不过关于这两颗"牙齿"的用途却已争论很久，博比之（Burbidge）认为它是用来吓阻栖息在树上的哺乳动物，如眼镜猴、懒猴并阻止猴子偷取捕虫笼中的东西。而克拉克却发现眼镜猴和猴子会从侧边撕开捕虫笼取食，而不直接将手伸入笼口中——看来阻吓作用还是有限。克拉克则认为两个尖齿可能是用来引诱昆虫沿着"尖齿"爬到笼口的正上方，然后一不小心就会坠入笼中。

二齿猪笼草的蚂蚁盟友叫施密茨弓背蚁（*Camponotus schmitzi*），

这种蚂蚁习惯于在二齿猪笼草空心的笼蔓中筑巢，而很少选择其他植物。它们似乎更喜欢在上位笼生活，而较少在下位笼筑巢，也可能是因为当地的暴雨会令下位笼的巢穴进水。这些弓背蚁会舔舐猪笼草分泌的蜜汁。与其他蚂蚁会落水并被淹死的命运形成对比的是，施密茨弓背蚁能在潮湿、光滑的捕虫笼口来回走动，并且从不会被陷住。相反，它们甚至能游泳并潜入到猪笼草的消化液中捞取其中的昆虫，然后拖上来吃掉。在捞食之旅中，它们能迅速进入或离开消化液，几乎没有受到表面张力的影响。

但是施密茨弓背蚁完全看不出有什么适合游泳的生理结构，而且它们在陆地上依然行动敏捷，这说明通过一些特殊的行为，而非生理结构的改变，这种蚂蚁成为两栖物种。博昂（Bohn）等在 2012 年对它的游泳方式进行了研究，他们用一个盛水的透明盘子作为研究平台，然后将蚂蚁放在里面，用高速摄像机记录这个过程，最后结合它们在野生环境下的行为，终于搞清楚了它们独特的游泳方式。

施密茨弓背蚁借助腿抓握的力量入水，克服水的表面张力——它们沿着捕虫笼的内壁爬下，首先是头接触水面，然后它们继续抓着内壁向下爬，潜入水下，接下来就是水下漫步了，它们有时候也会在水底快跑几步，并且张开触角。当结束这种水下漫步的时候，它们有时会沿着捕虫笼的内壁直接爬上来，出水，但是更多的时候，它们会收起 6 肢，然后依靠浮力漂向水面。上浮的时候它们会用前肢抓着一件小东西，如果没有东西抓握，它们就会快速运动 6 肢，这样的方式似乎能够帮助它们调整上浮的姿态。在浮上水面的时候，可能与浮力有关，露出水面的部分只有后腹部的顶部、头顶和触角。通常这时候它们的 6 肢在水中就可以进入游泳状态了，但如果此时 6 肢并未完全浸没在水中，由于受到水面张力的作用，它们便无法游动。在游动的过程中，蚂蚁所有的 6 肢都在运动、推水，其运动模式明显与蚂蚁在陆地上爬行不同。这时候蚂蚁会直线游动或者沿着捕虫笼内部弧线游动，它们会张开上颚，咬住一些漂浮物。如果到达内壁，它们会首先用两个前肢抓住内壁，防止张力将肢体粘在一起，接下来 6 肢就会完全抓住内壁，然后爬上来，或者再爬下去进行下一轮水下漫步……

　　蚂蚁从猪笼草的消化液中捞取食物其实对植物并没有太大影响——蚂蚁需要的是有机物中的能量，而植物需要的是无机盐，食物经过消化以后正好能将有机物分解成无机盐，对植物来讲也不算太大损失——只要蚂蚁们肯将大多数粪便还回来。1990 年赫尔多布勒和威尔逊就推测它们之间存在这种互利共生关系，后续的研究支持这一观点。

猪笼草下面管子一样的东西就是捕虫笼。（葛军摄）

　　蚂蚁确实向植物交回了氮素，蚂蚁们在捕虫笼口边进食，食物残渣和粪便被排入到捕虫笼中。另一方面，蚂蚁们将捕虫笼中大型的食物搬走，防止猎物在捕虫笼中腐烂释放出大量的氨水等物质——这样会让消化液变臭，甚至引起捕虫笼的死亡。蚂蚁带来的另一个好处是能够帮助猪笼草防御一种专门以其为食的象鼻虫（*Alcidodes* sp., Curculionidae），后者能啃食捕虫笼的芽。

　　还有另一个近期才发现的好处，

蚂蚁能够帮助二齿猪笼草捕获猎物。因为这种猪笼草既缺乏足够面积的光滑蜡质表面，消化液也不够黏稠，蚂蚁潜伏在里面袭击掉落的猎物，可以增大捕获的几率。尽管这种蜡质和黏液的缺失也可能是为了方便蚂蚁行动而"特意"遗失掉的，但可能性略小，因为它们之间尚未形成紧密的共生关系，至少，对二齿猪笼草是如此——虽然情况略糟，那些没有蚂蚁寄居的二齿猪笼草依然能够生存。此外，蚂蚁会清洁二齿猪笼草的捕虫笼，特别是口部，它们移走霉菌和其他物质，保证捕虫笼的清洁。

二齿猪笼草的捕虫笼，它看起来好像是里面藏着一条凶猛的毒蛇。（dreamstime/图虫创意）

当然，在自然界中永远也少不了借用关系的家伙，一种学名为"*Naiadacarus nepenthicola*"的螨似乎只能在二齿猪笼草的捕虫笼中生存。估计它们是吃捕虫笼中腐化的树叶及昆虫，这种螨会爬上施密茨弓背蚁，借蚂蚁的活动被带到其他捕虫笼中。

卫星地图上的农业帝国

切叶蚁家族是个大类群，包括了一系列亲缘关系很近的蚂蚁，如大头蚁、巨首蚁、收获蚁、铺道蚁，等等，但是真正得名"切叶"二字的仅出现在有限的两个类群中，其余的类群均无切割叶子的习性。这两个类群只分布在中美洲和北美洲的热带和副热带地区，它们是美切叶蚁（*Atta* spp.）和顶切叶蚁（*Acromyrmex* spp.）。

它们是当地无可争议的优势物种，也是当地人和游客们心中最负盛名的蚂蚁。其中大部分的原因是它们形成了非常庞大的叶片采集和运输队伍，它们甚至能将250米以外的叶片运到巢穴。这样壮观的蚂蚁队伍会引起大多数人的关注和兴趣，当然，这里面还有另一个原因——它们几乎收割周围的一切喜爱的叶子，能够在一夜之间让整片菜地消失得无影无踪……这些小家伙培育"蘑菇"，实际上是一些类似面包霉的线状菌丝，整个群体以这种奇怪的"蘑菇"为食，并得以发展成庞大的类群，大型的巢穴几乎以一头奶牛的食量消耗着叶子。

蚂蚁的种植活动开始于数千万年前，它们是少有的掌握了种植技术的生物类群之一。由于这些特别的行为，它们也成了目前研究最详细的类群之一，特别是对美切叶蚁研究得更为透彻。

美切叶蚁是拥有自然界最精细社会结构的生物之一，这源自于它们所进行的特殊农业生产、庞大的群体和它们神奇的社会分工。整个巢群从一个蚁后开始，这些未交配的"公主"会选择一个合适的时机从巢群中飞出来，得州美切叶蚁（*Atta texana*）在夜幕的掩护下开始婚飞，而塞氏美切叶蚁（*Atta sexdens*）则选择在午后婚飞。这些"公主"雌蚁的身上都携带着巢穴的"嫁妆"——一小块菌种。在天空中，雌蚁和雄蚁追逐交配，每一只雌蚁接受 5 只或者更多雄蚁的交配，每只雄蚁体内有 4000 万~8000 万枚精子，雌蚁将收集到数以亿计的精子，这些精子将在雌蚁未来的日子中使用终生，也许是 10 年，也许是 20 年——如果它能活下来，它可能产下总计超过 2000 万甚至更多枚卵，这些将成为一个庞大巢穴未来的基础。如果交配并不顺利，雌蚁在受精前还可以返回母巢获得庇护，择日再次婚飞。一旦交配成功，它就必须走上一条不归路，去开创自己的王朝，而这种成功的几率只有两千分之一。

落地后的雌蚁折断翅膀开始建巢，它们会寻找一块不太湿润也不太干燥的土地，如果太干燥，它们要么另寻地址要么寻找水源，用上颚一滴一滴将水运回，使之便于筑巢。如果土壤太湿润则易于被真菌侵害，这是一个严重的问题，因为对单个蚂蚁来说，没有其他蚂蚁帮助它清洁身体，婚飞后 90%的蚁后会死去，其原因就是真菌侵袭，而非其他猎食者的攻击。

它会向下挖掘一个深大约 30 厘米的"竖井"，最后开辟出一个宽度为 6 厘米左右的小室，这就是巢穴的起点。在黑暗的巢穴中，它吐出离开巢穴时一直珍藏在舌下的真菌，将其放置在巢室内，然后弯曲腹部，对准真菌顶部，喷出一股黄棕色的粪便，真菌在施肥后开始生长。它在另一角产下 3~6 枚卵。在以后的两周内，每隔一两个小时它便用粪便浇灌一次真菌，也产下更多的卵。但是，大多数卵却被蚁后自己食用或者储存起来以备喂养工蚁，只有 20~30 枚卵被放在真菌旁边，随着真菌的生长，孵化的幼虫即可以食用真菌。大多数情况下，在这个过程中，巢穴是封闭的，隐藏在地下，但是也有些雌蚁会跑到地上去寻找叶子作为肥料，不过那将是一个危机四伏的旅程。30 天左右，头一批卵、幼虫和蛹便被一丛快速生长的真菌围住，到 40~60 天后，第一批工蚁出现。这时候，雌蚁已经消耗了绝大部分能量，不过它也从此解脱了艰苦的劳动，后面的事情就交给工蚁去做了。

这一批工蚁必须能够完全接管真菌的培育，因此，它们必须包含能够在巢内管理真菌的小型工蚁和能够切割叶子的较大型工蚁，而且不应该有体型过大的兵蚁，因为它们会消耗群体过多的食物，反而威胁群体的生存。威尔逊等人发现这些工蚁的头宽要在 0.8~1.6 毫米，除了少数例外，事实确实如此。"切叶蚁巢群精确地完成了该做的事。在本能的指引下，超个体适应性地对环境做出了反应"。

不过这时候的群体仍必须小心翼翼，大约需要 8 个月的时间，巢群才会培育出可以寻觅足够食物并有一定自卫能力的工蚁。任何时候工蚁都必须随时关闭洞口，直至培育出兵蚁。随着巢群的发展，最终这里将成为一个超级都市，其外观直径可以达到 10 米甚至更大，即使在 Google Earth 这样的卫星地图上也依然可以找到它们的影像，确切地说，很多蚁学家就是这样寻找它们的。

在这个超级都市里，工蚁们被外派，它们从树木和其他植物上切下叶子、花瓣或者其他的部分。一旦探路的蚂蚁发现了合适的植物，它就会留下一条气味的路径，然后回去召集同伴。中等体型的工蚁头宽大约 2 毫米，负责切割下树叶，然后把叶子搬回巢穴。体型较小的蚂蚁来回跑动，担任警戒任务。有些小型蚂蚁会跑到正在搬运的叶片上"搭顺风车"，其行为的原因目前还不清楚，解释之一是为了避免寄生蝇从空中攻击正在劳动的中型工蚁，在它们身上产卵。这些工蚁忙碌不已，整个蚁路熙熙攘攘，如果将 6 毫米的工蚁放大到 1.5 米的尺度，小径上的工蚁们必须以每小时 26 千米的速度奔跑 15 千米左右的路程，而它们很可能还扛着 300 千克甚至更重的重物。其强壮程度远非我们人类可比。

运输队伍中同样夹杂着巨大的兵蚁，它们的头宽可以有 7 毫米，体长超过 1.7 厘米，这些兵蚁强大的上颚可以切开皮革，对小动物能够造成伤害。兵蚁曾经被认为单纯为了战斗而存在，但最新的研究表明它们可能还有其他的功能。当巢群蚂蚁数量达到 10 万时，就会诞生第一批这样的兵蚁。

树叶被运送回巢穴。这是一个庞大的地下都市，巢穴最深可以达到 6~8 米，最宽处占地面积大约几十平米，整个巢穴中大大小小的房间用通道相连。数以百万计的蚂蚁在这里忙忙碌碌，但是这样巨大的巢穴拥有精妙的通风结构，从巢穴表层到中心的空气都是流通的。之后，将叶子交给小一些的工蚁。这些工蚁把叶子送到众多"农场"中的一个，在那里，叶片被更小的蚂蚁逐级切成小块，直到被咀嚼成为菌床。不同的切叶蚁菌床准备、栽培方法不同，这种行为具有一定的学习性，可见切叶蚁的智力高于一般蚂蚁，更高于一般昆虫。绒毛状的真菌被巢穴中最小的蚂蚁照料，它们最后把生产出的"蘑菇"分配给巢穴中的其他成员。切叶蚁拥有极多种类的分工，不同工蚁的头宽可以相差 8 倍，身体干重可以相差 200 倍。甚至在巢穴里有一类小蚂蚁专门从事垃圾管理，它们驻扎在垃圾场，不断翻动垃圾，让它们迅速分解。而这些垃圾分解所带动产生的热气流也成了整个巢穴空气流通的发动机。

"田间管理"也很重要，多伦多大学的学者发现，如果疏于管理，种植园很容易就会感染一些杂菌，比如一种霉菌（*Escovopsis*）能在几天之内让整个种植园毁灭。为了保护它们种植的真菌，切叶蚁巧妙利用了生长在它们皮肤上的链霉菌（*Streptomyces*）所产生的抗生素，这些抗生素能高效地杀死包括霉菌在内的入侵者。早在数千万年前，切叶蚁就找到了链霉菌，这要远远早于我们找到青霉素，这是自然界中使用抗生素的绝佳案例。另一方面，为了防止菌丝过度繁殖，小工蚁也不时地将有些菌丝除去。有时因为小工蚁的数量不够，菌丝泛滥难以阻止，消耗大量的氧气，这会使幼虫窒息而死，造成整个群体的毁灭。因此，一旦发现将要发生这种菌丝"疯"长的迹象，工蚁只好携蚁后和幼蚁等弃家而逃。这个蚂蚁、细菌和真菌组成的庄园，涉及多个工种、若干物种和一系列的工程与动力学问题，是一个极为复杂的体系，也是自然界中协同作用的一个典范。

切叶子的蚂蚁已经非常有趣，但是，在这些真正切叶蚁的近亲中，还有其他真菌培育的方法。事实上，切叶蚁族（attine ants）可能叫做"养菌蚁族（fungus-growing ants）"更贴切些，这一族有 8 个小家族（属）超过 230 种蚂蚁，只分布在美洲地区，都与真菌有共生关系。有学者认为，养菌蚁族的农业模式是在美洲大陆与非洲大陆分离后的某个时间出现的，所有的切叶蚁族蚂蚁都有相同的起源，当代分子生物学研究也支持这一观点。不过两块大陆是在大约9000万年前分离的，而切叶蚁族发迹的时间在5500万~5000万年前，这时候地球正在经历着一个全球变暖的时期，南美的植被也非常丰茂。

在整个进化历程中，一共出现了5种类型的"农业模式"：

第一种为"低级农业（lower agriculture）"，共有76种切叶蚁有这样的模式，它们的"农业活动"具有很多原始的特征，栽培很多伞菌（Leucocoprineae族），也就是有菌盖的蘑菇，这种大概可以叫做真正的蘑菇。它们的培育手段相对古老，也没有专属的菌种，菌种都来自环境中可以独立生长的真菌，而且在蚂蚁培养蘑菇的过程中也会感染霉菌（Escovopsis），但是蚂蚁们似乎没有什么好的应对手段。这种模式被一些学者认为是比较接近最初的"真菌农业"的模式，可能在5000万~3000万年前就已经出现。

第二种为"珊瑚菌农业"，所谓珊瑚菌（coral fungus，羽瑚菌科Pterulaceae）是一些没有菌盖，看似很像珊瑚的真菌。美洲的珊瑚菌类可能大家都不大熟悉，但是亚洲也有类似真菌，而且其中一种很有名气，它叫猴头菌。从事这种种植活动的是属于无刺养菌蚁家族（Apterostigma）的一部分蚂蚁，这个家族体表没有大多数养菌蚁那样显眼的刺。有趣的是，共有34种无刺养菌蚁以珊瑚菌为食，而剩余的家族成员则培养和其他养菌蚁类似的真菌，似乎培养珊瑚菌是这个家族新进化出来的一个嗜好。

第三种为"酵母农业（yeast agriculture）"，其情况比较特殊，培育的不再是大型真菌，而是单细胞的"酵母菌"，有18种蚂蚁从事这一行业，它们属于凹养菌蚁（Cyphomyrmex）。不过这种"酵母"在人工培养基上可以恢复菌丝生长，和多细胞真菌的菌丝形态极为相似，实际是切叶蚁传统菌种的一个变种。

以上3种"真菌农业"有时也统称为"低级农业"，它们所利用的并非植物活体，而是脱落的树叶、花瓣等，也会用昆虫的粪便和尸体等来作为培养基，一般群体数量少于100只，生活也比较低调和隐蔽，属于比较弱势的群体，目前知之较少。

第四种为"近高级农业（generalized higher agriculture）"，是和最高级的切叶蚁极为相近的类群，区别是它们不会去收割植物的叶子，主要由沟养菌蚁（*Trachmyrmex*）、光养菌蚁（*Sericomyrmex*）和似切叶蚁（*Pseudoatta*）3类蚂蚁组成。

而最后一种模式——"高级农业（higher agriculture）"则是最高级的真菌培养形式，不仅有专属的菌种，而且还有收割新鲜的叶子和花朵来培养真菌的行为。也就是美切叶蚁和顶切叶蚁了，它们能够形成庞大的群体，数量都在万只以上，与那些惨淡经营的"低级的农业者"们大大不同。

不过，不管是"低级农业"还是"高级农业"，有些事情都无法回避，如坍塌、水淹或者杂菌污染，养菌蚁们有可能彻底失去自己辛苦建立起来的菌圃。这时，整个群体将面临饥饿，危机到来了。这时候这些失去了"庄稼"的"农夫"们有3个选择，要么去邻近的养菌蚁群体请求收留，和人家共用一个菌园；要么就偷偷潜入，盗取一小块菌种出来；或者干脆使用武力将原来的养菌蚁驱逐，霸占菌园。

瑞柴尔·阿达姆斯（Rachelle Adams）等人用凹养菌蚁进行了实验，他们发现，在实验室里，那些失去了菌园的凹养菌蚁往往会得到同类的帮助，与之共享菌园，只有一窝蚂蚁反客为主，将原来的主人驱逐出去了。甚至在不同物种的 6 组凹养菌蚁中也出现了一组两窝合作的情况，另有一组成功盗取了邻居的菌园，把它搬到了自己的巢室中，并且成功阻击了对方的反扑。这些室内试验表明，养菌蚁之间可能有比其他蚂蚁更大的容忍度，也许是因为菌园损失是常有的事，特别是在"低级农业"中，向同族提供菌种，帮助其度过难关，有利于整个物种（甚至更大家族）的繁衍。

但在野外，除大群蚂蚁袭击小群蚂蚁抢夺菌园的情况被记录外，很少发现这种共生现象。2008 年，散胡独（Sanhudo）等人还是在野外找到了这样的例子，而且是跨家族的例子，其一方是尤瑞无刺养菌蚁（*Apterostigma urichii*），另一方是弗凹养菌蚁（*Cyphomyrmex founulus*），双方各占一半菌园，相处非常融洽，也没有任何攻击性行为被观察到。

但是，共享菌园的不仅有养菌蚁，还有一类寄生性蚂蚁也在菌园内安逸生活，它们是菌贼蚁（*Megalomyrmex*）。这类蚂蚁一般在无刺养菌蚁、凹养菌蚁、沟养菌蚁和光养菌蚁等家族的菌园中被发现，并且能和寄主蚂蚁共存，但有的时候也会将原本的主人驱逐。但是，也在自然环境中发现了脱离了寄主而健康存在的菌贼蚁巢，并且是否该家族中所有物种都是寄生种也不清楚。但一般来讲，不同的菌贼蚁会选择不同的养菌蚁寄生，如有一种就选择了长柄凹养菌蚁（*Cyphomyrmex longiscapus*）作为寄主，不过这些强盗把事情做得很绝。

这种菌贼蚁如果发现了长柄凹养菌蚁的菌园，它们就会展开攻击，别看这种菌贼蚁的数量不多，有时一窝也就是十来只的样子，但长柄凹养菌蚁也不是大群落。菌贼蚁的工蚁会努力将原来的主人

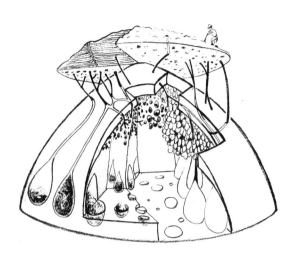

切叶蚁 *Atta vollenweideri* 的巢穴结构（仿 J. C. Jonkman,1979）
（王亮绘）。

们从菌园上拉下来，但是并不刻意要杀死它们。而那些逃脱了的工
蚁们则会试图爬回来，哪怕抢夺回一点菌种或附近的幼虫也好，但
它们大多数情况都不能成功。而且与菌贼蚁反复接触的蚂蚁可能会
死亡，可能是菌贼蚁身体表面能产生一种接触性毒素，将主家的工蚁
杀死了。

搬运树叶的美切叶蚁家族蚂蚁（*Atta cephalotes*）的队伍，整个队伍从切割的工地一直绵延到巢穴。（Alex Wild摄）

占领了菌园的菌贼蚁除了将猎获的幼虫等吃掉外，也会有模有样地去菌园收获"蘑菇"，它们几乎也能产生一些抗菌素以维持菌园的健康，因为一旦将菌园和菌贼蚁分离，菌园会很快衰败。但是，菌贼蚁居然不会加料！它们不能为菌园增加培养基，其结

爬在叶子侧面的工蚁。这是一个非常精妙的组合，叶子上的工蚁将帮助运输蚁驱赶寄生蝇。（Alex Wild 摄）

美切叶蚁巢穴内的白色菌圃，近处那个模糊的"庞然大物"是它们的蚁后，这个巢穴还在成长中。（蚁网网友摄）

果是菌园越养越小，最后，菌贼蚁放弃枯竭的菌园，再去掠夺新的菌园。而这种寄生方式其实也可以看成是一种捕食方式，对方的幼虫和菌园就是战利品，是从捕食到真正寄生或共生的中间环节。

蚂蚁，也可以是入侵物种

2012年7月9日，有媒体报道，广西柳州一市民在柳江边给小狗洗澡，竟被3条凶猛的鱼攻击，其中一条还突然咬住了他的手掌不放！据说，这鱼竟很可能是南美洲大名鼎鼎的"食人鱼"！这南美的鱼是如何跑到广西柳江水中的呢？

"食人鱼"又叫"食人鲳"或"水虎鱼"，学名叫红腹锯鲑脂鲤，不算尾巴，它可以达到30厘米长。它的腹部多少带有红色，身体带蓝色，看起来很漂亮，可在这漂亮的外表下却隐藏着它凶悍的一面。它们拥有高度发达的听觉和极为锐利的牙齿，成群活动，猎杀水中的鱼和落水动物，号称"水中狼群"。有传言说它们能在几分钟内将落水的牛羊啃咬成森森白骨，并能在手术刀上咬出牙印，这些实在夸张，但毫无疑问，它们确非水中善类。

早在2004年，国内就因有人饲养食人鲳引起有关部门震动，还专门进行过针对饲养食人鲳的销毁活动。怎奈，爱好者散养屡禁不止，现在仍有饲养，流入自然的机会大大增加。一旦进入水体，它们就可能成为入侵物种，极有可能给河流中的土著鱼类和两栖类动物造成毁灭性打击，也使河流变得不再安全。我的一位鱼类专家朋友告诉我，新闻中的鱼很可能不是红腹锯鲑脂鲤，也许是一些类似的物种，但他也表示"理论上我国南方存在食人鲳入侵的可能"，不过"此鱼引入国内的数量有限，即便有放生，其在野外形成固定种群还是有些难度的"。

尽管如此，入侵物种肆虐全球是不争的事实。据不完全统计，重灾区美国生长着约 20 万种来自世界各地的移民植物，每年防控经费多达 60 亿美元，而入侵物种每年带来的损失高达 1500 亿美元。世界自然联盟（IUCN）列出了最具有破坏力的 100 种入侵生物，作为陆地昆虫的霸主，蚂蚁，自然也有一些上了黑名单。

法老蚁（*Monomorium pharaonis*）便是其中之一，而且危害人类的历史悠久。它的学名是由生物命名法的创始人林奈（Linnaeus）在 1758 年亲自给出的，中文名也叫"小黄家蚁"或"小家蚁"。法老蚁属于小家蚁家族（*Monomorium*），是极常见又极容易被忽视的类群。小家蚁体态多少有些类似铺道蚁，但是体型却要小不少，体长只有不足 3 毫米，一般在 2 毫米左右，在常见的蚂蚁中属于最小的那一类，全世界可能有不少于 300 种。

法老蚁的工蚁体长 2.2~2.4 毫米，通体黄色，大约比一截 2 毫米的头发丝粗不了多少。它们的身体偶尔也会带红色，但不是艳丽的红色。法老蚁的后蚁体型稍大，大约有 4 毫米，体色较工蚁稍微深一些；雄性生殖蚁的体型和工蚁相仿，但是以黑色作为主色调。至于它的名字，据说和古埃及的一场大瘟疫有关，但这多半不是事实。不

法老蚁的工蚁，这些小蚂蚁身材极
为细小，可以穿过各种缝隙到达很
多地方。（刘彦鸣摄）

过，这种蚂蚁确实最可能起源于热带
非洲，也许就是埃及地区，但和埃及
法老本人估计没有多少联系。

法老蚁小小的体型使它们非常容
易隐藏在人们的行李、衣服或者货物
中到处迁徙，其迁移史已经很难说清。
现在，这种小蚂蚁已经伴随着人类的旅行和贸易分布到了除南极大陆
以外的所有大陆，几乎在任何大中城市里都能找到它们。

法老蚁拥有极快的代谢速度和繁殖能力，一般来说，卵在 26℃ 相
对湿度 80% 的条件下 5~7 天就能孵化。幼虫期 18~19 天，化蛹前的
准备时间大约 3 天，蛹期 9 天。也就是整个发育过程长的话也只有 30
多天，如果形成生殖蚁的话，整个周期要多花上 4 天左右的时间。工
蚁的寿命有 9~10 周，蚁后则大约只有 12 个月。虽然这些蚂蚁的寿命
很短，但是因为它们是多蚁后的群体，群体可以有数百甚至更多的蚁
后，整个群体却是几乎无限长寿的。巢穴工蚁的数量可以达到 30 万，
这个规模足以造成危害了。

法老蚁的主要危害也确实集中在了疫病的传染上，它们几乎可以
在任何城镇环境中生存，当然也包括病菌极多的垃圾堆里。它们经常
从非常肮脏的地方照直爬到饭桌上，或者在医院里从一个病人的床上
爬到另一个病人的床上……这些小东西食性非常杂，它们可能刚刚享
用了地上的垃圾堆，或者食完病人化脓或腐烂的组织以后就爬上去享
用你的午餐。唯一的好处是，这些饭再也不会有苍蝇光临了，因为它
们有防御其他生物抢夺食物的惯例——不过我打赌，没人还会享用这
顿午餐了。

在我国，法老蚁主要分布于长江以南，但记录显示，在我国的西藏地区已经发现了这些蚂蚁的踪迹，近年它们在北京等北方城市也有出没。2004年，我在河北大学校园内采集到该种蚂蚁，并捕获生殖蚁30余只。2006年的时候，也有保定的朋友向我求助，据说就是这种蚂蚁给他的生活带来了不便。从目前的情况看，在保定市区，该蚂蚁已经形成自然种群。2005年，在靠近保定市区、太行山脚下的满城县我同样也因为偶然的机会捕获了一只后蚁。

除了北京地区还有不少朋友提供了消息，再加上一些论文的报道，看起来在北方是以城市为中心，外围零星发生的状况。法老蚁对北方地区的危害较差，因此在北方地区控制这种蚂蚁要相对容易得多，如果单靠它们自己的力量似乎根本就不可能建立自然种群，起码在野外，我从未见过它们。它们之所以能在小区或者校园出现，很可能是因为过分频繁的建筑施工，破坏了原有的蚂蚁生态，造成生态位缺失，而该蚂蚁繁殖速度快，抢占了生态位。因此，尽量减少建筑施工对原有小生态的破坏，对防治小黄家蚁有重要的意义。例如，在建筑过程中尽量不破坏原有绿地，减少硬化地面等。

在小家蚁家族中，除了法老蚁，还有一种被称为异色小家蚁（*Monomorium floricola*）的蚂蚁也在世界范围内传播。和法老蚁不同，异色小家蚁为黑褐色，工蚁体长不足2毫米，头和后腹部的颜色深一些，是更为细小的蚂蚁。但是它们却分布到了几乎世界上所有的热带和亚热带沿海地区，也包括我国的广东和广西等地。它们在树木和草丛中做巢，巢群中蚂蚁数目巨大，但是更小的体型和不显眼的体色使它们非常容易被忽视掉，而且它们相当难以捕捉——稍微受到惊扰便会躲进树木和草丛的缝隙中，想用手抠出来都很难。它们另一个入侵的手段特别在蚁后上面，这些蚁后没有翅膀，不会参与外出的婚飞，它们就如行军蚁般以类似进行出芽的方式扩散，新蚁后带走一部分工蚁，这样的话其成活率是很高的。不过由于它们倾向于在树木和草丛中生活，尽管会默默地影响周围的环境，但似乎对人的生活影响不大，也很少有人注意它们。

细足捷蚁也是上了黑名单的蚂蚁，《中国蚂蚁》一书曾将这种蚂蚁的中文名定为"长角捷蚁"，但其采用的通用学名"*Anoplolepis longipes*"在拉丁文中的意思是"长脚捷蚁"不是"长（触）角捷蚁"，可能是印刷错误。时过时迁，已经十余年了，"*Anoplolepis longipes*"已不再是学术界通用的名字，现在它的学名是"*Anoplolepis gracilipes*"，我根据"*gracilipes*"的词意"细腿"，重译其名为"细足捷蚁"。

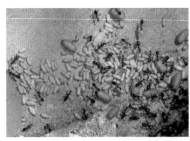

迁徙中的细足捷蚁群体，你可以看到工蚁、幼虫和茧子，小茧子将来羽化出工蚁，大茧子则羽化出生殖蚁。（刘彦鸣摄）

猎杀了白蚁工蚁的细足捷蚁，它们是敏捷而快速的狩猎者。（刘彦鸣摄）

这是一种敏捷的黄褐色蚂蚁，工蚁身长四五毫米，工蚁之间的体型略有区别，有时候容易和黄猄蚁弄混，不过它们显然没有在树冠层织叶做巢的本事，是地道的土栖物种。而且细足捷蚁甚至连建巢能力都很糟，它们几乎不建造地下巢室网络系统，而是倾向于利用现成的宜居场所，如石头和木头下、垃圾堆、排水沟、管路，等等。甚至陆生螃蟹的巢穴都可能成为它们的安家之所。由于它们随遇而安，没有典型的巢穴建筑，使我们找到和杀灭它们变得极为困难。

它们身体纤细、轻盈，行动也非常迅速，腿和触角看起来也很纤细，给人一种很长的感觉，外国人给它起了个"长腿蚂蚁（long-legged ant）"的俗名。根据世界自然保护联盟公布的数据（2006），细足捷蚁的生活周期为 76~84 天，其中卵孵化出来要 18~20 天，幼虫发育要 20 天左右（生殖雌蚁需 30~34 天），蛹期 16~20 天。

这种精力充沛的蚂蚁还有"黄色狂蚁（yellow crazy ant）"的大名，它们是非常高效的捕食者，日夜不停，活动温度范围从 25℃一直到 44℃以上，只有雨天才可以使它们停止食物搜集。一些国外农场主将其用来控制田地的害虫，比如肉桂、柑橘和咖啡种植园，据说都获得了成功，但这可能是个错误。尽管有人认为细足捷蚁可以通过捕捉农田害虫来提高作物产量，但它们在地下筑巢破坏植物根系，而且喷射的蚁酸可以对农业工人的皮肤和眼睛造成伤害。尽管如此，它们的农业破坏力并没有太突出的表现，充其量是"二等害虫"。但是，引入细足捷蚁确实是不智之举，因为它们入侵生态系统后，能够造成灾难性的生态后果——它们可以迅速破坏当地的生物多样性，降低其生态承受能力，是"头等生态杀手"。其中，以圣诞岛（Christmas Island）上红蟹悲惨的遭遇最为著名。

圣诞岛是澳大利亚所属岛屿，它还有一个同名的岛屿，那座岛屿上有举世闻名的石像。现在我们要提到的这座圣诞岛靠近爪哇岛（Java）和新加坡，是一个华人占多数的岛屿——这里原来属于新加坡，后来被卖给了澳大利亚，估计现在新加坡人的肠子都悔青了。这座岛屿因独特的陆生螃蟹而著名，尤其是著名的红蟹（red land crab），它们是圣诞岛精妙的生态系统的关键环节，它们是清道夫，清除森林的落叶。每到繁殖季节，这些生活在陆地上的螃蟹就成群结队奔向海滩进行繁殖，成为非常壮观的一景。此外，参加陆迁的还有盗蟹（robber crab, *Birgus latro*）等其他陆蟹，这种体型巨大的盗蟹曾遍布印度—太平洋地区，但现在，其他地方的这种蟹都已绝迹。可以说，这里曾经是螃蟹的天堂，可是，随着细足捷蚁的到来，这里成了地狱。

根据彼特·格林（Pete Green）等人的记载，细足捷蚁大约在1934年就被引入了圣诞岛。细足捷蚁食谱广泛，最初它们被看成是到处拣垃圾的"拾荒者"，但随后人们发现它们实际是"游走的猎手"，捕捉等足类、多足类、软体动物、蜘蛛、昆虫、螃蟹，等等。一直到20世纪90年代中期，细足捷蚁都没有表现出太大的生态危害，因为最开始，这些巢穴都是单蚁后的巢穴，彼此间相互牵制，不能造成什么严重后果。

随着时间的推移，情况发生了变化，1989年，第一窝多蚁后的超级巢穴在城区被发现，这可能是近亲繁殖造成的蚁后之间的"排斥力"下降的结果。

> 这样的超级群体化在著名的入侵物种阿根廷蚁中也曾出现。多后巢穴使蚁群出现了质的飞跃，无数的蚁后在群体中充当产卵机器，开足马力，群体成员的数量急剧膨胀。不过细足捷蚁巢穴内部也有可能并非铁板一块，在细足捷蚁的食物传递中发现了频繁的"拉扯（tug）"现象，也就是工蚁朝不同方向拉扯食物，最后食物易主的现象也有发生，甚至当食物运抵巢口，还有38%的情况会发生"拉扯"。关于这种行为，有不同

的假说进行解释。一种假说认为与食物的运输效率和能量支出
的平衡有关，不同体型适合蚂蚁搬运不同的食物，小体型的蚂
蚁搬运大食物，尽管会有较大的收益，但是运输速率慢，结果
暴露在运输途中的时间过长，还有可能被拦截；而体型较大的
工蚁如果运输较小的食物，虽然速度很快，但是收益太小。所
以，才会出现工蚁之间通过"拉扯"来传递食物的现象。这被
称为"分工合作假说"。但是也有数据并不支持这一说法，如蚂
蚁似乎并不太注重效率，蚂蚁搬运的路径是直线路径距离的两
倍以上，而且有时候参与的蚂蚁越多，反而路径越长。另一种
假说则认为，虽然细足捷蚁形成了多后巢群，但是这种蚁后联
盟可能并不稳定，工蚁其实是从同伴中"抢夺"食物，然后将
其与近亲个体之间分享。

　　多后确实使群体力量大大加强，1995年前后，大批的多后巢穴
出现了，圣诞岛繁茂的雨林成为它们发展的根据地。很快，它们在
雨林地面分布区的密度达到了每平方米2000只，达到10.5窝，创
造了迄今为止掠食性蚂蚁中的最高纪录。这些多后巢群的分布范围
以每天0.5米的速度向前推进，到1998年，它们就占据了雨林面积
的2%~3%。接下来的4年，它们在雨林中的领地扩大了10倍，占
据了28%的面积。它们有能力进攻这个岛上的各种螃蟹了，据估计，
1995~2002年间，共有1000万~2000万只红蟹被蚂蚁杀戮，占该岛红
蟹总量的20%~25%。缺少了红蟹的森林表现出了衰退的趋势。在蚂
蚁们终日饱食蟹肉之余，还"饲养"了一种蚧壳虫以获得糖分，结果蚧
壳虫数量猛增，正慢慢剥光森林的树叶。其结果是，雨林的参天大树正

在减少，信天翁等非候鸟开始缺乏筑巢场所，杂草和灌木则开始蔓生。现在当地的政府也采取了大量的措施来控制蚂蚁，但是收效甚微。

大卫·斯利博（David Slip）指出，包括部分雨林在内，整个圣诞岛大约有 1/4 的面积已经被蚂蚁所占领，在蚂蚁集中的地区，红蟹已经绝迹。圣诞岛红蟹的悲惨遭遇只是细足捷蚁入侵的一个典型缩影，这种起源自非洲的蚂蚁在热带和亚热带地区具有极强的适应能力，目前它们分布范围从非洲东边开始，横跨印度洋和太平洋，包括了东南亚和澳大利亚，一直到达美国西海岸地区。它们可以在农田、森林、草地、绿地、新建筑区和城市街区等各种地方生存下来。它们的巢穴驻地形式非常多样，可以在树叶下、土壤中筑巢，也能在竹节里，甚至在树洞里栖息。

在我国，细足捷蚁已经扩散到了广东、广西、云南、福建、海南、台湾及香港、澳门地区，估计还有相当一部分省份和港口已经被波及。不过目前还没有形成超级群体的报告，在中国南方，我的一些蚂蚁爱好者朋友们还看到它们被当地阵容强大的行军蚁部队、巨首蚁军团到处驱赶。但是，当它们发展成超级群体以后，我们的土著蚂蚁还能控制并战胜它们吗？而那些破坏了原有生态、没有强大的土著蚂蚁的地方，将是它们繁衍生息，聚积力量的理想场所。

还有一种蚂蚁，其名声和破坏力大过法老蚁和细足捷蚁，它是红火蚁（*Solenopsis invicta*）。红火蚁是一种非常强大的入侵昆虫，它们从拉美起源，一路向北推进，轻易入侵美国，成为美国南部人们野餐时最不欢迎的访客。它们已经攻克了美国 3 亿英亩[①]的土地，"美国

---

① 1 英亩 =4046.86 平方米

人尝试了从化学武器到对着蚂蚁撒尿等各种手段",但它们依然在美国的大地上以每年 200 千米的速度向前推进。而且它们已经向世界进军,巴西、波多黎各、安提瓜和巴布达、特立尼达和多巴哥、巴哈马群岛、特克斯和凯科斯群岛、维尔京群岛、新西兰、澳大利亚、马来西亚和我国都曾遭到入侵。

这些火红色的小蚂蚁体长 3~6 毫米,有大、中、小 3 型工蚁,较为亮丽的红色外观使它们极易与其他蚂蚁区分开。红火蚁的传播主要分为人为传播和自然扩散两种方式。远距离传播主要是靠人,它们潜藏在从分布地或疫区进出口的土壤等中,如肥料、培养土、草皮和含有土壤的盆花、种苗,甚至运输工具、农耕工具,以及货柜集装箱等。近距离传播和扩散则靠婚飞,有时它们也会从水流上游漂流到下游。红火蚁的繁殖速度相当快,它们可以是单后群体,也可以是多后群体,根据 IUCN 的数据,一只雌蚁每天最高可产卵 800 枚,也有报告称能达到 1500 枚,一个几只蚁后的巢穴每天就可以产生 2000~3000 枚卵,当食物充足时,蚁后的产卵量即可达到最大,而入侵红火蚁由卵到羽化为成虫只需要 22~38 天。典型蚁巢为 8 万只蚂蚁,一个成熟的蚁巢则可以拥有多达 24 万只工蚁。

红火蚁和其他入侵性的蚂蚁物种一样,是非常亢奋的捕食者,更糟糕的是,它们具有非常厉害的蜇针,这在同等体型的蚂蚁中是非常少有的。红火蚁上颚可咬,尾刺可蜇,一旦被叮咬,有过敏体质的人要格外注意,有可能出现严重后果。被红火蚁攻击后有剧痛、灼热感持续 1 小时以上,接着皮肤起水泡,还会红肿化脓,大部分的人 10 天左右便可复原,但通常会留下一些疤痕。若脓泡破裂,则常易引起细菌感染。在红火蚁的蜇针中包含自然生物碱毒素,是引起疼痛,诱发脓包的主要物质。此外，毒素中还包含水溶性蛋白质、多肽和其他小分子物质，并能够导致敏感人群的过敏反应，如果有过敏体质，就有可能引发过敏反应出现更严重的休克，甚至有可能死亡。小动物被红火蚁攻击后更容易休克，成为红火蚁的美餐。

厉害的武器造就了火爆的脾气，它们进攻一切它们认为不该存在的事物，驱逐、杀死或摧毁它们。这些小昆虫极容易被电磁波惹恼，它们会成群地攻击电子线路，经常造成电线短路甚至引发小型火灾。飞禽走兽，甚至植物也难逃其害。在入侵红火蚁的重灾区，如任其繁殖横行，地表的植物幼芽、果实都会被吃光，地下的根果、多年生草根如苦苦芽和蒲公英的根果都是入侵红火蚁的食物。有些幼小动物、鸟蛋也会遭灭顶之灾，成年兽类不逃走的也会被咬死吃掉。土壤动物如蚯蚓、地老虎，穴居小动物如田鼠、黄鼠狼、蛇类等都会被重创。更糟糕的是它们搬移和取食植物的种子，改变种子植物的比例和生长分布，使自然生态严重失衡。

红火蚁入侵住房、学校、草坪等地，与人接触的机会较多，叮咬现象时有发生。在美国，有超过 4000 万人生活在红火蚁的入侵区，每年有超过 1400 万人被红火蚁叮咬过。美国南卡罗来纳州 1998 年便有 3.3 万人被入侵红火蚁咬伤，其中 660 人出现休克，2 人死亡。

因此，红火蚁必须防治。在国外，也总结了一些防控红火蚁的经验，总的经验是悲观的——一旦其扩散开来，防控难度会很大，但也有成功的，新西兰就是成功阻击了红火蚁的国家。2001 年初，澳大利亚和新西兰同时发现红火蚁入侵，但红火蚁在新西兰的发生高度集中，只发现了一个大蚁巢，在人工杀灭后继续进行广泛的疫情监测。在 2002 年，新西兰官方宣布已经将其根除之后，仍然制订了 2 年根除计划和 5 年监测计划。澳大利亚也颇有斩获，在红火蚁入侵的初期就进行了有力响应，根除效果已达 99.98%。目前较成熟的防治方法仍是化学防治，其中"两步法"是应用最普遍的防治方法，是目前所有方法中防效性和持效性最好的措施。这种方法是先通过撒播毒饵以降低红火蚁的种群密度，然后再对单个蚁巢进行杀灭。

在我国，红火蚁入侵形势很严峻。自 2004 年 9 月广东省吴川地区局部发现红火蚁后，在南方，红火蚁迅速扩散，广东、广西、湖南、江西等省、自治区均有灾情，总面积至少达到 71 平方千米。目前在我国，红火蚁中已由单后群体成长起来的多后群体，占到了全部群体的 80%。我国红火蚁的来源可以通过线粒体基因追踪——这是只能由母亲传递给后代的基因。2005 年，曾玲等分析了来自中国首个被发现的入侵地——广东吴川的样本，发现其与美国弗罗里达州的红火蚁相同，这些红火蚁是来自美国的。但是，2006 年和 2007 年采集的标本的基因分析却表明，这次采集的红火蚁共有 3 个类型母体基因，很可能是分为三批（或由三群蚁后）入侵到我国的，但这三批的基因均与阿根廷分布的红火蚁相同，因此推测其很可能是通过来自南美的贸易或活动入侵我国的。可是，2011 年和 2012 年采集的另一批标本分析则和 2005 年的结果相似，认为其只来自于美国南部。这些结果表明，我国红火蚁的来源很复杂，可能它们已经潜伏了很长时间，需要更进一步的研究。但是，毫无疑问，它们已经落地生根，形成了自然种群，并且开始了征服之旅。

目前，在我国已知有 22 种鸟类、1 种两栖动物和 18 种蜥蜴受到其扩散的影响。红火蚁也被发现对荔枝林中的无脊椎动物数量造成了影响，特别是减少了毛虫及其天敌的数量，这似乎在一定程度上控制了害虫，但这不过是"黑吃黑"——一类害虫的消亡变成了另一类害虫的兴旺。在荒地和草坪，本地蚂蚁受到了强烈的冲击，33%~46%的本土蚂蚁物种在入侵过程中受到了冲击，这种冲击在蚁巢附近5米内极大。本土蚂蚁也在做出奋力抵御，但是有关的研究较少，我们在观察过程中发现，能够喷射毒雾的蚂蚁族群可能会有较好的抵御和克制红火蚁的能力。因此，在应对红火蚁入侵的时候，请务必保护好本土蚂蚁，这会减轻我们的压力。还有研究认为，另一种早年入侵我国的蚂蚁，来自非洲或亚洲其他地区的黑头酸臭蚁（*Tapinoma melanocephalum*）也正在为了守住地盘奋力战斗着。

但是，红火蚁依然在前进……

薛大勇等分析，如果红火蚁最后扩散完成的话，该虫在中国的分布将主要集中在华南、华东、华中和西南省份以及华北的局部地区。威盛（Vinson）曾认为入侵红火蚁的越冬北界不低于年最低温度−17.18 ℃的界限，如果据此推断，其北界扩散区域可达到河北南部和天津，甚至涉及北京边缘，其向西扩散可达西藏东南部的雅鲁藏布江下游(墨脱以南)地区。

红火蚁的大工蚁、小工蚁和雌蚁，它们正　狩猎归来的红火蚁。（刘彦鸣摄）
在迁徙。（刘彦鸣摄）

在这里，我也特别提醒红火蚁发现地相应省份和周边省份的读者朋友注意，在户外，特别是在草地活动时千万不可赤脚，衣服和鞋袜要放在蚂蚁爬不到的地方，以免造成蜇伤。特别注意那些在上边活动着为红色或暗红色蚂蚁的、大小不一的小丘状蚁巢。这些蚁丘高达5~30厘米，底部直径5~50厘米。

即使有几年观察蚂蚁的经验，并且在采取防护的情况下，我也不建议读者近距离观察这些蚂蚁。如果发现红火蚁巢穴，也不要擅自采取行动或骚扰蚂蚁，这些蚂蚁可以在被惊扰后立即做出反应，60~90秒内就能达到最大的"兵力输出"。如果已经惊扰到它们，请立即撤离，它们如果找不到攻击对象，会在20~60秒内返回巢穴。个人捣毁、破坏蚁巢都可能带来猛烈攻击，特别是要避免婴幼儿出现这类不当行为。一旦发现红火蚁巢穴，应通知防疫部门或专业机构，及时进行杀灭处理。

如果不幸被叮咬，可以采取以下的基本处理步骤：

（1）先将被叮咬的部位予以冰敷处理，并以肥皂与清水清洗被叮咬的患部。

（2）一般可以使用含类固醇的外敷药膏或口服抗组胺药剂来缓解瘙痒与肿胀的症状，但必须在医生诊断指示下使用上述药剂。

（3）被叮咬后应尽量避免伤口的二次性感染，并且避免将脓疱弄破。

（4）若是患有过敏病史或叮咬后有较剧烈的反应，如全身性瘙痒、荨麻疹、脸部燥红肿胀、呼吸困难、胸痛、心跳加快等症状或其他特殊生理反应时，必须尽快去医疗院所就医。

在我国，除了一些猛蚁能给人造成较轻微的蛰伤外，这是本书中，我唯一一次如此郑重其事地向大家做出蛰伤的安全提醒，请大家一定注意。一旦发现它们的存在，绝不可尝试饲养，给其造成传播的机会，而故意传播、运输红火蚁则是违反法规，更是违背道德的行为。

僵尸来吃脑子了！

蚂蚁入侵纵然凶悍，但是僵尸出击则更是吓人。特别是在僵尸题材影视作品层出不穷的当代，人们被搞得真的有点怕现实版僵尸来临了，这一惊惧更是在一个美国人当街啃食了受害人的脸而达到高潮。还好，这个啃人的家伙其实是"嗑药"才出现了奇怪的行为。不过，确实存在着类似僵尸的行为，主要是病毒或者寄生虫影响了寄主的神经，改变了它们的行为。这种现象在动物界中广泛存在，虽然绝没有影视作品中那般夸张，但起码能"制造"一些喜欢猫的老鼠——弓形虫是一种寄生动物，只要感染了弓形虫，老鼠不仅不怕猫，还特别喜欢猫尿的味道，哪里有猫，它就会去哪里！这是弓形虫卵寄生在老鼠脑部造成的，一切都是为了让猫能够吃到被感染的老鼠，因为猫才是它们的最终宿主。

蚂蚁世界中也有"僵尸"。在东南亚的热带雨林里，一些蚂蚁会颤巍巍地爬上树木叶子的背面，咬住叶子，然后就一动不动了。

接下来会发生奇怪的事情，它的头顶会慢慢长出一根"天线"（此时蚂蚁已死）。这根"天线"其实是一种虫草菌（*Ophiocordyceps unilateralis*）的子实体，被感染的蚂蚁大多属于弓背蚁、多刺蚁或者海胆蚁等亲缘关系较近的蚂蚁，目前已知至少 10 种蚂蚁会感染这种真菌。而蚂蚁爬上高处的树叶就是受真菌的化学物质控制，这时蚂蚁的头部已经充满了真菌的细胞，但是这些细胞却不会进入脑组织或者肌肉组织，从而让蚂蚁还"活着"，但它们早已如行尸走肉，是一个"活僵尸"了，完全失去了往日的行为和风格。

以被感染的弓背蚁列罗氏弓背蚁（*Camponotus leonardi*）为例，这是一种习惯在树冠层活动的蚂蚁，它们很少来到地面，一旦在地上活动则有明确的蚁路，很少离开蚁路太远活动。但是被感染后的蚂蚁则不同，它们单独行动，孤苦伶仃。它们活动的时间也出现了变化，从不在清晨和傍晚出来活动，它们变得偏爱中午的时光。在临死前，这些蚂蚁会在不同植物的叶子上来回游荡，不过似乎并不太选择植物的种类，这些都是正常蚂蚁所没有的。而且在巡游的过程中，蚂蚁会不时痛苦抽搐，从植物上掉落下来，这可能是真菌刺激神经的结果。接下来，它们会咬住叶子，一般是咬住主叶脉或次级叶脉，一旦咬住就不会分离，除非受到大雨等因素的影响。大约在 7 天之后，长出子实体，子实体在高处释放出孢子，随风散去，再去感染其他的蚂蚁，击败蚂蚁的免疫系统，控制它的大脑，然后周而复始。不过感染的成功率和气候有关，真菌的成功率在干旱季节要低一些。

2010 年，科学家在 4800 万年前的叶子化石上发现了僵尸蚂蚁咬过的痕迹，看来这场控制和反控制的战争由来已久。但是蚂蚁居然还有一个天然盟友在协助它们抗击孢子，2012 年 5 月，科学家发现一种未知的真菌能够用化学物质消除僵尸蚂蚁身上的孢子。

不过，目前关于这些真菌的信息我们依然知之甚少，甚至 *Ophiocordyceps unilateralis* 本身也是近年才确定其分类地位的，而它的同族（科）共已知约 140 个物种，其中很多也应该能感染蚂蚁，并且使它们产生行为上的变化，如科学家就发现行军蚁 *Dorylus thoracicus* 会感染另一种真菌 *Ophiocordyceps pseudolloydii*，而伊万斯（Evans）等在 2011 年的论文中也提到了所谓的 *Ophiocordyceps unilateralis* 也可能并非只是同一个物种，甚至我们可以推测，有可能每一个蚂蚁物种（或几个近似物种）都有相应的真菌和其高度对应。

而另一些病原体则会利用蚂蚁僵尸达到变更寄主的目标，有些还颇为复杂。如柳叶刀肝吸虫（*Dicrocoelium dendriticum*）是主要寄生在牛羊等反刍动物的肝脏、胆管（bile duct）和胆囊的扁形动物，这种寄生在家养动物和野生动物中都有发现，广泛分布在欧洲、亚洲、美洲和北非。这种寄生虫将它们的卵混在牛羊粪便中排出体外，卵会暂时处于休眠状态，直到被一种吃粪便的软体动物，比如一种蜗牛（*Cochlicopa lubrica*、*Helicella itala* 或 *Helicella corderoi*）吃下去。然后，它们在蜗牛体内孵化，接下来混在黏液当中被蜗牛排出体外，结果被林蚁家族的工蚁吃掉。接下来，它们进入蚂蚁的脑部，控制并驱赶这些蚂蚁爬上牧草叶子的顶端，并且在那里一动不动，等待被吃。如果没有被吃掉，那就等到第二天再来，直到被吃掉为止。绕了这样一个大圈子，终于感染上了牛羊，真是煞费苦心啊！人吃下这寄生虫也能感染，不过还好，人毕竟很少顺路吃到这些蚂蚁。

有趣的是，目前已知被肝吸虫感染的蚂蚁种类几乎只限于林蚁家族，包括如丝光褐林蚁（*Formica fusca*）、掘穴蚁（*Formica* cunicularia)、草地蚁（*Formica pratensis*）、标褐沙林蚁（*Formica rufibarbis*）或凹唇蚁（*Formica sanguinea*）等不少种类。唯一的特例发生在它的一个近缘家族——箭蚁家族（包括其中的 *Cataglyphis aenescens* 和 *Cataglyphus bicolor*），后者以健步如飞而知名。在其他蚂蚁家族中没有发现，这其中的机理值得进一步研究。

另一个受害者则是凶名赫赫的红火蚁，它们会被一些看似柔弱的"小苍蝇"吓得魂飞魄散，这类"小苍蝇"称为蚁蚤蝇（*Pseudacteon* spp.）。蚁蚤蝇在欧洲、亚洲和南北美洲均有分布，而且它们只盯着蚂蚁，特别是火蚁家族（*Solenopsis* spp.），不危害蚂蚁以外的昆虫。蚁蚤蝇能将卵产入蚂蚁体内，幼虫孵化后就从蚂蚁体内获得营养，化蛹前会操纵被感染的火蚁远离群体，避开其他火蚁的攻击，到一个没有危险的地方，最后成虫咬断蚂蚁的脖子，从蚂蚁的头部钻出来。这些蚁蚤蝇的体型不会大过宿主的脑袋，因为它们是从那里发育成熟，最后钻出来的。

每种蚁蚤蝇几乎只对一个蚂蚁类群感兴趣，很少有"爱好广泛"的。唯一的例外是在欧洲的一种蚁蚤蝇（*Pseudacteon formicarum*），它攻击多个蚂蚁家族的蚂蚁，如毛蚁（*Lasius* spp.）、林蚁（*Formica* spp.）、红蚁（*Myrmica* spp.）和酸臭蚁（*Tapinoma* spp.），但也有人认为其主要是针对毛蚁的。在美洲，至少有 26 种蚁蚤蝇以火蚁家族的蚂蚁为宿主，与之形成鲜明对比的是，只有 7 种蚁蚤蝇以红火蚁以外的蚂蚁为宿主，这些宿主包括举腹蚁（*Crematogaster*）、直殖臭蚁（*Linepithema*）、尖臭蚁（*Dorymyrmex*）、光胸臭蚁属（*Liometopum*）和邻游蚁（*Neivamyrmex*）几个家族中的一些蚂蚁。这样看来，火蚁家族似乎颇受蚁蚤蝇的重视，而蚁蚤蝇也被科学家视为对付红火蚁的得力助手。

　　更让火蚁们叫苦不迭的是，在南美洲，有时候一个地方有 5~8 种蚁蚤蝇在盯着周围的火蚁，科学家们认为它们有可能通过 3 种途径来瓜分这些蚂蚁资源。其一是不同物种选择不同体型的工蚁下手，最后的结果是，火蚁巢中每一种体型的工蚁都至少有一种蚁蚤蝇与其对应。其二是错开攻击的时间，如一些在早上到正午活动，而另一些蚁蚤蝇物种则选择在别的时候下手。其三是选择不同行为的蚂蚁下手，如有些蚁蚤蝇物种对觅食蚁道上的工蚁下手，有些物种则在筑巢工蚁上下手，还有一些则看准了火蚁婚飞的时候。

　　蚁蚤蝇的侦察能力也很惊人，如果气候适宜，它们能够在 20 分钟内出现在火蚁新蚁丘的上空，它们很可能是循着气味追踪来的，从时间上推算，其探测范围是 10~20 米甚至更远，但可能不会超过 50 米。它们会在 10~40 厘米的距离内依靠气味定位工蚁，10 厘米内则依靠视力，在发动攻击前，它们会飞临蚂蚁头 3~5 毫米的上空位置调整姿态。一旦发动进攻，蚁蚤蝇会在很短的时间内完成刺入和排卵的过程，它们的生殖器和宿主就如同锁和钥匙一样匹配，只需 0.1~1.0 秒。不过这个过程依然会让被注入的蚂蚁恼怒异常，它们甚至会想要抓住蚁蚤蝇，当然这几乎不可能。蚁蚤蝇的攻击效率很高，如曲蚁蚤蝇（*Pseudacteon curvatus*）每只雌性可以攻击 200~300 只甚至更多数目的蚂蚁。不过攻击也存在风险，在实验室条件下，经过 4 小时，只有大约 30% 的雌蝇还存活，一旦雌蝇攻击工蚁数目密集的地方，很有可能被蚂蚁一齐逮住并撕碎，还有一些则是因为耗尽体能而被杀死。

　　蚁群对蚁蚤蝇相当警觉，一次攻击可能会使数百工蚁的各种活动受到干扰甚至中断，火蚁们会就近寻找洞穴或遮挡物。蚁群的反应强度和被攻击次数有关，少量的蚁蚤蝇就可以中止蚁群巢穴建造等活动，直到蚁蚤蝇离去 15~60 分钟后才能恢复正常。蚁蚤蝇的袭击干扰减弱了火蚁群体的筑巢、觅食等能力，削弱了它们与同类的竞争力。有观点认为，之所以红火蚁能够入侵到美国本土并击败当地的土著火蚁，甚至将种群密度提高到每平方米 2000~4000 只蚂蚁的高密度，重要原因是红火蚁在这些地方缺少蚁蚤蝇等天敌，具有了竞争优势。也有实验证实，一些蚁蚤蝇对宿主的选择非常专一，至少有 3 种北美的蚁蚤蝇只攻击本地的火蚁，但却不攻击入侵而来的红火蚁，尽管它们完全可以改变一下选择。

美洲热带雨林，还有更夸张的事情上演：有一种寄生在鸟类体内的线虫（*Myrmeconema neotropicum*）盯上了黑门蚁（*Cephalotes atratus*）。

黑门蚁是在南美雨林树冠层活动的蚂蚁，很早以前人们就注意到这种蚂蚁很"警觉"，当受到惊扰时，它们会主动从树上掉落下来，这种"掉落"可以在任何高度发生。后来发现黑门蚁在下落过程中能够在空中调整姿态，进行滑翔，落在不远处的植物上，然后再爬上来，不用担心一直会掉到地面上。

被虫草菌感染的"僵尸"双齿多刺蚁，它咬住了叶子。（冉浩摄）

被线虫感染的鸟类粪便中含有线虫，当蚂蚁接触这些粪便时就会被感染，这些线虫就开始上演操纵蚂蚁的大戏了。它们释放化学物质改变蚂蚁的外观，让蚂蚁的肚子变得红红的，看起来好似一颗成熟的红色浆果，而且蚂蚁会变得非常愿意显摆自己的红肚子。其实这充满了阴谋——肚里满是线虫的卵，专门等着鸟儿来吃下去。别人拟态都是为了保护自己不被捕食，这可好，成了世界上第一个把自己拟态成好吃的水果的例子。

但是这一说法很快也遭到质疑，奈斯（Ness）等在《蚂蚁生态学》（*Ant ecology*）一书中提出了不同的观点。他们认为，目前缺乏鸟类直接捕食这些"草莓蚂蚁"的证据，而且在当地，尽管一年四季有很多红色的小果子，但没有类似黑门蚁红肚子的水果存在，因此没有拟态的对象。另外，他们认为红色虽然让蚂蚁更显眼一些，但是这种蚂蚁在当地实在太常见了，很容易被捕食，用不着特殊的标记。而且昆虫中带有红色的物种也很多，并非都是为了吸引捕食者。因此，奈斯等认为这一说法至少需要再进一步商榷。但我的观点是，不管有没有直接捕食的证据，至少，蚂蚁的肚子确实变得醒目了，这其中必然存在一个理由，吸引捕食者确实是个不错的解释，就看将来能不能有更多的证据来支持这一观点了，或者在远古，曾经存在过一种能结出类似果实的植物。

第三部分
做个初级蚁学家

我们在前面已经讲过不少蚂蚁的知识，也介绍了不少蚂蚁的类群，你现在是不是对这些小家伙充满了兴趣，想要亲自去观察和研究一番了？如果你有了这样的想法，我将倍感荣幸，并且非常欢迎你加入蚂蚁自然爱好者的行列！下面我将为你介绍如何与蚂蚁亲密接触，以及应该如何观察和保护它们。

蹲下来，你就会有收获!

蚂蚁是随处都能找到的小昆虫，即使春寒料峭或者秋风瑟瑟，你依然有希望找到它们。只要你在野外、公园或者小路边，蹲下来，凝神观察，细细搜索，你就会有所收获——当你发现第一只蚂蚁的时候，你便进入了它们的世界。

毫无疑问，观察处于自然状态的蚂蚁是最有价值的，也许你很快就会发现蚂蚁的世界比我说的还要有趣。作为一个自然爱好者，特别是昆虫爱好者，无视路人好奇的眼光可能是我们要修炼的基本功。当然，有时候也会有人好奇地上来询问，没关系，你可以大方地告诉他你正在做的事情，说不定你会多一个志同道合的朋友呢。当然，如果你不愿说，也可以告诉他，你把一件很重要的小物件弄丢了……

在观察蚂蚁的时候，你可以用目光锁定住一只活动的蚂蚁，你很快就能通过它的活动找到更多的蚂蚁，接下来，也许你就会看到一条忙忙碌碌的蚁道，沿着蚁道搜索，也许你就能看到它们的老巢了。

如果你打算长期观察它们，那就给它们的巢穴一个响亮的编号吧！然后你可以在本子上画出地面巢穴的结构。如果有数码相机和照相手机，你也可以拍照记录下这个画面，而且最好能在拍照时在巢穴附近放上一把小钢尺作为参照物，这样，在以后的分析过程中照片就有了参考价值。

接下来，你就可以观察它们进进出出、搬运食物或者外出战斗，你也可以做上一些小小的实验，有时候会有一些很惊喜的事情发生呢。这时候，少不了要写一些观察记录，把它写在随身携带的小本子上，我在后面的附录中给出了观察记录表的样本，你可以直接复印来用，也可以根据实际需求来调整它。

用手机发微博或电子日记也是个不错的做法，还可以与志同道合的朋友分享。有时候可能来不及记录一些特殊的现象，如果你随身携带手机或者录像机，那就录像吧，录像是最有说服力的记录形式。你也可以用嘴描述录音，回家再详细整理。

不过，不管以何种形式记录，一个有价值的观察记录应该包括日期、地点、蚂蚁物种（或巢穴编号）以及你所观察到的现象。等时间长了，你就会发现你已经积累了很多有趣的资料，说不定还会有一些新的发现，毕竟蚂蚁的物种过万，但现在全世界与蚂蚁沾边的学者总共不超过千人，实在是人少蚁多，人们对很多蚂蚁的行为还知之甚少。

一起来做个标本

如果你不知道所观察蚂蚁到底是哪一种蚂蚁，最好从巢穴中采集几只工蚁作为标本，等有机会时再鉴定。如果这个巢穴有工蚁也有兵蚁，兵蚁会是主要的鉴定依据，需要采集。只采集自然巢穴在地面活动的少量几只工蚁和兵蚁，而不采集蚁后，你不必担心会对巢穴造成影响。

我们可以把这些捕捉的蚂蚁丢进随身携带的酒精溶液瓶中杀死，如果是一般标本采集，可用 75% 的乙醇溶液，如果是用于分子生物学实验，则应该使用无水酒精。之后再记录好发现的详细地点和时间，如果你有 GPS 或者北斗设备，可以记录下采集地点的经纬度，也可以回

昆虫针：制作昆虫标本时必不可少的工具，可以在制作标本前用来固定昆虫的位置，制作针插标本。昆虫针的型号共 7 种：00，0，1，2，3，4，5。0 至 5 号针的长度为 38.45 毫米，0 号针直径 0.3 毫米，每增加一号，直径相应地增加十分之一毫米，所以 5 号针直径 0.8 毫米。实际上 3 号针最常用。00 号针，是将 0 号针从针尖以上三分之一处截断，又称二重针。

到家以后从天地图（http://www.tianditu.cn）或者Google Earth等卫星地图上找到相应位置，然后记下经纬度。在野外，特别是高海拔处，如果随身带有测量海拔高度的高度计等，也应该记下标本采集的海拔高度。如果有相机也应该随手拍下几张蚂蚁生活的生态图。具体的分类、鉴定和标本制作则要留到返回后再认真进行。但返回后就应该立即对标本进行处理，以免遗忘。这些方法对其他昆虫标本的采集同样是适用的。

主流的昆虫标本制作方法是脱水标本，或者说是针插标本，也是最常见的标本制作方法。它需要使用到和大头针外观差不多的昆虫针，只是后者长得多。昆虫针可以从教学或者实验用具商店购买，也可以通过淘宝（http://www.taobao.com）等网上商城购买（一小包几元钱，不贵的）。实在买不到，也可以用大头针代替，或者干脆制成其他形式的标本。

其做法就是将昆虫趁着"柔软"的时候取出来，然后下针插制标本。不同的昆虫应该选用不同粗心的昆虫针，而且下针的位置略有区别。基本的原则是在"背上"（胸部背面）下针，下针位置不能破坏标本的结构，比如一针就将标本的一条腿戳下来……不要笑，这是刚开始接触针插标本制作时常犯的错误之一。比如，甲虫下针的位置一般是选择胸部中线偏右一点，也就是右边鞘翅的左上角，以避开腹面一块突起的小盾片；而像蝴蝶和蚂蚁这类体型比较纤细的昆虫则在胸部中央下针，位置偏离中央的话容易把腿刺穿下来。最后，昆虫和昆虫针"冒儿"之间还要留下一点距离，以便于取用的时候方便，一般预留下不到1厘米即可。

下针以后可以将标本插在泡沫上，然后稍微修整一下姿态，并用昆虫针插在附近的泡沫上，别住标本，以固定姿态。等标本风干定形后，再收回多余的昆虫针。制作好的标本要及时插上标签，标签是标本上最原始的记录。一般标签是 1.5 厘米长、1.0 厘米宽的硬纸片，上面写有标本的信息。制作好标签后，依次用昆虫针插上，使标签位于标本的下方。

做好的标本要立即插上两个标签，第一个标签写有采集地点、海拔高度、采集时间；第二个标签写上寄主或采集方法、环境、采集人姓名。经过研究查对已经有学名的和经过系统研究起出中文名字的昆虫标本要加上第三个标签，上面要再加上中文名、学名及鉴定人姓名。标签要用碳素笔书写以防止褪色。经过研究，前人还未发现的新种，在标本下还要再加上新种或新亚种标签。这些标签可以像植物的叶子一样相互错开，避免互相遮挡。

最后，这些标本应该被转移到带有泡沫板底部的标本盒里。标本盒可以自制，如用一个塑料收纳盒垫上泡沫板即可，最好盒盖一面是透明的，这样会比较方便查找。也可以直接从相应的商店或者网上购买，一个标本盒价格在十几到二十元左右。标本盒中应放置樟脑和干燥剂，以防虫蛀和发霉。

一般来说，由于蚂蚁身体小，制作针插标本难度是比较大的。除非像日本弓背蚁那么大的蚂蚁，使用二号昆虫针也不见得有什么问题。但这样的蚂蚁实在太少了，大多数蚂蚁立即就会被扎烂。对于这些小蚂蚁或其他小昆虫，一般我们先把它们粘在三角纸上，标准的三角纸长 7.65 毫米、宽 1.8 毫米（也可以直接取 10 毫米长的一小截火柴棒）。粘贴标本的时候注意不要将蚂蚁的关键分类特征遮挡住，一般是背面朝上。一般来讲，尖端要靠近蚂蚁右侧，并触及中足和后足基部，尽量减少其他部分的遮挡。还有一个需要注意的是，在粘标本的时候手要轻，尤其是刚开始学习制作时，要小心三角纸将标本弹飞。等粘牢后，取昆虫针刺穿三角纸，再做好标签，也可先插好三角纸再粘贴标本。同一种蚂蚁不同品级的三角纸标本插在同根昆虫针上也是可以的，这样可以节省标签和昆虫针。针插标本的制作也需要多熟悉才能做好。

另外一种常用的方式是浸泡标本。对于爱好者来说，可以使用75%浓度的医用酒精，能在药店买到，正好符合标准。但是，有时候浸泡在医用酒精溶液中的标本比较脆，可以先用低浓度的酒精浸泡24小时，然后将标本转入医用酒精中长期保存。"蚂蚁泡酒"起源自蚁学家沙普利（Shapley），他惯于将标本保存在乡下随处可买到的烈酒中……

你可以用离心管容纳浸泡标本，这是一些密闭性非常好的有盖塑料管，原本是在实验室进行离心操作的消耗品。你可以根据需求选择不同规格的离心管（几十元就可以买一大包，非常实用，实验用品店和网店里都能买到）。即使如此，这种保存液保存的标本内部组织也较脆，在解剖的时候需小心应对。最后，别忘了贴上用碳素笔书写的标签，标签的内容和针插标本相同，但不必拘泥于标签个数。

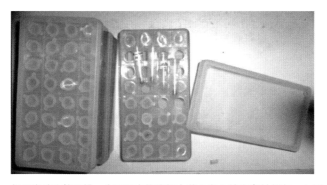

如果当地比较干燥，也可以直接将标本装入离心管中密封保存，方便省事。我用的是5毫升的离心管保存标本。图中的盒子是离心管盒，不同规格的离心管对应不同的盒子（盒子几元钱一个）。（冉浩摄）

到野外去摄影!

对于一个爱好者来讲，到野外去拍摄蚂蚁将乐趣多多，也可以拿来和志同道合的人分享。而且摄影或者录像也可以记录下蚂蚁的行为和特征，是将来证明自己发现的有力证据，而且很多当时注意不到的细节也能在分析相片时看到。不过，由于蚂蚁是小动物，而且是很小很小的昆虫，拍照并不容易，如果说拍大甲虫是微距摄影的话，拍蚂蚁就是所谓的"超微距"摄影了。

说到"超微距"，就必须提到一个词——对焦。要想拍摄到清晰的相片，相机拍摄的焦点必须正好"投射"在相应的位置，如果焦点"投射"在前方或者后方，你要拍摄的东西就会变得模糊。很多人有这样的经验，明明拍的是眼前的人，洗出的相片中最清楚的却是后面做背景的树……这就是焦点"投射"到树上造成的，寻找正确的焦点"投射"位置便称为"对焦"。

普通镜头主要是拍摄人和风景，通常只能在拍摄对象在60厘米以外的时候对焦，而且需要手动。现在的数码相机一般有自动对焦功能，只需要你使快门处于半按下状态，相机屏幕上就会出现一个绿色的对焦框，只要将对焦框对准要拍摄的物体，等图像清楚了以后按下快门即可。这个过程中手不要抖，因为拍照的过程虽然很短，但也不是一瞬间完成的。一旦手抖，照片就会因为取景时震动而模糊，很多人按快门很用力，往往就会造成手抖而照出"糊了"的照片，即使相机有防抖功能，也还是小心一点为妙。但是，即使是数码相机，常规下也只能在60厘米外对焦，这些对拍摄蚂蚁而言都是不够的。

不过数码相机往往还有"微距"和"超微距"模式可以选择，而传统相机则必须加装微距镜头。微距模式的对焦距离大概在十几厘米到几十厘米，拍摄花朵什么的是够用的，也可以用来拍摄日本弓背蚁等大蚂蚁。但是，拍摄小蚂蚁还是不够，需要转入"超微距"模式。在超微距模式下，数码相机往往可以在1~2厘米处进行对焦，这就需要你将镜头靠近蚂蚁，而且是极靠近蚂蚁，让镜头和蚂蚁之间的距离差不多在对焦的范围，也就是1~2厘米。

不过，如果用普通数码相机进行超微距摄影还是需要掌握一些技巧的。首先，普通相机在光照较弱的地方成像质量差。因此，相机最好是带有强制闪光，在打闪光灯的情况下，往往可以得到较清晰的影像。如果相机没有强制闪光，则必须在光照充足的条件下拍摄，也可使用外部光源辅助。此外，拍摄时要注意稳定性，由于超微距拍摄的是很小的目标，因此哪怕轻微的抖动都会影响摄影效果，拍摄时给相机或者手找一个支点是很必要的。

另一个问题就是要学会抓拍，超微距拍摄的范围很小，有时候只要蚂蚁稍微爬两步就离开了摄影范围，追着蚂蚁拍摄是不可能的。这时候，应该采取蹲点等待的方法，即先估算出蚂蚁的行进路线，然后对好焦静待蚂蚁到来，当蚂蚁出现在视野一侧的时候按下快门，等我们的手和相机反应到位的时候，蚂蚁正好在视野中央。不过这种拍摄的成功率很低，但因为是蚂蚁自然行为的摄影，很有价值。

如果不想抓拍，也可以想办法让蚂蚁停下来慢慢拍，刘彦鸣早期的手段是用一些糖水来吸引蚂蚁，趁着蚂蚁吸食糖水的时候进行拍摄。还有一些爱好者采取冷气处理的方法来冻僵蚂蚁，这一方法对蚂蚁有伤害，而且很不自然，不推荐使用。国外还有一个摄影师曾经拍出过不少林蚁"生活"的"趣味图片"，他的手法看起来是"摆拍"，就是将死蚂蚁整理出姿势然后拍照，虽然创意不错，但是细微处仍充满着尸体的僵硬感，并非上乘之作。

相比普通相机，单反相机加上微距镜头是更好的选择，不过这套装备颇为昂贵，甚至有人戏称"玩单反穷三代"……所以爱好者完全没有必要从单反开始。但如果你手里已有单反相机，可以淘一个微距镜头和光源，再搭配三角架，前面讲的拍摄经验依然有参考价值。

还有一个问题就是，由于蚂蚁拍摄失败率很高，如果可能，把相机的像素设置到最高，这样成功率会高一些，至少成功的照片效果会好一些。所以，你需要一个大的记忆卡，先抓紧时间拍摄，等回家再认真挑选图片。普通相机至少需要 1G 空间，单反相机至少要 8G 才够用。

经过练习，要不了多久你就能拍摄到清楚的蚂蚁照片，满足基本需求了，但是要拍摄出好的作品，除了技术，往往还需要一点运气。至少我们这些爱好者中，只有刘彦鸣一人曾经凭借蚂蚁摄影作品拿到过国家级奖项。

小试牛刀，抓一些工蚁来养吧!

野外观察最为自然，得到的结果也最有说服力，但是不大方便，最方便观察和实验的活动当然是饲养蚂蚁。在野外，我们可以捕捉一些活工蚁回来观察，巢穴只要不损失，蚁后则不会受到多大影响。

但是，我们反对对蚂蚁进行挖巢和整窝采集，少量捕捉工蚁对巢穴和环境都没有太大影响，但如果开掘蚁巢，很可能就要伤害到植物的根系，以及那里的微生态的平衡。而且这种采集行为对整个巢穴来说也是致命的，一旦蚁后被取走，巢穴中剩余的工蚁将在无助中逐渐死去，整个群体灭亡，对于那些比较罕见的蚂蚁则更不是好事情，而对于同一个区域反复采集和挖巢则更不可取。我们这些爱好者们不能因为自己的爱好，就做出破坏环境和生态平衡的事情。因此，对于野外已经形成的群体，我们只能采集工蚁。

采集活的工蚁，我们也要做一些准备。既然是去抓蚂蚁，免不了要到蚂蚁密集的巢穴附近。为了避免蚂蚁的叮咬，建议不要穿凉鞋，可以适当携带驱虫药品。如果对昆虫叮咬有过敏体质的人，最好不要亲自去招惹它们。

为了防止在捕捉时伤害蚂蚁，我们不提倡用手直接捕捉。随手捕捉的蚂蚁可能已经因此受伤，不能活很久，虚弱的蚂蚁还可能传播疾病给同伴。你可以准备毛笔或小毛刷来收集蚂蚁，让蚂蚁爬上毛笔，或者在毛笔上稍微沾上一点清水，这样来采集可以避免蚂蚁受伤。也可以自制集虫器，方法很简单，取一个矿泉水瓶子，在瓶盖上打两个洞，各自插入一根塑料软管。一根管子用来吸气，一根管子用来采集昆虫。但是为了防止有些朋友吸力过大，吸进一些东西，吸气管在瓶子里的那一端最好用纱布包住。当遇到一只昆虫时可将收集昆虫的管子对准它，操作人用另一根管子吸气，将它吸入。如果不愿意用嘴吸，在那头连接一个掌上吸尘器也可。

最后，将集虫器里收集到的蚂蚁装入小瓶中。为了缓解被捕捉的蚂蚁的"紧张情绪"，也防止它们在我们行走过程中因颠簸而不断翻滚，可以在瓶中少量填充新鲜草叶，但一定不要加土。颠簸会使玻璃瓶中的土块滚动，蚂蚁就如同置身一个地震频繁而且到处是滚石的环境中，极为难熬，而且不小心可能还会被掩埋，最后的结果往往是受伤或者死亡。

此外，不同种类、不同巢穴的蚂蚁必须分开放置在不同的小瓶里，否则它们之间就发生冲突，不等你将它们运回家，大半已经阵亡，剩下的少数也是苟延残喘了。捕捉林蚁、弓背蚁、臭蚁等蚂蚁的时候要格外注意，它们受惊后会释放毒雾，自然环境里这不是多麻烦的事，但是这些毒雾如果弥漫在封闭的小瓶中，多半会害死它们自己。装这类蚂蚁应该使用比较宽敞的容器，可以用多层纱布或者棉塞做盖子，有利于通风，将毒雾散布出去。棉塞还可以沾上一点低浓度的纯碱溶液，用来中和毒雾中的酸性物质。

回到家，你就可以尝试进行饲养你的第一窝蚂蚁啦。你需要一个有盖的罐头瓶或矿泉水瓶做饲养瓶，先在里面放上干净的土，如果怕不干净，可以先放在大太阳底下摊开曝晒一中午。之后，要把土弄湿润，用手捏一下，刚好捏成团，但还能捏散，这个湿度就行了。蚂蚁很怕干，太干了就会死亡，也不能太湿，太湿了则会引起发霉。然后把土装到饲养瓶里，稍微压实即可。

接下来，把蚂蚁倒进你给它们做的新家。它们开始会很慌乱，给它们一两天时间安静，等它们冷静下来就会开始挖洞啦，这个过程中不要晃动饲养瓶，免得将蚂蚁埋住。蚂蚁喜欢贴着硬物做巢，所以培养瓶壁是最好的做巢位置，这也便于我们透过玻璃观察。但是由于培养瓶壁是透明的，蚂蚁却不喜欢在有光的地方暴露巢穴，所以在它们日常生活时应该进行遮光处理。你可以将松紧带缝制成一个环状，然后从外面套住培养瓶的土壤部分，观察的时候取下来。此外，蚂蚁对红光不敏感，你也可以用红色的塑料进行遮挡。这样，你就可以很方便地观察蚂蚁在巢室内的行为了。

已经安顿下来的蚂蚁，你可以喂一些小昆虫作为食物，但不要多，多了会发霉。一旦发霉，蚂蚁就可能生病，需要更换饲养瓶。在放置饲养瓶的时候还要注意，不能选择喧闹的环境，否则，在频繁的惊吓下，群体很快就会透支精力而衰败。

作为新入门者，还有一种现成的蚁巢可以选择——蚂蚁工坊。这是一种完全透明的蚂蚁饲养装置，土粒被透明的凝胶代替，观察非常方便。目前市面上最流行的是王志刚的山东澳西玩具公司生产的"蚂蚁工坊"系列产品，这家公司也是国内最早生产这类产品的公司。这些产品参考了美国航天局进行蚂蚁太空实验的技术，产品使用了透明的凝胶颗粒，可以清晰地观察到蚂蚁在里面的活动。而且凝胶中含有蚂蚁生存所需要的营养，不需要格外投食，非常方便。工坊可以反复使用，第二次使用时，只要先把里面的异物清理干净，然后用微波炉将凝胶融化，稍微冷却后再趁热倒回到工坊里面，冷却后凝胶凝固就可以继续使用了。当然，长期使用的凝胶会变质，这时就需要更换新

1	2	3	4	5

用毛笔拿起蚂蚁的步骤。你也可以给毛笔蘸上点水，然后将毛笔上多余的水分挤去。（冉浩摄）

在各种人工巢穴中，蚂蚁工坊是唯一一种可以直观观察蚂蚁挖巢行为的饲养装置。（王志刚提供）

的凝胶了。从 2007 年开始，该产品真品具有了激光防伪标志。但是，如果你的蚂蚁是体长不足 5 毫米的蚂蚁，请慎重选择，因为凝胶巢不适合太小的蚂蚁。

当然，没有后蚁的一群蚂蚁最终都是要衰老死亡的，你只能眼看着它们一只只死去。你可以通过不定期补充别处获得的幼虫和蛹来维系整个群体的生存，你不能另外直接加入成年蚂蚁，尽管后者更容易获得，但会引起战斗。最好的方法还是获得一个蚁后，这里确实有一个几乎不破坏环境和生态的获取方法。如果你确实已经养过不少工蚁了，并且已经小有经验，那就请跟我一起继续"发烧"。

从婚飞开始：试管里的故事

我们获得蚁后的机会就是婚飞。每年的婚飞都会有大量的新生生殖蚁产生，那些交配了的后蚁在寻找藏身之处的时候会折断翅膀，在地上匆匆爬行，这就是我们的目标——寻找那些孤独行走又大腹便便的蚂蚁。

识别后蚁很简单，因为它们曾经具有翅膀，即使折断了翅膀还是有翅膀着生的痕迹。因为有强壮的飞行肌，它们的背部更为发达、高耸。个人采集少数新生后蚁不会对生态造成破坏，因为大多数蚁后在自然状态下是很难存活的。但是，也不应该大规模地采集和捕捉，那样仍可能给环境带来影响。

这些新生蚁后的饲养可以从试管开始，试管巢是人工培养新生蚁后最佳的方法。国内外蚂蚁爱好者已经对试管养殖新蚁后的方法进行了大量尝试，现在已经摸索出了一些比较成熟的方法。

常规的单支试管的试管巢制作简单，主要的用具就是试管，这种非常常见的科学用品可以在仪器商店、教具商店或者网店购买,一支价格几毛钱,也很廉价。具体的制作方法是先在试管中加入 2~3 毫升的清水,然后用棉花塞压住,这样在试管的末端就有一个一个"小水库",由于棉花的存在,又不用担心水会流出来淹没蚂蚁,同时起到保湿的作用。然后将蚂蚁装入,在试管口塞上一个透气的棉塞即可。一般来讲,新生的蚁后体内都储存有足够的营养物质,无需额外补充营养。养殖蚂蚁时应将试管巢平放使用,试管巢的优点是操作简单,空间占用小,更换巢室也容易,缺点则是不适合大群体的饲养。

使用试管巢进行蚂蚁养殖还需要注意一些问题。首先是要选择一支合适的试管来饲养新蚁后。一般来讲,适合试管饲养的都是工蚁数量不多的群体。这有两种可能,一是由新蚁后培养的新生群体,亟待发展壮大,二是返小群体,指的是原来大群体,由于各种原因工蚁损失,变成了小群体。不管怎么说,这两种群体,都是孱弱的。新生群体会因为工蚁数量少而战战兢兢,返小群体会因为工蚁的减员而元气大伤,这两种情况都不适合给蚂蚁一个太大的巢室去开疆拓土,相比之下,选择尽量小的试管,在能满足小群落正常存活的条件下,试管尽量窄,可以给小群体以充足的安全感,更加有利于其发展。

其次是水的选择,这部分水既是保湿用水,也是蚂蚁的饮用水,而且除非更换试管,否则是无法取出的,因此,对水质的要求就提高了。水源必须是无毒和有机物低含量的,含毒会伤害蚂蚁的健康,有机物则有可能引起变质或者发霉。一般来讲不宜直接使用自来水,自来水中存在杀菌消毒的物质,如次氯酸等,虽然对人无害,但对蚂蚁却具有不小的杀伤力。因此,建议使用纯净水来作为水源。此外,在注水的时候也要确保试管是干净的。对一般爱好者来讲,这就足够了。当然，如果专业人员能够进行无菌操作，或者可以在使用前对其进行高温灭菌或紫外线消毒处理，那效果将更好。

　　然后就是堵水介质，也就是塞入的棉花的选择。主要问题是发霉，一般来讲纤维素是不大容易发霉的，因此选择医用脱脂棉是最好的。另外，群体有时候会表现出啃咬堵水介质的行为，一旦其被咬穿，水就会流出来，淹没巢穴，情况就会变糟，所以堵水介质的量需要稍微多一些。不过也不必太在意，新蚁后和它的工蚁们精力有限，做这些事情的时候很少。

　　还要遮光，试管是透明的，蚂蚁则是生活在地下的，它们还是不太适应暴露在光天化日之下。对试管进行遮光有两个好处，一是可以防止蚂蚁在试管壁上堆放垃圾，从而改善观察体验和换管时间，因为有了遮光材料，蚂蚁就不会千方百计地自己去遮光了，人和蚁都解脱了。二是可以有效地阻止蚂蚁去挖棉花，在大多数情况下，试管巢住的蚁后都会躲在下部被挖空的堵水介质中，用来寻找黑暗，获得安全感，但如果遮住光线，工蚁啃咬的机会就会大大降低。你可以在上一节工蚁的饲养专题中找到具体的遮光方法。

　　最后一个问题是防震。养蚂蚁是为了观察，大家免不了把试管拿起来观察，尽管我们自己感觉手法轻盈，但是对蚂蚁来说还是有影响的。特别是将巢穴放回桌面的时候，往往因为小小的碰撞引起巢穴内大乱，干扰蚂蚁的生活。为了避免这种干扰，可以在试管靠近两端的地方捆上橡皮筋作为缓冲。

　　以上问题都处理好了，就可以把新生的单个蚁后放入到试管巢中，塞上棉塞，静静等待第一只工蚁的出世了。这时候你可以写上一份观察记录来追踪整个巢群的发展和演变。对于那些已经产生了工蚁的群体，可以将试管巢固定在一个防逃的投食物场或活动场上，具体的防逃方法我将在后面进行介绍。然后给棉塞打开一个孔，工蚁就可以出来觅食。不过这时候群体依然战战兢兢，棉塞开孔不宜过大，这样群体才会有安全感。

　　试管巢有利于新生巢群的发展，但是当群体增大到一定程度，单纯一支试管已经远远不能满足要求了。这时候可以换用石膏巢等其他巢穴，也可以增加试管的个数，然后将其用塑料管串联起来形成"联体试管巢"，其基本原则和一支试管的"单体试管巢"区别不大，但是由于群体增大，联体试管巢往往需要定期更换一部分试管，以保证巢穴的卫生和健康。联体试管巢的操作并不复杂，大家可以在熟悉了单体试管巢以后自行摸索。

试管巢饲养收获蚁，边缘涂抹的白色物质是防逃膏。（林祥摄）

继续，做个石膏巢

一些国内外的爱好者极为推崇试管巢，但是另一些爱好者则对一种被称为"石膏巢"的人工蚁巢情有独钟，两相比较，各有优缺点。总体来讲，试管巢比较适合小群体或者比较随遇而安的蚂蚁，而石膏巢则更适合大群体，也更接近土壤环境，便于饲养。

首先需要解释一个词——石膏。石膏的本体是矿物硫酸钙，其化学性质要比普通石头（碳酸钙）稳定，经过高温煅烧后，磨细形成的粉末即为石膏粉。根据工艺不同，石膏的品质也不同。一般经过加水搅拌后，石膏会逐渐风干，凝集成块，硬度也会加强。凝集形成的石膏块具有良好的吸水性，而且由于其很少含有有机杂质，较土巢更为干净，也不容易发霉，可以看成是土巢的升级版。不过由于石膏块较硬，需要在石膏凝固后用刻刀雕刻出巢室，如果完全依靠蚂蚁自己挖巢，那将是极困难的。不过蚂蚁们倒是能够利用石膏碎屑进行小修小补。

我以最简单的石膏巢为例，为大家讲解石膏巢的制作方法。蚁巢的设计其实是一个充分开动脑筋，进行DIY的过程，大家可以在其基础上进行改造和设计，如增加觅食区或者活动区等。

制作一个最简单的石膏巢需要一个有盖的透明玻璃（或塑料）的瓶子、盒子或者杯子，内壁最好不要有花纹，而且最好是上面开口大，下面直径小的那种，或者说如同一个纸杯的形状是最好，最差也至少应该是上下一般大的。否则，在后面的操作过程中就会因为石膏块被卡住而无法进行，下面我以杯子为例继续讲解。

为了让制成的石膏块紧紧贴住杯壁，需要用杯子做模具来浇筑石膏。具体的方法是先用水和适量的石膏搅拌均匀，一般来讲，将石膏搅拌成不太稀的糊状即可。然后将其倒入杯子中，搅拌均匀，之后等待石膏凝固。等石膏凝固成块后，将其从模具中扣出，这一步称为"脱模"。但是，很多时候石膏和杯子之间已经粘牢，任凭如何振动都无法脱模。一般来讲，由于塑料具有很强的延展性，脱模还比较容易，但是如果用玻璃杯做模具，情况就会比较严重了，有时因为脱模会弄碎杯子。

因此，在浇筑的时候我们还需要做一些额外的准备。有些爱好者在模具内添加塑料袋贴住模具内壁，然后再在塑料袋内浇筑石膏，等石膏凝固以后将袋子提出来，石膏块也就弄出来了。这种方法我也用过，简单易行，但是缺点是如果塑料袋里的褶子没有弄好，石膏块上也会因此带褶子，有时不太美观。另一种方法则是用脱模剂脱模，需要事先购买一瓶凡士林，几元钱一小瓶，可以在药店买到，可以用很多次。先用凡士林均匀涂满模具的内壁，然后再进行石膏浇筑，由于凡士林像油一样疏水，石膏无法附着在模具表面，等石膏凝固时体积会略有缩小，自然就会和模具分离。使用凡士林做脱模剂的缺点是模具上会沾满凡士林，不容易清除，所以建议用和模具相同的容器做真正的饲养巢，而模具就一直当模具吧！这种方法是目前我使用的方法，自我感觉良好。但是，也有朋友说此脱模方法不如塑料膜效果好，可能是操作手法不同的原因，大家可以自己试试看哪种方法更好。

接下来就是用刻刀在石膏块的内壁上刻出巢室、通道等，你可以根据自己的喜好或者蚂蚁的特点来进行雕刻。没有刻刀的话也可以使用"一"字的螺丝刀代替。最好在石膏还湿润的时候进行雕刻操作，这样会容易一些。等雕刻好以后，就可以将石膏块重新放回到杯子里，这时候，由于杯子本身是模具，石膏大小正好和它吻合，你雕刻的巢室也就正好贴着杯壁，而且由于石膏很硬，蚂蚁改动巢室很困难，将来在巢室中活动的蚂蚁就尽收眼底了！

由于石膏中主要是无机物，所以较不容易发霉，而且加水以后可以较长时间保持湿度。但是它也有缺点，比如蚂蚁一旦进入后就取出困难，结果造成换巢困难，而且一旦缺水变干，它就如同海绵一样从周围可能的地方吸收水气，造成巢穴中极度干燥，从而给蚂蚁生存带来不利的影响。因此，石膏巢需要经常浇水。不过湿润的石膏巢硬度会下降，在这种情况下，蚂蚁能够轻微挖掘石膏，堆出一些石膏颗粒，这倒不是一件特别糟糕的事情，因为在自然土巢中它们也做相同的事情。

制作一个简易石膏蚂蚁窝

1.从建筑装饰市场和商店购得的散装石膏，一般市场价格0.4~0.8元/kg。

2.选择一个废弃的果品塑料盒子，在里面调和了石膏作为模具。

3和4.自然风干后将石膏倒出，用工具刻画蚂蚁巢穴的通道。石膏很硬，一般蚂蚁自己的力量很难做出合适的巢穴。

5.将石膏巢装回到塑料盒子中，盖上盖子就成为一个很好的巢穴。

（巢穴制作：蚁网蚁友）

小蚂蚁，你逃不掉的！

在饲养过程中，蚂蚁不会老老实实地呆在划定的区域，这些敏捷的小动物几乎能在垂直的塑料或者玻璃壁上攀爬，一不留神，这些小东西就能拉家带口地从你的饲养地消失，让人头痛不已。因此，如何防止蚂蚁逃跑，是爱好者们要面临的第一个问题。

在2001年前后，人工饲养蚂蚁的方法刚刚开始在国内探索，最初只有我和刘彦鸣两个人。我最开始采用的是"水牢"，就是在蚂蚁的养殖地周围绕上一圈水做"护城河"。最初做法是用大小两个盆子嵌套，小盆里作为蚂蚁的活动场所，大盆里加水作为"水牢"。但是缺陷很快暴露了出来，如果两盆间隔过小，蚂蚁则有可能渡水逃脱，而如果间隔过大，虽然可以有效阻止蚂蚁逃脱，可是内盆壁太光滑，蚂蚁经常失足落水而溺死。后来，则采用了砖块作为基质，代替内盆，砖的表面粗糙，可以有效避免蚂蚁跌入水中，而且砖块吸水，可以维持一定的湿度。后来，"水牢"防逃也得到了进一步发展，很多爱好者还将养鱼和养蚂蚁结合起来。第二部分"织叶蚁，蚂蚁中的精灵族"内容中提到的黄猄蚁捕鱼的现象就是在这种防逃模式下被发现的。

但是"水牢"的缺点是空间占用大，而且水中容易滋生蚊虫，必须在水里饲养鱼虾或田螺来消灭虫卵。在我改进"水牢"的同时，刘彦鸣则倾向于通过在培养瓶壁上做文章，设法让蚂蚁爬不上来，如利用爽身粉或凡士林涂抹瓶壁，以增大蚂蚁攀爬的难度。后来，华南农业大学在研究红火蚁的过程中使用特氟隆涂抹处理饲养装置内壁，这是国外探索出来的方法。特氟隆是一种进口的人工合成的高分子化合物，耐酸碱，化学性质也极为稳定，摩擦系数极小，或者说极为光滑，可以有效阻止蚂蚁攀爬。你也可以购买特氟隆胶带粘贴在饲养装置内壁，进行防逃处理，效果很不错。不过为保险起见，你需要在特氟隆胶带接口上方的装置内壁上再沾上一小截，以防止蚂蚁从接口处爬出。这种胶带可以在网上购买，但是价格略贵，而且在潮湿环境下效果会下降。

后来出现了转机，国内一位蚂蚁爱好者发明了一种特殊的防逃膏，现在看来，这种防逃膏不仅对蚂蚁有效，几乎对所有爱攀爬的昆虫都有效。其原理简单，但是构思却相当巧妙——就是用易挥发的有机溶剂，如无水酒精，与极细的粉末等混合成膏状液体。只需要把这些防逃液涂抹在饲养瓶内壁形成一圈，接下来有机溶剂挥发，就只剩下涂抹的粉膏，具有很好的防逃效果。目前这个产品已经很成熟，也可以在网上买到，效果很好。你也可以尝试用酒精混合爽身粉涂抹来代替防逃膏，但是防逃效果要差一些。

使用防逃膏时，用棉签或者小刷子将其均匀地涂抹在饲养装置内壁即可。因为溶剂挥发及溶质沉淀的事情经常发生，这里要注意浓度不要过低或者过高，高了会造成浪费且难于均匀涂抹，而浓度低了会影响防逃的效果。

经过试验，防逃效果最佳的是不具有直角的容器，比如圆柱体，或者弧角方柱容器。因为这样最有利于防逃膏的附着，并且不利于蚂蚁的攀爬，而直角容器往往无法限制善于攀爬的物种。当然，养蚁的过程中会出现无数的"想不到"，也正因如此，才会乐趣不断。如聂鑫的一次经历，在全异巨首蚁的活动区，工蚁们堆起了垃圾山，遮盖了防逃带，直接导致了防逃手段的崩溃。

防逃措施是一方面，另一方面则应增强巢穴的舒适度，在食物和生存资源都很适宜的情况下，蚂蚁们出逃的倾向就会减小，也减少了饲养者的防逃压力。包括蚂蚁们扔出的垃圾，也应及时清理，更要不时巡视，防患于未然。在一定程度上，主人的勤快程度也关系到人工蚁巢的防逃效果。

成熟蚁巢，石膏"蚂蚁城堡"

接下来，我要给大家介绍一个比较成熟的蚂蚁石膏巢穴，它是由聂鑫一手设计而成的，我和聂鑫曾经讨论过这个巢穴的一些设计细节，非常不错而且简单易行。我在这里简单介绍制作方法，也作为读者自己设计巢穴的抛砖引玉之作。

这个石膏蚂蚁城堡以奶茶杯为饲养空间，将石膏巢置于其中。独特之处在于，为了保湿，在石膏巢下方设计了一个储水区，可以通过注射器向内补水，水汽向上挥发，从而保证巢穴的湿度，是对普通石膏巢的一种改进。这种巢穴比较适合中小巢群的饲养。

第一步是制作"基座"，也是制作蚂蚁城堡之前必备的一步，目的是为了制作储水区。储水区是奶茶杯底部储水的位置，位于石膏巢的下方，其制作思路无非有两种，一种是将石膏全部浇筑，脱模后把底部挖去，另一种则是在浇筑前在奶茶杯底部加入填充物，待石膏巢成型后移去填充物，自然就留出了储水空间。显然第二种方法更加经济节省，而基座就是起到填充物的作用。基座也就是先浇筑的小块石膏，成型后倒出来，用塑料布包裹或者涂满凡士林即可。

具体进行浇筑时，先放入基座，然后进行浇筑，脱模即可。需要注意的是，如果基座涂抹了凡士林，由于凡士林会渗入石膏影响巢体底部的吸水性，需要人为将巢体底部削薄一些，除去渗入的凡士林。浇筑蚁巢时也可以添加一些物质，改变石膏蚁巢的各种性质，如加入细沙可以使石膏的硬度直线增加，而加入细壤（降雨引起的片流的沉积产物）可以提高石膏吸水性，软化石膏，并且使石膏具有强烈的吸水变色能力。

接下来就是耐心等待石膏凝固，在石膏凝固的过程中，会放出热量，这时要有充分的耐心，要等到石膏完全凝固再脱模。否则较大的力量会导致石膏整体的变形。之后则是趁着湿润进行雕琢，刻出巢室等结构。对于新手，可以先用铅笔描出设计，然后再下手雕刻。

最后一步，是保湿处理，就是在巢穴的上表面涂抹硅胶，这一步需要在巢穴干燥后进行，否则不利于涂抹硅胶。没有硅胶的话也可使用凡士林，或者蜡质。为了方便蚂蚁活动，最后还要在硅胶上面粘上一层无纺布。

接下来，把巢穴装回奶茶杯，然后在巢穴上方涂抹防逃液，在储水区用注射剂加水，就成了！不过巢穴维护的时候要留意储水区水量的变化，及时加水哦。

1. 做好底座

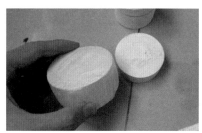

2. 底座防水处理

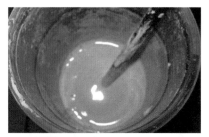

3. 一边搅拌一边添加石膏

4. 静置待石膏凝固

5. 脱模

6. 雕刻巢室和打孔

7. 设计无纺布

8.涂抹硅胶

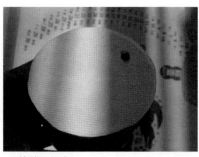

9.粘贴无纺布

10.填装（这时候石膏巢悬空杯子下面的空间用注射器填水保湿）

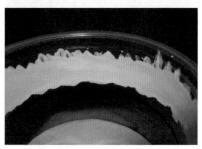

11.涂抹防逃膏

12.遮光，成形

14.整体效果

13.巢穴串联

做一个"蚂蚁四合院"

蚂蚁有了巢穴，还需要有可以活动的区域，毕竟试管内或者石膏巢表面的那点空间对于善于跑动的蚂蚁来说，实在是太有限了。

一种方法是采用"嵌套"的手段，就是将蚁巢置于一个更大的空间中。如选择一个塑料盒子，边缘涂抹上防逃膏作为蚂蚁活动的场所，然后再把试管巢放置其中，试管巢就嵌套在这个更大的盒子中，蚂蚁在试管中做巢，然后在外面活动。为了防止试管巢滚动，可以用万能胶粘上两个小桩子，将试管卡在那里。而为了蚂蚁跑动方便，也可以事先在盒子的底部浇筑上薄薄一层石膏，使之更有土地的感觉。

另一种方法则是采用管道连接的方法，用管道把用作巢穴的饲养瓶和一个一个的活动空间连接起来，蚂蚁通过管道在不同的空间来回穿梭。这种方法的好处是可以通过接入或减少新的瓶子应对蚂蚁活动的空间进行快速的增加或者减少。如果使用塑料软管作为蚂蚁活动的通道的话，还可以使用止水夹（或普通的强力夹子）轻易截断或者开放"走廊"。如果将多窝蚂蚁饲养在这个系统中，通过调整管道的连接方式就可以调节不同巢穴的位置关系。这种组合方式特别适合于研究不同蚂蚁巢穴之间的相互关系，也可以控制或干扰蚂蚁巢穴之间的战争。

还有一种手段则是将生态观念引入到蚂蚁饲养过程中——制作一个饲养缸。饲养的空间选择一个大一些的鱼缸，然后先用一团很稠的石膏贴在鱼缸的一角，这时候石膏就有了 2~3 个垂直的面，等石膏凝固后将其取下，然后用刻刀在垂直的面上雕刻出巢室作为蚂蚁做巢的地方，再将其放回到原位，这样的话就可以观察蚂蚁在巢内的活动了。为了不影响蚂蚁的活动，可以用红色塑料板剪出相同的形状粘贴在鱼缸外，避免蚂蚁直接被光线照射而失去安全感。之后，向缸内填入小石子和各种培养基质，充分发挥你的想象力和DIY天赋，在里面种上花花草草，这种带有生态感觉的饲养方式才是我们追求的理想形式，也是最贴近自然的饲养方式。而且在场地充足的模拟野生环境中，更容易激发蚂蚁的行为多样性，更容易观察到它们的各种集体智慧行为，这是普通石膏巢很难做到的。

大型的饲养缸就可以称为"造景缸"，有了一定的观赏性，也需要有一定的财力，以及有相当的养殖经验以后再做考虑。一般造景缸整体长度应超过 1.5 米，宽度至少 1 米，尽量保证缸的高度要超过造景最高部分 10 厘米左右。最基本的也是最安全的设计结构是鱼水结构，这种结构主要分为两部分，上部为蚁穴及蚂蚁活动区域造景"岛屿"，上面也可以种植植物；下部为淡水鱼池，鱼池保证至少三分之一的鱼缸顶部面积与空气接触，水与造景部分有适当接触。水面环绕蚁巢，既可以防逃，也可以提供足够的水分给蚂蚁，利用水加热设备可以同时保持鱼池与造景区温度，蚂蚁也有了足够的垃圾场。两侧应该使用网孔较小的不锈钢网保持通风，条件允许的话，可以在温湿度控制仪的调节下添加外侧风扇。垫材可使用同鱼缸底部的沙石。造景缸尽量不要干养造景（例如模拟沙漠），这样极易将蚂蚁烘干。

石膏巢在鱼水结构下就不太适用了，因为石膏会严重影响水质硬度，影响鱼类生存。相反，造景缸一般选择木材或者竹子作为巢穴主要材质。但不要使用市售的普通木材，这些木材一般都用添加剂处理过，具有灭虫效果，蚂蚁入住会受毒害。做爬虫箱的木材可以考虑，或者干脆整块带树皮的原木作为巢穴原材料。竹子可以使用年份较久的老竹，然后砍下竹筒作为原材料，竹筒打孔后蚂蚁即可入住。考虑到变形原因，木材加工前需要先彻底浸泡后进行整形，然后挖掘巢室，加工完成后需放置于阴凉通风处风干，避免开裂。造景缸很容易使巢穴发霉，只要不严重，宽敞的空间内不必在意。表面种植以低矮植物为主，不要使用树木，无论什么品种，树都很难在造景缸中生存。偏阴的低矮蕨类是不错的选择，千万不要使用滴水观音之类会导致水质不正常的植物。尽量不要使用草，草的生长速度很快，很容易影响观赏。此外，植物需要适当的阳光，人造光源是无法完全取代自然光线的。同时也必须考虑到蚂蚁原本的生存环境，如果和其原本生存环境差距过大，可能也会引起饲养的失败。蚂蚁也不能接触任何除虫药剂或有除虫效果的植物。

事实上，还有一种更高级的饲养形式，这种形式对爱好者来说具有太强的挑战性，它叫"生态缸"。一个真正的生态缸是全封闭的，动物产生二氧化碳，植物吸收二氧化碳并释放出氧气，这个系统如同一个小小的生态系统，各种成分之间达到一种稳定状态。生态缸的制

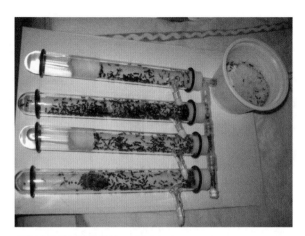

联体试管巢饲养收获蚁。（聂鑫摄）

作涉及深入的生态理论和制作经验，已经远远超出了本书的范围，因此不再做详细介绍，有兴趣的读者可以寻找相应的书籍，从小生态瓶开始摸索制作。

喂食也要讲方法

蚂蚁工坊凝胶中饲养的蚂蚁几乎不需要什么饲养和护理的技巧，但是自己制作的蚂蚁窝就需要一定的发烧度了，喂食也是需要摸索的。不过，蚂蚁是很皮实的昆虫，不难饲养。

一般来讲，成年蚂蚁主要投喂蜂蜜水或糖水就可以。成年蚂蚁已经基本不生长发育，所需要的主要是能量物质——糖。很多朋友在设计巢穴的时候选择用静置的注射器作为糖水的容器，一来不会担心糖水流出污染了巢穴，二来蚂蚁可以自行爬到注射器前端的开口处取食糖水而不被淹死。另一种方法是用很小块的海绵或者是棉花蘸取糖水，放在小块塑料上进行投喂。

但是，如果饲养的蚂蚁中有幼虫和卵，就必须补充蛋白质类的食物，这是蚂蚁生长发育所必需的。你可以通过一些方法喂蚂蚁食物，昆虫性食物是最佳的。如果你没有时间去找虫，可以用粘蝇纸来捕捉苍蝇，被粘住的活苍蝇也是非常好的食物。你可以在投喂之前在粘蝇纸上撒上薄薄的细沙，除去胶力，防止蚂蚁被粘住。不过，很多情况下，一旦蚂蚁发现了食物，它们自己会做相同的事情，为自己开辟通向食物的道路，接下来你要看的就是苍蝇的挣扎了。不过，苍蝇还是太脏了，蟋蟀或者蝗虫的大腿是刘彦鸣奖励蚂蚁最常用的食物，所以他顺便也养些蟋蟀。有位朋友在他的教唆下，开始饲养蟋蟀，准备喂养蚂蚁之用，结果这位朋友迟迟找不到蚁后，虽然没能养起一窝强大的蚂蚁来，蟋蟀的饲养倒是练就得颇为过关。如果这些都不做，那就去鸟市吧！在鸟市你会看到有"面包虫"或者黄粉虫出售，这是一些给鸟吃的圆滚滚小虫子，它们是甲虫的幼体，生命力非常顽强，同样可以作为蚂蚁的食物，一元钱可以买到很多。它们可以在潮湿的锯末中饲养起来，在喂食时需要将这面包虫切成小段投喂给蚂蚁。

除了这些天然饲料以外，还有一些人工饲料。科学家在实验室饲养某种蚂蚁的时候往往有固定的饲料配方，一般都兼顾了各种营养物质的配比。不同蚂蚁应有所差别，大家可以在实践中摸索，我也举几个配方供大家参考。

第一个方子是久负盛名的巴特卡配方，由阿维纳什·巴特卡（Awinasi Bhatkar）发明，其包括1枚鸡蛋、62毫升蜂蜜、1克复合维生素、1克无机盐、5克琼脂和500毫升水。具体操作是将琼脂置于250毫升水中，加热至沸腾或至琼脂完全溶解，逐渐冷却。同时将其余成分混合到剩余的250毫升水中，搅拌均匀。之后将两种液体混合，待冷却后即形成块状，冷藏备用。

国内饲养药用或经济蚂蚁的养殖户曾将这个配方改进，将复合维生素的量降低到了250毫克，无机盐等微量元素降至123毫克，另加入防腐剂对-羟基苯甲酸甲酯0.64‰和对-羟基苯甲酸丙酯0.16‰。其他地方没有改动。作为爱好者和科研人员来讲，防腐剂对蚂蚁来讲还是不利的，尽量不要添加。

一些实验室也有一些简易配方，如用红糖、蜜糖、面粉、兔肝粉按1：2：4：3加水调配，或者用奶粉加葡萄糖按4：1调配等。总之，充分利用好手中的资源，兼顾蛋白质和糖的配比就可以了。一般来说糖的比例高一些，蛋白质的比例要低一些。还要注意不定时补充维生素和一些鲜活的食品。

另外，投喂食物的量一定要科学，多余的食物一定要及时清除，否则容易腐烂发霉，从而污染饲养区。最好是把蚂蚁的巢穴和投食区分开，一次投放食物不要过多，以免蚂蚁将它们带回家却无法吃完，导致巢穴发霉。同样的原因，不管投喂什么食物，都最好有个"餐盘"类的餐具，这样可以及时将未吃完的东西清理出来。

还需要特别提醒的是，一般来说，刚刚完成婚飞的生殖蚁体内携带了足够的养分，不需要刻意去饲喂，有时即使饲喂也不见得就会领情。但是到了孵化后期，后蚁体力下降，也可以适当饲喂少量流体，不过如果观察研究，还是不要做这样的事情为好。

掘穴蚁分食用。（聂鑫摄）

面包虫，可以用锯末、小米等来喂养，喂养时适当加一些蔬菜或水果，生命力很强。（冉浩摄）

巢穴发霉的应对之策

和自然环境相比，饲养环境中空气不流通，蚂蚁的食物资源也比较充足，会出现较多的食物剩余，而且巢室内的垃圾也比较不容易清理，因此，发霉是经常的事情，尤其是土巢，更是不时发霉。

所谓发霉，其实是霉菌生长造成的，它们长出菌丝，就会出现霉斑。霉菌的繁殖能力很强，更糟糕的是，一旦霉菌成熟，就会释放出下一代——孢子——极小的繁殖细胞。这些孢子在几乎密闭的环境中会遍布整个饲养空间，它们或落到土壤上，或飘浮在空气中，或落到蚂蚁身上。如果孢子密度过大，蚂蚁活体也可能受到影响，成为霉菌寄生的受害者，甚至因此得病、死亡。

霉菌一旦发生确实麻烦，多数情况下只能换巢。不过由于蚂蚁本身有一定清除霉菌的能力，只要我们在饲养过程中加以防范，也是可以避免发生的。

首先，霉菌的发生主要还是因为存在腐败的基础——有机质。因此，减少和去除饲养过程中多余的有机质就显得格外重要。对试管巢来说，水和堵水介质最好要清洁，如选用脱脂棉堵水就比普通棉花要好，因为后者含有很多脂肪等易于被霉菌分解吸收的有机质。这也是石膏巢比土巢要好的原因，因为土中往往含有大量有机质、细菌、真菌和孢子，是既有"种子"又有"营养"的环境，容易发霉。高质量的石膏是经过高温烧制的，里面除了硫酸钙和一些无机盐杂质，不含有机物，但有一些劣质石膏会含有草叶等有机杂质，也存在掺假现象。也有人干脆用生石灰来制巢，不过这样的巢穴往往因为氢氧化钙不能在短时间内被中和而呈现出较强的碱性，蚂蚁并不喜欢。而且制巢过程中生石灰对人还有较强的腐蚀性，不适合作为爱好者使用。总体来说，石膏还是不错的选择。此外，也有人使用吸水的青砖等作为介质，还有使用彩陶的，这些也都是可以的。

另一个有机质来源就是时间——随着时间的推移，巢穴中有机质会逐渐增多，其来源一是食物残渣，二是蚂蚁的排泄物和尸体，这些东西都可以引起发霉，因此，及时清理这些残留物也很重要，这就要看主人是不是勤快了。

清理巢穴的垃圾，确实一个技术活，尤其是很多垃圾被堆积在了巢穴内。对小群体或者试管巢，可以直接用镊子、长柄勺取出，然后用镊子夹着湿棉球粘出碎渣，擦干净即可，必要的时候可以直接更换试管。喂食区或者活动区的垃圾也可以用同样的方法取走。一些种类的工蚁也会直接将垃圾丢出，这时候直接清理即可。这种清理工作要经常做，不要积累。

一旦有垃圾积累在了巢内，可尝试以下几种方法来清理。如果是喜欢填埋食物的铺道蚁等蚂蚁，可以用大块的食物诱导它们填埋食物，这些蚂蚁习惯将弄不走又吃不完的食物用小土粒埋起来慢慢享用。但是人工巢穴中的石膏颗粒太少啦，它们就不得不动用巢穴中积攒的垃圾等各种东西来进行填埋，这样巢穴中的垃圾就被自动运了出来，覆盖在食物上面，这时就可以连食物一同清理走。

另一种方法则是危机处理，用水，蚂蚁对"大量"的水有先天的恐惧，可能是因为自然界中水能淹没巢穴的缘故吧。可以找一个浅浅的盖子，里面加上水，根据聂鑫的经验，有时变质的糖水蜜水更有效。然后在盖子里加上一团塑料纸，这样落水的蚂蚁还可以爬上来。接下来，就是工蚁们用各种材料填水的活动了，自然，垃圾也会被运出来作为"填埋材料"。

当然，没有办法的办法则是移巢清理了，也就是将蚂蚁移到新巢，清理旧巢的方法。这是没有办法的办法，会让蚂蚁不适应，引起诸多风险，甚至对巢穴发展起到不利影响，建议少用。

除了有机质外，还有一个重要因素——湿度。由于真菌喜湿又不耐旱，所以一般情况下，即使有充足的有机物，在干燥的环境也不会引起发霉。只有有机物结合湿度，再加上适宜的温度，才能引起发霉。因此，必须控制湿度。

但是，蚂蚁也是喜湿的昆虫，对于它们来说，干燥甚至是致命的。因此，必须将饲养基质（如石膏）的湿度调整在一个平衡位置，使蚂蚁能够接受，而对真菌来讲又不够湿的状态。这个状态，因蚂蚁不同而有所区别，需要摸索，一般来讲，饲养基质有潮乎乎的感觉即可，如果有渗出水来的感觉，那就是过湿了。

还有，在巢室靠近玻璃饲养瓶壁的地方最容易凝结水汽，这不是一个好现象。水汽的产生是源于温差，巢内温度高，水汽在接触到温度较低的培养瓶壁时就会冷凝出水。这是一个让饲养者很头痛的问题。要避免水汽凝结，就要消除温差。首先，放置饲养瓶的位置要避免阳光直射和热源，避免一天之内出现较大的温度变化，更不要在夏天用冷水冲洗巢穴降温——这不单是为防止水汽凝结，蚂蚁也不适应频繁冷热变化的巢室，因为在自然状态下，它们的巢室内的温度是很稳定的。还有，培养瓶壁尽量薄一些，这样瓶壁和巢内的温差就会相应小一些。另外，也可以选择塑料或者有机玻璃（亚克力）等导热性比较差的材料，这些材料可以在一定程度上减少温差。

还有就是酸碱度，霉菌的生存需要适宜的酸碱度，这个适宜的酸碱度因霉菌种类而有所区别，但是似乎很多真菌更喜欢中性偏酸一点。有一种在爱好者之间流传已久的醋泡防霉法，可能不大可行。因为酸碱度本身对蚂蚁的生活是有影响的，要抑制真菌，需要的醋酸浓度可能会比较高，这对蚂蚁会有影响。另外，醋酸能挥发，持续效果会随着时间而减弱，而越往后，真菌却越容易滋生，但醋酸的抑制效果却在逐渐减弱。换言之，醋酸刚刚浸泡过，抑制发霉效果最好的新巢由于有机质少，蚂蚁也没有活动，本身就不易发霉，醋酸在前期也没有太大作用，等巢穴有机物积累多了，容易发霉了，醋酸却因为挥发而效力下降了。另外，食醋本身还含有大量的有机物，这些有机物在醋酸挥发后反而变成了引起发霉的物质。

螨虫，蚂蚁吸血鬼！

蜱螨是很多人都听过的名字，一些大的蜱虫会吸取人或者家畜的血液，传播疾病，小一些的螨虫也能寄生在人体表面。事实上，蜱螨种类众多，不同的蜱螨寄生不同的动物。有一些螨虫会攻击蚂蚁。数量众多的螨虫会在蚂蚁间传播疾病，引起工蚁的死亡，减弱巢穴的力量，甚至可能导致巢穴的覆灭，它们也是蚂蚁饲养过程中的另一个大问题。

螨虫的识别非常简单，你可以看到那些被寄生的蚂蚁身上有暗红色的突起小点，大概比针尖大一些，有些在触角上，有些在腿关节等处，非常显眼。螨虫必须早发现早处理，用镊子或者其他物品，将螨虫从蚂蚁身上剥离，如果时间长了，出现大量螨虫，那事情就麻烦了。

一般来讲，健康的巢穴环境中是不应该存在螨虫的，一旦出现大量螨虫，则说明养殖环境已经存在了问题，其中一个很重要的问题可能就是垃圾的积累，因此巢穴应该保持干净。另外，螨虫也不是凭空产生的，而是趁你不注意的时候从环境中迁入到蚁群中去的，所以，如果你的环境中不存在螨虫，也不会侵染蚂蚁。所以，一旦发现螨虫，说明自己的室内可能也不太干净！你可以把它当成是一种生物指标，该打扫屋子了还是要打扫的呀。你也可以想办法在巢穴和环境之间设置一个障碍，比如水牢"护城河"什么的。

一旦已经爆发螨虫，那就需要补救了。首先，蚂蚁应该换个家园，你需要小心地将蚂蚁移到新巢中去，对旧巢就可以采用各种雷霆手段，将里面潜藏的螨虫消灭掉了。至于蚂蚁身上的螨虫，如果过多，可以采用引诱法去除它们。如可以用纱布包成小袋的鸡粪引诱螨虫从蚂蚁身上爬下来，然后等螨虫爬入小袋内，最后集中杀死。不过鸡粪不太好找，也可以用各种有机物来引诱它们，一般需要油性大一点，另外小节肢动物的尸体也很好，比如面包虫。多投喂，蚂蚁吃掉一点后，剩下的对螨虫是很有诱惑力的。不过你不要指望一次就能将螨虫清理干净，还需要反复多做几次，直到你看不到工蚁身上有螨虫为止。

还有一些爱好者采用了如酸、药物等方法驱除螨虫，但是这些方法对蚂蚁也有较大危害，不到万不得已，还是不用为好。

实战：来窝收获蚁

针毛收获蚁是中国分布最广，数量最多的收获蚁，作为收集种子并且能影响植被分布的特殊类群，很有饲养和观察价值。我从1995年前后开始关注并饲养这种蚂蚁，后来聂鑫也加入了这种蚂蚁的饲养和观察行列。我现在结合我们两人的经验，以2011年4月13日聂鑫收集到的一窝蚂蚁为大家介绍一下这种蚂蚁的饲养和观察实战。

当天是我们在保定记录到的针毛收获蚁当年婚飞的第一天，地点就在前文提到的由聂鑫找到的那个婚飞地。当时的婚飞很壮观，成百上千的繁殖蚁汇集到各自的巢口，并在几小时之内飞向蓝天，完成交配，数不清的脱翅雌蚁在地上爬，脱去翅膀是它们完成交配的标志。到了天黑时，一些雌蚁已经开始挖掘洞穴了，他们三五成群，很有干劲。令人惊奇的是，有些工蚁也在帮助它们，大概是雌蚁通过某种方式把它们迷惑了，成了免费的苦工！针毛蚁后在一起掘土，同时带着他们俘获的工蚁。这种俘获工蚁的现象在我过去的观察中并未发现过，当然，过去我们也没有找到针毛收获蚁的婚飞地，只观察到了零散游走的针毛收获蚁后。饲养用的蚁后就是这时候在地面上捡到的。

由于针毛收获蚁后在最初建巢的时候并不互相排斥，因此可以将少量蚁后共同饲养在一起，以增加成活率。我们使用的是塑料板覆盖在石膏巢室上的蚁巢，一般来讲最初饲养的时候也不用特别喂食，只要保证湿度，给予遮光，巢穴就会慢慢发展起来。由于这次获取的蚁后还俘获了工蚁，所以群体的成活率就更高了。为了确保工蚁的食物，聂鑫还是投入了少量的种子，喂食在没有工蚁的情况下完全是不必要的。但是对于没有俘获工蚁的蚁后，我们不建议轻易加入工蚁，这些工蚁有可能产生敌对行为，反而对蚁后不利。

5月13日，蚁巢内已经有了很多卵和幼虫，到5月下旬，巢穴已经有了很大的发展，蚁后喜欢聚集在卵和幼虫堆上，很喜欢"口对口"喂养幼虫，工蚁也会参与幼虫的喂养。不过针毛收获蚁不像有些收获蚁那样把种子破碎成末，然后制造成如同"面包"一样的海绵状物质来喂养幼虫，工蚁只是将种子碎开，然后挪到幼虫身边，让幼虫自己去进食，这和猛蚁喂养幼虫很像。

它们把卵聚集到了3个蚁室内，每个蚁室的卵都有各自的母亲小团体。值得特别一提的是，中间有一只腹部受伤的残疾蚁后，她已经活了1个半月，证明即使是残疾蚁后也能活上很长时间。但是真正饲养的时候我不建议混入受伤的蚁后，特别是有严重伤口的蚁后，它可能会感染疾病，然后将疾病传播给巢穴中的其他同伴。

因为有工蚁，可以适当投喂食物。虽然针毛收获蚁与其他种的收获蚁比起来，对"肉类"的需求量并不是很高，但如果只吃种子也不能达到营养指标，以前我们喂过面包虫，但并不讨它们欢心。后来我们发现，隔三差五来点苍蝇和蚊子才是最好的。

5月31日，经过了一个半月的发育，第一个蛹形成，由于它们是"裸蛹"，幼虫不用吐丝结茧，成蛹和羽化都相对简单一些。6月1日，更多的老熟幼虫和蛹出现。随着蛹的出现，巢穴逐步走向了正轨。这个时候一定要控制好巢穴的湿度，针毛收获蚁的幼虫需要的湿度要比其他收获蚁幼虫高很多，特别是来自于地面的湿度，而不是空气的湿度。湿度过低，会使针毛幼虫脱水，幼虫底端会产生白点，容易造成不可逆的伤害。

6月8日，蚁后之间残酷的杀戮终于开始了，在这个阶段，那些被俘获的工蚁并未参与蚁后的斗争，但是这些蚁后在互相搏斗中开始杀死竞争对手，巢穴开始向单后转化，而此时，有了老熟幼虫和蛹的巢穴即将迎来第一批工蚁，一个新的纪元就此展开。

在野外，蚁后们开始合作挖巢了，你看旁边还有俘获的工蚁。（聂鑫摄）

5月27日，巢穴中可以看到有3个聚集卵和幼虫的地方。（聂鑫摄）

实战：最常见的弓背蚁

日本弓背蚁是分布最广泛也是最常见的弓背蚁，大多数弓背蚁的饲养和它的饲养模式是接近的，尤其是这些大蚂蚁的新生蚁后那如黄蜂一般的飞行声音也相当震撼。由于在中国分布广泛，甚至有爱好者发起了为日本弓背蚁正名的活动，建议将其重命名为"中国弓背蚁"。遗憾的是，当年迈尔在日本考察并命名了它，这个名称受到保护，因为发现人有定名权。谁让在一百多年前，我们没有自己的蚁学家来描述祖国大地上的蚂蚁呢？

日本弓背蚁是生命力很强的蚂蚁，也比较好养活，而且它们猎杀害虫也很厉害，可以养起来以后再放养到家里的后院，杀灭毛虫等害虫。饲养的器具可以使用买来的蚂蚁工坊，也可以使用我们上文提到的试管巢或者石膏巢。由于蚂蚁工坊是成熟的商业蚁巢，非常容易上手，我就不再多介绍，主要以石膏蚂蚁城堡为例来做介绍。

饲养弓背蚁一般用单后开始培养，也是在婚飞的时候捡来已经交配的蚁后，饲养前应该让石膏巢充分湿润，特别是储水区要用注射器注入足够的水，接下来只需要将新蚁后放入即可。由于日本弓背蚁在受惊时会向空气中释放蚁酸，形成毒雾，为了防止这些毒雾灼伤蚂蚁的呼吸系统，饲养装置要通风，如石膏"城堡"一般都是采取敞口措施，然后将防逃膏涂抹在外壁上。

饲养过程中同样需要遮光处理，虽然不是必需的，但是遮光处理确实能提高蚁巢的繁殖速率，也可以用红色塑料膜遮盖（日本弓背蚁对红光无反应，不会产生影响）。大约经过 1 年时间，群体就能拥有几十个工蚁，基本成型，但是要产生大工蚁则至少要再等上一两个月才行。这个过程中，中型工蚁就已经组建了"巡逻小队"来巡视自己的领土，而为数极少的大工蚁却潜伏在巢穴中，被当作宝贝一般"供起来"，轻易不会外出。

投喂食物的时候，蛋白质依然是不可缺少的营养，而糖类则是巢穴消耗量最大的。不过为干净起见，最好用个"餐盘"盛放，一来防止食物汁液渗入石膏或粘在内壁，带来发霉隐患，二来也方便将残余食物取走。如果喂动物性食物，一定要将其杀死再投喂，否则弓背蚁可能会采取不攻击甚至回避的态度来对待这些动物，也有可能因为杀死猎物而受伤。

日本弓背蚁还有一个可爱的地方，那就是它们会将食物残渣和垃圾带出巢穴外，便于我们清洁。而不像有些蚂蚁将过多的垃圾堆积在巢内的密室中，坐等发霉……尽管群体的数量在缓慢增加，但总体上来讲，人工饲养确实限制了这种大蚂蚁群体的发展。事实上，我们必须牢记，蚂蚁早在人类出现以前数千万年就已经遍布地球，它们对大自然的适应机制来自于数量上的优势。一个蚁群为了能在变化多端的自然气候中有弹性的生存，往往要把群体数量扩张到几十万甚至几百万之多，一个普通的大头蚁的成熟巢穴就至少需要一立方米的饲养空间，人工环境是远远达不到这样的条件的。

利用石膏蚂蚁城堡饲养的日本弓背蚁，向下移去遮挡，可以清晰看到蚁巢的结构。（聂鑫摄）

实战：再来一窝大头蚁

大头蚁是一种组织性、配合性都很强的蚂蚁，它们成为人类研究蚂蚁行为的典型例子，比如利用气味标明领地或召集同伴、互相配合捕猎撕扯食物等。而且大头蚁是常见种类，适合爱好者饲养。

想要饲养一群蚂蚁首先应当去野外先观察一段时间，我们要知道它们喜欢在白天还是黑夜出行，是喜欢凉爽的还是闷热的气候，喜欢什么材质的蚁窝等。观察过后，我们回家准备好合适的蚁窝、合适的食物以及有保障的防逃措施。

若要好好养活大头蚁，首先应该考虑的是蚁窝湿度的控制，因为大头蚁大多生活在南方低海拔高空气湿度的位置，使得它们对干燥的抵抗力偏弱。它们更喜欢在林地潮湿的腐殖质上生活，因此每个蚁巢内都要配置高度保湿的环境，蚁窝的材质选择例如海绵、石膏等都很合适。因此，空气湿度保持在70%~80%的地区的爱好者饲养大头蚁能大大提高成活率。还要注意的是，蚁窝要求湿度高，但是不能接触小水珠，水珠的张力会粘住蚂蚁把它淹死的。

有些朋友细心照料大头蚁，按时喂食，按时加水……但是蚁后却莫名暴毙。其实，这里有一个特殊的地方——大头蚁虽然分布范围广，却是一类怕热且怕冷的蚂蚁。它们对于寒冷和酷热一样敏感，大部分人都认为越热越好，越热蚂蚁产卵更快、更多，孵化更迅速，长的更好，但事实不是这样。甚至热带地区的大头蚁也怕热……大头蚁的蚁窝内温度一般保持在25~27℃，而通常的人工环境为了方便观察往往过于裸露，室外温差直接影响到蚁窝内的温度，导致蚁窝内温差过大，正午可以达到40℃，而晚上则是25℃，直接导致蚁后的健康恶化和卵的孵化。温度剧烈变化是影响大多数蚂蚁健康的重要因素，这也是为什么人工环境下生活的蚂蚁没有野外蚂蚁健康的原因之一。在饲养过程中我们通常用水和电风扇来降温。开空调降温是个很好的办法，不过冷气绝不能直接对着蚂蚁窝吹，也不能时开时关，温差变化大的环境对大头蚁的伤害比高温更严重。

大头蚁并不是挑食的蚂蚁，几乎什么都吃。但是鉴于人工环境难以打理，一定要控制蚂蚁食物的种类和食量，以防发霉腐败。此外，人工蚁窝没大自然自我净化的功能，蚁窝使用是有时间限制的，一般来说使用一个季度的蚁窝已经脏的不成样子了。大头蚁虽然也会将食物的残渣和尸体清理出去，在固定的地方堆成一堆，但是蚂蚁没有固定上厕所之类的卫生习惯，时间一久，蚁窝内还是很容易变得很糟糕。如果蚁窝保湿材质使用的是海绵就会比石膏更容易发霉。对付这样的情况就只有一种办法——换窝。首先最好能有一个大一些的置物箱，这样在我们拆毁旧窝的时候蚂蚁就不会跑的到处都是了。换蚁窝通常有两种办法，一种是新旧蚁窝放在一起，然后把旧蚁窝的环境搞的很恶劣，比如降低湿度之类，再把新蚁窝的环境调整的很舒适，这样蚂蚁会自动逐步地搬到新窝去，不过通常整个过程要持续好几天。如果不怕被蚂蚁咬，"暴力拆迁"可以让搬家速度提高很多，把整个蚁窝彻底拆掉让蚂蚁们无家可归，没有安全感的它们很快会搬迁进新的蚁窝。

饲养也是应该有记录的

我们可以从饲养和观察蚂蚁中得到乐趣，同时也要做好观察记录。饲养昆虫时的主要环节之一，便是及时详细地写好记录，记录包括饲养过程中昆虫的发育记录，也包括饲养过程中遇到的问题和解决方法，这是第一手材料，是昆虫研究最基本的数据和方法积累。毕竟，如果连这种昆虫都养不活，还谈什么对它的深入研究？因此，记录是展开其他观察和研究的基础。而且在饲养过程中，说不定什么时候你就能有一个新发现，而且时常翻看这些记录，我们也会心情愉悦，不断积累经验才会使人进步。

对饲养条件下的蚂蚁来说，首先要观察和记录蚂蚁的"生活史"。所谓的生活史是蚂蚁从出生到成熟的过程，也就是我们前面提到的卵、幼虫、蛹和成虫4个发育阶段。由于存在品级分化，蚂蚁的生活史记录要比一般昆虫复杂，除了单个蚂蚁的发育外，可能的话还应该记录巢穴的成长过程。一般这种记录是从新生蚁饲养后开始的。

    当新生的蚁后产下第一枚卵的时候，记录便已经开始。在这个时期，我们应该根据个人能力记录一些观察到的情况。比如蚁后一次排卵的数量是多少，一天排卵多少次，是在白天还是夜间，有没有固定的排卵时间，这些卵是怎样排列的，大小怎样，颜色怎样，是圆形的还是椭圆形的，有没有别的形态特征，蚁后会怎样处理这些卵？

    然后我们还可以记录卵经过多长时间孵化，孵化率怎样，一天中什么时候孵化率最高，孵化以后的幼虫是什么样子的，孵化后的卵壳是怎么处理的，没有孵化的卵是被如何处理的，幼虫主要吃些什么，主要在什么时间进食，是否得到了蚁后或工蚁的帮助，工蚁或者蚁后喂养幼虫的时候有什么行为，幼虫经过多长时间化蛹，幼虫化蛹时是否有特殊行为，成熟幼虫是否吐丝结茧，结茧时是否有工蚁或者蚁后的协助，这些行为在一天中何时最容易发生。

    接下来还可以记录蛹期有多长，蛹期有没有工蚁或者蚁后的特殊关照，蛹期结束的时候工蚁和蚁后有哪些行为，是否会有蛹或者幼虫在发育过程中被杀死，被杀死的幼虫或者蛹有什么特征，死亡的尸体是怎么处理的，没有成功羽化成蚂蚁的蛹又是如何被处理的，在处理这些的过程中蚁后或者工蚁之间有没有特殊的行为。

    在巢穴发展的过程中还可以记录：当群体成长到什么规模的时候产生第一个中型工蚁、兵蚁或大工蚁，什么时候开始产生生殖蚁，它们的孵化时间、幼虫期和蛹期的长短和小工蚁有什么不同或有什么各自的特点，工蚁在对待它们的行为上有什么区别，这些蚂蚁在群体中有什么活动特点，是否需要调整饲养环境或者喂食的食谱，饲养过程中有哪些独特的地方，幼虫之间是否互相残杀，等等。

    甚至还可以记录在巢穴中工蚁的分工、巢穴中工蚁之间的关系、兵蚁的数量和驻扎位置、巢穴不同季节育幼的情况以及后蚁在一天中的位置变化；还有蚂蚁们何时开始冬眠，冬眠过程中群体的构成有什么变化；行为有什么特征。

　　如果能认真观察并且记录好这些数据，哪怕是只记录了一种蚂蚁其中的大部分数据，我想，即使面对昆虫学家，你也会有足够的底气侃侃而谈。

中国常见蚂蚁婚飞时间

　　这些婚飞时间是我们在观察过程中记录、摸索得到的，其中部分数据我已经通过网络发布过，我在此基础上重新做了整理。数据不见得完善，但可以作为你所在地区的参考，但是未必完全适合你所在地区。

物种名称	拉丁学名	地区	时间	备注
哀弓背蚁	*Camponotus dolendus*	广东	5 月 19 日	雨后第二天
日本弓背蚁	*Camponotus japonicus*	湖北	4 月中旬~5 月上旬	高海拔地区的婚飞时间可推迟到 7 月初
		河北	5 月中旬~6 月中旬	
		湖南	5 月	
尼科巴弓背蚁	*Camponotus nicobaresis*	广东	3 月中旬~8 月上旬	早上、傍晚
黑褐举腹蚁	*Crematogaster rogenhoferi*	广东	4 月下旬~5 月上旬	雨后黄昏婚飞
东方行军蚁	*Dorylus orientalis*	广东	5~6 月初	雨后黄昏婚飞
掘穴蚁	*Formica cunicularia*	河北	5 月底~9 月底	高峰期 6~7 月
扁平虹臭蚁	*Iridomyrmex anceps*	广东	5 月 18 日	傍晚
毛蚁属	*Lasius* spp.	广东	5 月初	大量，夜间
褐斑细胸蚁	*Leptothorax galeatus*	河北	6 月	白天起飞
针毛收获蚁	*Messor aciculatus*	河北	4 月中旬~5 月上旬	白天起飞
小家蚁属	*Monamorium* spp.	河北	9~10 月	白天婚飞
横纹齿猛蚁	*Odontoponera transversa*	广东	4 月下旬~5 月上旬	白天婚飞

（续）

物种名称	拉丁学名	地区	时间	备注
黄猄蚁	*Oecophylla smaragdina*	广东	7月下旬~8月中旬	
敏捷厚结猛蚁	*Pachycondyla astuta*	广东	4月中旬~4月下旬	雨后婚飞
厚结猛蚁	*Pachycondyla* spp.	广东	4月下旬~5月上旬	雨后的黄昏婚飞
宽结大头蚁	*Pheidole noda*	河北	6~7月	观测到脱翅蚁后
		湖南	6~8月	
		湖北	6月	黄昏
全异巨首蚁	*Pheidologeton diversus*	广东	10月	雨后婚飞
红火蚁	*Solenopsis invicta*	广东	3~5月	雨后两天内
黑头臭酸蚁	*Tapinoma melanocephalum*	广东	4~6月	雨后白天婚飞
白足狡臭蚁	*Technomyrmex albipes*	广东	4月下旬~5月上旬	雨后的黄昏婚飞
草地铺道蚁	*Tetramorium caespitum*	河北	6~8月	白天起飞
		黑龙江	6月中旬~7月上旬	
细长蚁	*Teraponera* sp.	广东	4月中旬~4月下旬	

附录二

野外调查表

调查时间：　　年　　月　　日　　　　　　地点：　　　　　　　No.

1	物种：
	生境：□路旁　□草地　□树林　□溪边　□田野　□其他（　　）
	海拔：　　　　　　　　　GPS：
	记录：
	标本编号：
2	物种：
	生境：□路旁　□草地　□树林　□溪边　□田野　□其他（　　）
	海拔：　　　　　　　　　GPS：
	记录：
	标本编号：
3	物种：
	生境：□路旁　□草地　□树林　□溪边　□田野　□其他（　　）
	海拔：　　　　　　　　　GPS：
	记录：
	标本编号：
4	物种：
	生境：□路旁　□草地　□树林　□溪边　□田野　□其他（　　）
	海拔：　　　　　　　　　GPS：
	记录：
	标本编号：

附录三 🐜

昆虫饲养记录表

学　名		中文名	
昆虫来源	□自行捕捉 □别人赠送 □其他（　　　）	饲养时间	
生存环境	□路旁　□草地　□树林　□溪边　□田野　□其他（　　）		
主要寄主			
饲养记录			
日期	取食情况	生长状况 （龄期、脱皮、死亡等）	备注

主要参考文献

1. 蔡帮华，陈宁生，中国经济昆虫志：等翅目白蚁[M]. 北京：科学出版社，1964.

2. 陈益，唐觉. 鼎突多刺蚁的营巢习性[J]. 昆虫学报，1990，33(2)：193-199.

3. 戴德纯，王振威，李桂和，等. 日本弓背蚁及其对松毛虫控制机制的研究[J]. 森林病虫通讯，1986，1: 4-6.

4. 冉浩，周善义. 中国蚁科昆虫名录——蚁型亚科群(膜翅目：蚁科)（Ⅰ）[J]. 广西师范大学学报：自然科学版，2011，29 (3)：65-73.

5. 冉浩，周善义. 中国蚁科昆虫名录——蚁型亚科群(膜翅目：蚁科)（Ⅱ）[J]. 广西师范大学学报：自然科学版，2012，30 (4)：81-91.

6. 唐觉，李参. 中国经济昆虫志第 47 册膜翅目蚁科（一）[M]. 北京：科学出版社，1995.

7. 吴坚，王常禄. 中国蚂蚁[M]. 北京：中国林业出版社，1995.

8. 徐正会. 西双版纳自然保护区蚁科昆虫生物多样性研究[M]. 昆明：云南科技出版社，2002.

9. 杨沛. 黄猄蚁史料及其用于柑桔害虫防治的研究[J]. 中国生物防治，2002，18(1)：28-32.

10. 詹光杰. 日本弓背蚁精子发生观察[J]. 信阳师范学院学报：自然科学版，2010，23(1)：84-86.

11. 詹家龙，杨平世，徐堉峰. 小灰蝶与蚂蚁的共生[J]. 科学月刊，1997，

28(8)：624-632.

12. 张风春，丛福军，孙继红. 石狩红蚁的生物学特性的研究 [J]. 森林病虫通讯，1994，4: 9-12.

13. 周善义. 广西蚂蚁 [M]. 桂林：广西师范大学出版社，2001.

14. 周善义，冉浩. 中国蚂蚁名录——猛蚁型亚科群 (膜翅目：蚁科)[J]. 广西师范大学学报：自然科学版，2010，28(4)：101-113.

15. ACOSTA-AVALOS D, ESQUIVEL DMS, WAJNBERG E, et al. Seasonal patterns in the orientation system of the migratory ant *Pachycondyla marginata*[J]. Naturwissenschaften, 2001, 88: 343-346.

16. ADAMS RMM, MULLER UG, HOLLOWAY AK, et al. Garden sharing and garden stealing in fungus-growing ants[J]. Naturwissenschaften, 2000, 87: 491-493.

17. ADAMS RMM, MULLER UG, SCHULTZ TR, et al. Agro-predation: usurpation of attine fungus gardens by *Megalomyrmex* ants[J]. Naturwissenschaften, 2000, 87: 549-554.

18. ALBRECHT M, GOTELLI NJ. Spatial and temporal niche partitioning in grassland ants[J]. Oecologia, 2001, 126: 134-141.

19. ALVARES LE, BUENO OC, FOWLER HG. Larval instars and immature development of a Brazilian population of pharaoh's ant, *Monomorium pharaonis* (L.) (Hym., Formicidae)[J]. Journal of Applied Entomology, 1993, 16(1): 90-93.

20. BASEL CBU. The identity of the Dominician *Paraponera* (Amber collection Stuttgart: Hymenoptera, Formicidae. V: Ponerinae, partim)[J]. Stuttgarter beiträge zur naturkunde Serie B (Geologie und Paläontologie), 1994, 197: 1-9.

21. BAZILE V, MORAN JA, MOGUÉDEC GL, et al. A carnivorous plant fed by its ant symbiont: a unique multi-faceted nutritional mutualism[J]. PLoS One,

2012, 7(5): e36179.

22. BHARTI H. Queen of the army ant *Aenictus pachycerus* (Hymenoptera, Formicidae, Aenictinae)[J]. Sociobiolgy, 2003, 42(3): 715-718.

23. BINGHAM CT. The funa of Britsh Indian: Ants and cuckoo-wasps[M]. London:Taylor and Franois, 1903.

24. BOLAND CRJ, SMITH MJ, MAPLE D, et al. Heli-baiting using low concentration fipronil to control invasive yellow crazy ant supercolonies on Christmas Island, Indian Ocean[C]. 152-156. in: Veitch CR.; Clout MN, Towns DR (eds.). Island invasives: eradication and management. IUCN, Gland, Switzerland: 2011,152-156.

25. BOHN HF, THORNHAM DG, FEDERLE W. Ants swimming in pitcher plants: kinematics of aquatic and terrestrial locomotion in *Camponotus schmitzi*[J]. Journal of Comparative Physiology A, 2012, 98(6): 465-476.

26. BOLTON B. A new general catalogue of the ants of the world[M]. Massachusetts: Harvard University Press, 1995.

27. BOLTON B. Synopsis and Classification of Formicidae[M]. Gainesville:American Entomological Institute. 2003.

28. BRADY SG. Evolution of the army ant syndrome: the origin and long-term evolution stasis of a complex of behavioral and reproductive adaptations[J]. Proceedings of the National Academy of Sciences, 2003, 100 (11): 6575-6579.

29. BRADY SG, SCHULTZ TR, FISHER BL, et al. Evaluating alternative hypotheses for the early evolution and diversification of ants[J]. Proceedings of the National Academy of Sciences, 2006, 103 (48): 18172-18177.

30. BROWN WL Jr. Preliminary contribution toward a revision of the ant genus Pheidole (Hymenoptera: Formicidae)[J]. Part 1. Journal of the Kansas Entomological

Society, 1981. 54:523-530.

31. BUCKLEY RC. Ant-plant interactions: a world review[M]. In: Buckley RC (ed.). Ant-plant interactions in Australia. Netherlands: Springer, 1982. 111-141.

32. CRINGOLI G, RINALDI L, VENEZIANO V, et al. The influence of flotation solution, sample dilution and the choice of McMaster slide area (volume) on the reliability of the McMaster technique in estimating the faecal egg counts of gastrointestinal strongyles and *Dicrocoelium dendriticum in sheep*[J]. Veterinary Parasitology, 2004, 123: 121-131.

33. DAVIDSON. Ecological studies of Neotropical ant gardens[J]. Ecology, 1988, 69(4): 1138-1152.

34. DE BISEAU JC, SCHUITEN M, PASTEELS JM, et al. Respective contributions of leader and trail during recruitment to food in *Tetramorium bicarinatum* (Hymenoptera: Formicidae)[J]. Insectes Sociaux, 1994, 41: 241-254.

35. ENGEL MS, GRIMALDI DA, KRISHNA K. Termites (Isoptera): their phylogeny, classification, and rise to ecological dominance[J]. American Museum Novitates, 2009, 3650: 1-27.

36. EVANS HC, ELLIOT SL, HUGHES DP. Hidden Diversity Behind the Zombie-Ant Fungus Ophiocordyceps unilateralis: Four New Species Described from Carpenter Ants in Minas Gerais, Brazil[J]. PLoS One, 2011, 6(3): e17024.

37. FELDHAAR H, STRAKA J, KRISCHKE M, et al. Nutritional upgrading for omnivorous carpenter ants by the endosymbiont *Blochmannia*[J]. BMC Biology, 2007, 5(48): 1-11.

38. FIELDE AM. Experiments with ants induced to swim[J]. Proceedings of the Academy of Natural Sciences of Philadelphia, 1903, 55: 617-624.

39. FREDERICKSON ME, GREENE MJ, GORDON DM. 'Devil' s gardens'
bedevilled by ants[J]. Nature, 2005, 437: 495-496.

40. FREDERICKSON ME, GORDON DM. The devil to pay: a cost of mutualism
with *Myrmelachista schumanni* ants in 'devil's gardens' is increased herbivory on
trees Duroia hirsuta[J]. Proceedings of the royal society B, 2007, 274: 1117-1123.

41. GOBIN B, PEETERS C, BILLEN J, et al. Interspecific Trail following and
Commensalism Between the Ponerine Ant *Gnamptogenys menadensis* and the
Formicine Ant Polyrhachis rufipes[J]. Journal of Insect Behavior, 1998, 11(3):
361-369.

42. GOBIN B, PEETERS C, BILLEN J, et al. Territoriality in the Malaysian gian
and Camponotus gigas[J]. Japan Ethological Society and Springer-Verlag,
2001, 19: 75-85.

43. GREEN PT, O'DOWD DJ, LAKE PS. Alien ant invasion and ecosystem
collapse on Christmas Island, Indian Ocean[J]. Aliens, 1999, 9: 2-4.

44. GREENE MJ, GORDON DM. Cuticular hydrocarbons inform task decisions[J].
Nature, 2003, 423: 32.

45. GREENWOOD M, CLARKE C, LEE CC, et al. A unique resource mutualism
between the giant Bornean pitcher plant, *Nepenthes rajah*, and members of a
small mammal community[J]. PLoS One, 2011, 6(6): e21114.

46. GRONENBERG W, HEEREN S, HÖLLDOBLER B. Age-dependent and task-
related morphological changes in the brain and the mushroom bodies of the
ant *Camponotus floridanus*[J]. The Journal of Experimental Biology, 1996,
199: 2011-2019.

47. HAINES HI, HAINESJB. Colony structure, seasonality and food requirements
of the crazy ant, *Anoplolepis longipes* (Jerd.), in the Seychelles[J]. Ecological

Entomology, 1978, 3: 109-118.

48. HART AG, RATNIEKS FLW. Leaf caching in the leaf cutting ant *Atta colombica*: organizational shift,task partitioning and making the best of a bad job[J]. Animal Behavior, 2001, 62: 227-234.

49. HATTUCK SOS, ARNETT NJB. Australian species of the ant genus Diacamma (Hymenoptera : Formicidae)[J]. Natural History, 2006, 8(9): 13-19.

50. HETZ SK, BRADLEY TJ. Insects breathe discontinuously to avoid oxygen toxicity[J]. Nature, 433: 516-519.

51. HIGASHI S, YAMAUCHI K. Influence of a supercolonial ant *Formica* (Hymenoptera: Formicidae) *yessensis* Forel on the distribution of oher ants in Ishikari coast[J]. Japanese Journal of Ecology, 1979, 29: 257-264.

52. HÖLLDOBLER B, WILSON EO. The ants[M]. Cambrige: The Belknap Press of Harvard University Press, 1990.

53. HÖLLDOBLER B, WILSON EO. *Pheidole nasutoides*, a new species of Costa Rican ant that apparently mimics termites[J]. Psyche, 1992, 99:15-22.

54. HÖLLDOBLER B, WILSON EO. Journey to the Ants: a story of scientific exploration[M]. Cambrige: The Belknap Press of Harvard University Press, 1995.

55. HOLWAY DA, LACH L, SUAREZ AV, et al. The Causes and Consequences of Ant Invasions[J]. Annu. Rev. Ecol. Syst., 2002, 3: 181-233.

56. HUGHES DP, ANDERSEN SB, HYWEL-JONES NL, et al. Behavioral mechanisms and morphological symptoms of zombie ants dying from fungal infection[J]. BMC Ecology, 2011, 11:13.

57. INWARD, D., BECCALONI, G., EGGLETON, P. Death of an order: a comprehensive molecular phylogenetic study confirms that termites are

eusocial cockroaches[J]. Biology Letters ,2007,3, 331-335.

58. JACKSON DE, HOLCOMBE M, RATNIEKS FLW. Trail geometry gives polarity to ant foraging networks[J]. Nature, 2004, 432(16): 907-909.

59. JONES TH, CLARK DA, EDWARDS AA, et al. Nelling the chemistry of *exploding* ant, Camponotus spp. (cylindricus complex)[J]. Journal of Chemical Ecology, 2004, 30(8): 1479-1492.

60. JONKMAN JCM. Average vegetative requirement, colonysize and estimated impact of *Atta vollenweideri* Forel, 1893 (Hym: Formicidae), part I[J]. Zeitschrift für Angewandte Entomologie, 1980, 89(2): 158-173.

61. JUAN AS, LI H-M. Behavioral plasticity in soldiers of *Atta mexicana* and its adaptive significance in urban environments[J]. Notes from Underground, 2005, 11 (1).

62. KRONAUER DJC, SCHÖNING C, PEDERSEN JS, et al. Extreme queen-mating frequency and colony fission in African army ants[J]. Melecular ecology. 2004, 13: 2381-2388.

63. LCAL IR, OLIVEIRA PS. Behavioral ecology of the neotropical termite-hunting ant *Pachycondyla (=Termitopone) marginata*: colony founding, group-raiding and migratory patterns[J]. Behavioral ecology and sociobiology, 1995, 37(6):373-383.

64. LENOIR A, D'ETTORRE P, ERRARD C, et al. Chemical ecology and social parasitism in ants[J]. Annual Review of Entomology, 2001, 46: 573-599.

65. LIEBIG J, PEETERS C, OLDHAM NJ, et al. Are variations in cuticular hydrocarbons of queens and workers a reliable signal of fertility in the ant *Harpegnathos saltator*?[J]. Proceedings of the National Academy of Sciences, 2000, 97(8): 4124-4131.

66. LIU Z-B, YAMANE S, TSUJI K, et al. Nestmate recognition and kin recognition in ants[J]. Entologia Sinica, 2000, 7(1): 71-96.

67. MACGOWN JA, HILL JG, Majure LC, et al. Rediscovery of *Pogonomyrmex badius* (Latreille) (Hymenoptera: Formicidae) in Mainland Mississippi, with an analysis of associated seeds and vegetation[J]. Midsouth Entomologist, 2008, 1: 17-28.

68. MASCHWITZ U, STEGHAUS-KOVAC S,GAUBE R, et al. A South East Asian ponerine ant of the genus *Letogenys* (Hym., Form.) with army ant life habits[J]. Behavioral ecology and sociobiology, 1989, 24: 305-316.

69. MOREAU CS, BELL CD, VILA R, et al. Phylogeny of the Ants: Diversification in the age of angiosperms[J]. Science, 2006, 312(7): 101-104.

70. MONGKOLSAMRIT S, KOBMOO N, TASANATHAI K, et al. Life cycle, host range and temporal variation of *Ophiocordyceps unilateralis/Hirsutella formicarum* on Formicine ants[J/OL]. Journal of Invertebrate Pathology. 2012, http://dx.doi.org/10.1016/j.jip.2012.08.007.

71. MÖGLICH M, ALPERT GD. Stone dropping by *Conomyrma bicolor* (Hymenoptera: Formicidae): a new technique of interference competetion[J]. Behavioral Ecology and Sociobiology, 1979, 6(2): 105-113.

72. MOREAU CS, BELL CD, VILA R, et al. Phylogeny of the ants: diversification in the Age of Angiosperms[J]. Science, 2006, 312: 101-104.

73. MORLEY BDW. The interspecific relations of ants[J]. J. Anim. Ecol, 1946, 15: 150-154.

74. MORTAZAVI M, MANSOURI P. Ant-induced alopecia: Report of 2 cases and review of the literature[J]. Dermatology Online Journal, 2004, 10 (1): 19.

75. NESS J, MOONEY K, LACH L. Ants as Mutualists[M]. in: Lach L, Parr CL,

Abbott KL (eds). Ant ecology. New York: Oxford University Press, 2010,97-114

76. NIELSEN MG, CHRISTIAN K, HENRIKSEN PG, et al. Respiration by mangrove ants Camponotus anderseni during nest submersion associated with tidal inundation in Northern Australia[J]. Physiological Entomology, 2005, 31: 120-126.

77. NIELSEN MG. Ants (Hymenoptera: Formicidae) of mangrove and other regularly inundated habitats: life in physiological extreme[J]. Myrmecological news, 2011,14: 113-121.

78. O'DOWD DJ, GREEN PT, LAKE PS. Status, Impact, and Recommendations for Research and Management of Exotic Invasive Ants in Christmas Island National Park[R]. Report to Environment, Australia, 1999.

79. O'NELL KM. The male mating strategy of the ant *Formica subpolita* Mayr (Hymenoptera: Formicidae): swarming, mating, and predation risk[J]. Psyche, 1994, 101: 93-108.

80. PATEK SN, BAIO JE, FISHER BL, et al. Multifunctionality and mechanical origins: Ballistic jaw propulsion in trap-jaw ants[J]. Proceedings of the National Academy of Sciences, 2006, 103: 12787-12792.

81. PEACOCK AD, HALL DW, SMITH IC, et al. The biology and control of the ant pest *Monomorium pharaonis*[J]. Dept.Agr.Scot.Misc.Publ,1950,17: 1-51.

82. PEETERS C, HIGASHI S. Reproductive dominance controlled by mutilation in the queenless ant *Diacamma australe*[J]. Naturwissenschaften, 1989, 76: 177-180.

83. PENICK CA, LIEBIG J, BRENT CS. Reproduction, dominance, and caste: endocrine profiles of queens and workers of the ant *Harpegnathos saltator*[J]. Journal of Comparative Physiology A, 2011, 197:1063-1071.

84. PINTER-WOLLMAN N, WOLLMAN R, GUETZ A, et al. The effect of individual variation on the structure and function of interaction networks in harvester ants[J]. Journal of the royal society, 2011, 8(64): 1562-1573.

85. PONTOPPIDAN1 MB, HIMAMAN W, HYWEL-JONES NL, et al. Graveyards on the move: the spatio-temporal distribution of dead *Ophiocordyceps*-infected Ants[J]. PLoS One, 2009, 4(3): e4835.

86. PORTER SD. Biology and behavior of Pseudacteon decapitating flies (Diptera phoridae) that parasitize solenopsis fire ants (Hymenoptera Formicidae)[J]. Florida entomologist, 1998, 81(3): 292-309.

87. RABELING C, BROWN JM, VERHAAGH M. Newly discovered sister lineage sheds light on early ant evolution[J]. Proceedings of the National Academy of Sciences, 2008, 105(39): 14913-14917.

88. RADMANESH M, MOUSAVIPOUR M. Alopecia induced by ants[J]. Trans R Soc Trop Med Hyg, 1999, 93(4): 427.

89. RETTENMEYER CW. Behavioral studies of army ants[J]. Univ. Kans. Sci. Bull, 1963, 44: 281-465.

90. ROCES F. Individual Complexity and Self-Organization in Foraging by Leaf-Cutting Ants[J]. Biol. Bull, 2002, 202: 306-313.

91. ROBINSON AS, FLEICHMAN AS, MCPHERSON SR, et al. Spectacular new species of Nepenthes L. (Nepenthaceae) pitcher plant from central Palawan, Philippines[J]. Botanical journal of the Linnean society, 2009.159:195-202.

92. SANHUDO CED, IZZO TJ, BRANDÃO CRF. Parabiosis between basal fungus-growing ants (Formicidae, Attini)[J]. Insect. Soc., 2008, 55: 296-300 .

93. SANTOS JC, KORNDÖRFER AP, DEL-CLARO K. Defensive behavior of the weaver ant Camponotus *(Myrmobrachys)* senex (Formicidae: Formicinae):

drumming and mimicry[J]. Sociobiology, 2005, 46(1): 1-10.

94. SCHIMAN PE, ROCES F. Assessment of nectar flow rate and memory for patch quality in the ant *Camponotus rufipes*[J]. Animal behaviour, 2003, 66: 687-693.

95. SCHREMMER F. Das Nest der neotropischen Weberameise *Camponotus (Myrmobrachys) senex*(Hymenoptera:Formicidae)[J]. Entomologia Generalis,1979, 5(4): 363-378.

96. SHAMSADINI S. Localized scalp hair shedding caused by *Pheidole* ants[J]. Dermatology Online Journal, 2003, 9(3): 12.

97. SHORTER JR, RUEPPELL O. A review on self-destructive defense behaviors in social insects[J]. Insectes Sociaux, 2012, 59(1): 1-10.

98. SHULTZ TR, BRADY SG. Major evolutionary transitions in ant agriculture[J]. Proceedings of the National Academy of Sciences, 2008, 105(14): 5435-5440.

99. SMITH CR, SUAREZ AV. The trophic ecology of castes in harvester ant colonies[J]. Functional Ecology, 2010, 24: 122-130.

100. THOMAS JA, KNAPP JJ, AKINO T, et al. Parasitoid secretions provoke ant warfare: subterfuge used by a rare wasp maybe the key to an alternative type of pest control[J]. Narure, 2002, 417(30): 505-506.

101. TOPOFF H, ZIMMERLI E. *Formica wheeleri*: Darwin's predatory slave-making ant?[J]. Psyche, 1991, 309-317.

102. ULE E. Ameisengärten im Amazonasgebiet. Botanische Jahrbucher für Systematik[J]. Pflanzengeschichte und Pflamzengeographien, 1902, 30(2): 45-52.

103. VINSON SB. Economic Impact and Control of Social Insects[M]. New York: Praeger Press, 1986.

104. WADA A, ISOBE Y, YAMAGUCHI S, et al. Taste-enhacing effects of glycine on the sweetness of glucose: a gustatory aspect of symbiosis between the ant, *Camponotus japonicus*, and the larvae of the lycaenid butterfly, Niphanda fusca[J]. Chem. Senses, 2001, 26: 983-992.

105. WANG L, LU Y-Y, XU Y-J, et al.The current status of research on *Solenopsis invicta* Buren (Hymenoptera: Formicidae) in Mainland China[J]. Asian Myrmecology, 2012, 5: 125-138.

106. WEBER NA. The nest of an anomalous colony of the arboreal and *Cephalotes atratus*[J]. Psyche, 1957, 64(2): 60-69.

107. WELLS JD, HENDERSON G. Fire ant predation on native and introduced subterranean termites in the laboratoryeffect of high soldier number in *Coptotermes formosanus*[J]. Ecological Entomology, 1993, 18 (3): 70-274.

108. WETTERER JK. Worldwide spread of the longhorn crazy ant, *Paratrechina longcornis* (Hymenoptera: Formicidae)[J]. Myrmecological news, 2008, 11: 137-149.

109. WILSON EO. A social ethogram of the Neotropical arboreal ant *Zacryptocerus carians* (Fr. Smith)[J]. Animal behaviour, 1976, 24(2): 354-363.

110. WILSON EO. The Insect Societies[M]. Cambrige: The Belknap Press of Harvard University Press 1971.

111. WILSON EO. Division of labor in a nest of the slave-making ant *Formica wheelri* creighton[J]. Psyche, 1955, 62, 130-133.

112. WILSON EO. Sociobiology: The New Synthesis[M]. 25th ed. Cambrige: The Belknap Press of Harvard University Press, 2000.

113. YANO M. A new slave-making ant from Japan[J]. Psyche, 1911, 6: 109-112.

写在最后 🐜

　　亲爱的朋友，你看到这里的时候，这本书已经接近尾声，非常感谢你能够将这本书坚持看完！虽然我们可能素未谋面，但已是神交。在这里，我还有一些话要说，也算是叮嘱。

　　自古，观察蚂蚁的昆虫爱好者就不在少数，甚至清朝的最后一任皇帝——溥仪，也算是个蚂蚁爱好者，而且这个爱好从小时候开始一直到他去世都维持着。相当长的时间内，蚂蚁爱好者分散在全国各地，星星点点，彼此间缺乏沟通和联系。随着科技的发展以及互联网的兴起，分散的爱好者能有机会彼此联系。从蚁网这个中国最早的爱好和研究网站开始到现在，出现了不少的网站、博客和网络社团，大大小小，保守估计，国内互相联系起来的蚂蚁爱好者可能已经达到数万人，爱好者在当代信息社会变得比以往更加强大。

　　不过，很多爱好者还停留在娱乐和饲养的层面上，由于缺乏系统的资料和科学方法，在进一步提高上往往遇到了困难。我希望能通过这本书，多少为大家提供一些有用的信息和方法。同时，我也希望大家多关注我们国家的蚂蚁物种，尽管我国已知有超过 1000 种蚂蚁，但是至少还有 500~1000 种蚂蚁并未被发现，而已知的那些蚂蚁，即使最常见的蚂蚁物种，依然缺乏生态上、行为上的数据和资料，甚至有很多蚂蚁物种都不曾有过一张野生环境下或者是活体的照片！在国内，能够称得上研究蚂蚁的昆虫学家只有 10 余人，而真正称得上蚂蚁生态摄影师的只有刘彦鸣一人，我们的力量依旧太小了。因此，我们希望更多的朋友和爱好者能够加入到对蚂蚁的观察、研究和生态保护的行列中来，特别是蚂蚁爱好者，能够肩负起更多的责任。

　　我也希望你加入到我们的行列中来，让我们一起探索蚂蚁世界的奥秘！我们蚁网的网址是http://www.ants-china.com，QQ群号是78514172。如果你有什么发现或者问题，也可以直接写电子邮件给我，我的邮箱是ranhao.cn@gmail.com 和 327229278@qq.com，在力所能及的情况下，我会尽力为你提供帮助。

　　最后，祝你和家人身体健康，工作顺利！

冉浩
2014 年 3 月 17 日